U0382896

中国工程院咨询研究项目

金属矿深部开采创新技术体系战略研究

蔡美峰　谭文辉　任奋华　郭奇峰 等　编著

科 学 出 版 社

北 京

内 容 简 介

矿产资源是人类赖以生存、社会赖以发展的物质基础，是生产力构成的主要因素。金属矿产资源是金属矿产品和金属材料的最根本来源，对国民经济的发展和社会物质文明与科技进步有举足轻重的作用。经过新中国成立 60 多年来的大规模开采，我国的浅部金属矿产资源逐年减少，有的已近枯竭。据统计，在未来 10 年内，我国 1/3 的地下金属矿山开采深度将达到或超过 1000m，最深的可达 2000~3000m。深部开采是我国金属矿产资源开发面临的迫切问题，也是今后保证我国矿产品供给的最主要途径。我国必须把 5000m 开采深度作为金属矿深部开采中长期战略研究的目标。

本书将深部高地应力条件下开采动力灾害预测与防控、深井高温环境控制与降温治理、深井提升问题、适应深部开采传统采矿模式与工艺的变革、深部智能化无人采矿等 5 个方面的关键技术问题与相关学科的高新理论、高新技术及其发展趋势相对接，通过具有创新性、可行性和实用性相结合的系统研究，从战略性和前瞻性的高度提出应对和解决这些问题的关键工程科技发展战略和对策建议，最终形成金属矿深部开采的创新技术体系。

本书可供矿业研究和设计单位的研究设计人员、矿山企业领导和工程技术人员以及国家矿业管理部门与机构的领导干部参考，也可供高等院校采矿工程专业的教师和研究生参阅。

图书在版编目（CIP）数据

金属矿深部开采创新技术体系战略研究/蔡美峰等编著．—北京：科学出版社，2018.1

ISBN 978-7-03-056258-6

Ⅰ．①金… Ⅱ．①蔡… Ⅲ．①金属矿开采–地下开采–研究 Ⅳ．①TD853

中国版本图书馆 CIP 数据核字（2018）第 006459 号

责任编辑：窦京涛 / 责任校对：张凤琴

责任印制：吴兆东 / 封面设计：迷底书装

科学出版社 出版

北京东黄城根北街 16 号

邮政编码：100717

http://www.sciencep.com

北京教图印刷有限公司 印刷

科学出版社发行 各地新华书店经销

*

2018 年 1 月第 一 版 开本：787×1092 1/16

2018 年 1 月第一次印刷 印张：12 3/4

字数：300 000

定价：98.00 元

（如有印装质量问题，我社负责调换）

前　言

矿产资源是人类赖以生存、社会赖以发展的物质基础，是生产力构成的主要因素。据统计，世界上 95%的能源、80%的工业原料、70%以上的农业生产资料来自于矿物原料。其中，金属矿产资源是金属矿产品和金属材料的最根本来源，对国民经济发展和社会物质文明与科技进步更有举足轻重的作用。我国矿产资源总量较丰富，目前已探明有储量的矿产资源 168 种，探明的矿产资源储量潜在价值约占世界矿产资源总价值的 14.6%，居世界第三位。然而，我国矿产资源人均占有量远远低于世界平均水平，仅为世界平均水平的 58%。45 种主要矿产资源，目前能满足生产需要的不到 20 种，后备资源不足或严重不足，缺口较大。

金属矿产资源，包括铁矿、锰矿、铜矿、铝土矿、金矿、铬矿等，不但储量严重不足，而且贫矿、小矿多，富矿、大型、特大型矿很少。据统计，我国 86%的铁矿、70%的铜矿和铝土矿、50%的锰矿储量均为贫矿。在较长一段时间内，我国的金属矿产资源供应不足已经成为影响国民经济发展的一个重要因素。为了解决这一矛盾，某些金属矿产品需要从国外大量进口。例如，2010 年后，我国每年消耗的 60%以上的铁精矿、70%以上的铜精矿和 50%左右的铝土矿都是从国外进口。主要金属矿产资源如此高的国外依存度，对我国国民经济发展所需资源保障的可靠性和安全度构成了潜在的严重威胁。

对于金属矿产资源，还有一个重要的问题，就是：经过多年开采，我国的浅部资源正逐年减少，有的已近枯竭。据统计，在未来 10 年时间内，我国 1/3 的地下金属矿山开采深度将达到或超过 1000m，其中最深的可达 2000～3000m。深部开采是我国金属矿产资源开发面临的迫切问题，也是今后保证我国金属矿产品供给的最主要途径。我国必须把 5000m 开采深度作为金属矿深部开采中长期战略研究的目标。

进入深部开采后，地应力增大、地温升高；矿床地质构造和矿体赋存条件恶化；岩体结构及其力学特性发生重大变化，浅部的硬岩到深部可能变成软岩，弹性体可能变成塑性体或潜塑性体，给支护和采矿安全造成很大负担，适用于浅部硬岩的传统采矿和支护设计理论用于深部将可能出现一系列的严重问题；随着开采深度的增加，矿石和各种物料的提升高度显著增加，提升难度和提升成本大大增加，并对生产安全构成威胁，等等。为了解决深部“高地应力、高井温、高井深”开采条件造成的一系列关键技术难题，实现深部矿产资源的高效开发和利用，满足国民经济发展对金属矿产的需求，必须广泛吸收各学科的高新技术，开拓先进的、非传统的采矿工艺和技术，从具有宏观性、战略性、前瞻性、工程性和应用性的高度，开展一系列具有针对性的创新研究，在创造更高效率、更低成本、最少环境污染和全程本质安全的采矿模式等方面取得重大创新和突破。为此，中国工程院设立了“我国金属矿深部开采创新技术体系战略研究”咨询研究项目，对此进行研究。

本书首先采用多种手段进行了大规模、全方位的国内外调研，调研手段包括：问卷、电话、电子邮件、国内外访谈；网络、数据库、图书馆查询；多人次赴中国科学技术信息研究所、中国钢铁工业协会、中国有色金属协会、中国黄金协会、中国矿山企业协会、国土资源部、中国地质科学院和北京矿冶研究总院、长沙矿山研究院等 20 多个国家级行业协会、科研院所的情报信息部门面谈和收集资料；百人次赴云南会泽铅锌矿、山东三山岛金矿、甘肃金川镍矿、辽宁红透山铜矿等 50 多个矿山实地考察、调研等。通过调研，比较系统和准确地掌握了我国铁、铜、铝土、铅、锌、镍、钨、金 8 种主要金属矿产资源的储量及分布，以及我国大中型地下金属矿山的数量、类型、分布、开采现状(包括储量、开采规模、开采深度)；从科学问题和工程技术两个层面，系统总结出我国金属矿深部开采面临的关键难题，为项目研究提供了依据。同时，对国外开采深度超过 1000m 的深井金属矿山的数量与分布、深部开采的现状和解决深部开采难题采取的技术、方法等，有了最新的比较准确的了解，为本项目研究提供了有用的参考依据。

调研总结出的金属矿深部开采关键技术难题有以下 5 个方面：

(1) 深部高地应力条件与开采动力灾害。地应力值随深度增加而增加，深部高应力可导致破坏性的地压活动，包括岩爆、塌方、冒顶、突水等，其中岩爆最具破坏性；必须研发精准的岩爆预测、预报与防控技术，以保证开采安全。

(2) 深井采场高温环境与控制。岩层温度随深度增加以约 3.0℃/100m 的梯度增加。深井高温环境严重影响工人劳动生产率和设备作业效率；传统降温技术效率低、效果差、成本高，必须研发新型高效降温途径和技术，才能满足深部降温需要，保证生产正常进行。

(3) 深井提升问题。随着开采深度增加，人员、设备、矿石和其他物料提升高度显著增加，提升难度和提升成本大大增加，并对生产安全构成威胁。目前国内外通用的有绳提升技术不适应深井提升要求，必须研发新型提升技术从根本上解决这一问题。

(4) 传统采矿模式与采矿工艺的变革。为了适应深部地质条件、岩体结构及其力学特性发生的重大变化，并为深井遥控无人采矿提供充分的前提条件，必须对只适应浅部地质条件和岩体条件的传统采矿模式及其工艺技术进行根本的重大变革。

(5) 智能化无人采矿技术。为了更好地应对不断恶化的深部开采条件和环境条件，从根本上保证深部开采的安全，最大限度地提高劳动生产率和采矿效率，必须发展高度自动化的遥控智能无人采矿技术。

本项目将上述 5 个方面的关键技术难题与相关学科的高新理论、高新技术及其发展趋势相对接，通过具有创新性、可行性和实用性相结合的多学科系统研究，从战略性和前瞻性的高度提出了应对和解决这些难题的关键工程科技发展战略和实施路线，最终形成了金属矿深部开采的创新技术体系。

本人为本咨询研究项目的负责人，并负责本书的编著。参与本项目研究和本书编著的主要人员及其分工如下：

第 1 章，蔡美峰；第 2 章，谭文辉、苗胜军、李远、彭超、陈昕；第 3 章，谭卓英、任奋华、李正胜、薛鼎龙、李鹏；第 4 章，纪洪广、李铁、向鹏；第 5 章，谢谟文、璩世杰、张兆财、王培涛；第 6 章，李长洪、毛市龙、魏晓明；第 7 章，乔兰、郭奇峰、李庆文、席迅；第 8 章，孙体昌、寇珏、闫振雄；第 9 章，蔡美峰。

武旭、彭剑文、于江、杜伟嘉、王洋、万思达、王攀、王海信、张政、李振、王宏伟等博士与硕士研究生参与了项目的调研和资料的收集、分析与整理工作。

蔡美峰

2017 年 5 月

目　录

第1章 概　论

1.1 研究背景

矿产资源是人类赖以生存、社会赖以发展的物质基础，是生产力构成的主要因素之一。据统计，世界上 95%的能源、80%的工业原料、70%以上的农业生产资料来自于矿物原料。其中，金属矿产资源是金属矿产品和金属材料的最根本来源，对国民经济的发展和社会物质文明与科技进步更是有举足轻重的作用。我国矿产资源总量较丰富。目前已发现 171 种矿产资源，探明有储量的矿产资源 168 种，已探明矿产资源储量潜在价值约占世界矿产资源总价值的 14.6%，居世界第 3 位。然而我国矿产资源人均占有量远远低于世界平均占有量。在 45 种主要矿产资源中，我国人均储量居世界第 80 位，仅为世界平均水平的 58%。45 种主要矿产资源，目前能满足生产需要的不到 20 种，到 2020 年将只剩下 6 种。后备资源不足或严重不足，缺口较大。

金属矿资源，包括铁矿、锰矿、铜矿、铝土矿、金矿、铬矿，不但储量严重不足，而且贫矿、小矿多，富矿、大型、特大型矿很少。据统计，我国 86%的铁矿储量，70%的铜矿和铝土矿储量及 50%的锰矿储量均为贫矿。我国铁矿石的平均品位只有 33%，比世界平均品位 45%低 12 个百分点。81.2%的铁矿资源品位在 25%～40%；品位大于 48%的较富的铁矿资源只占 1.9%。铜矿的平均品位只有 0.87%；大型铜矿中，品位大于 1%的铜矿储量只占 13.2%。锰矿平均品位 22%，离世界商业矿石工业品位(48%)相差甚远。铝土矿几乎全为一水硬铝石，分离提取难度很大。我国金属矿数量大，有 9000 多座，但绝大多数为小型矿山。如铁矿，大型矿仅占 5.5%，中小型矿占 94.5%；在探明的铜矿资源中，大型、超大型矿仅占 3%，中型占 9%，小型占 88%。

我国金属矿产资源的另一个特点是单一矿种的矿床少，共生矿床多。据统计，我国共、伴生矿床约占已探明矿产资源储量的 80%。目前，全国开发利用的 139 个矿种，有 87 种部分或全部来源于共、伴生矿产资源。在 900 多个已探明的铜矿床中，单一矿种仅占 27.1%，共生矿占 72.9%，具有较大综合利用价值。

与此同时，我国矿山企业的开采技术和设备水平总体上也比较落后，采矿损失率、贫化率高，劳动生产率低，资源浪费的现象相当突出，导致我国金属矿产资源储量回采率仅为 30%左右，比国外低 10～20 个百分点。不仅如此，我国的金属矿产资源以贫、细、杂为特征，选矿难度大、成本高，选矿回收率和资源综合利用率低；有一批金属矿产资源，由于缺少有效选矿技术而失去开采价值，成为“呆矿”。在较长一段时间内，我国的金属矿产资源供应不足已经成为影响国民经济发展的一个重要因素。为了解决这一矛盾，某些金属矿产品需从国外大量进口，如 2010 年后，我国每年消耗的 60%以上的铁精矿、70%以上的铜精矿和 50%左右的铝土矿都是从国外进口的。主要金属矿产资源如此高的国外依存度，对我国国民经济发展所需资源保障的可靠性和安全度构成了潜在的严重威胁。

此外，经过多年开采，我国的浅部矿产资源正逐年减少，有的已近枯竭。我国金属矿山 90%左右为地下矿山，20 世纪 50 年代建成的一批地下金属矿山，其中 60%因储量枯竭已经或接近闭坑，其余 40%的矿山正逐步向深部开采过渡。深部开采是我国金属矿产资源开发面临的迫切问题，也是今后保证我国金属矿产资源供给的最主要途径。目前，吉林夹皮沟金矿、河南灵宝崟鑫金矿、云南会泽铅锌矿和六苴铜矿均超过 1500m。近几年正在兴建的或计划兴建的一批大中型金属矿山，基本上全部为深部地下开采。如目前在建的辽宁本溪大台沟铁矿，矿石储量 53 亿 t，矿体埋深 1057～1461m，开采设计规模(矿石)3000 万 t/a；同处本溪地区的思山岭铁矿，矿体埋深 404～1934m，矿石储量 25 亿 t，开采设计规模一期 1500 万 t/a，二期(8 年后)1500 万 t/a，最终生产规模 3000 万 t/a；首钢河北马城铁矿，矿石储量 12 亿 t，矿体埋深 180～1200m，开采设计规模 2200 万 t/a。2017 年内即将投入建设的山东济宁铁矿和五矿集团鞍山陈台沟铁矿，设计采矿规模分别为 3000 万 t/a 和 2000 万 t/a。预期在近期，我国将有好几个地下金属矿山的开采规模达到世界最高水平。同时，我国在 2000m 以下深部还发现了一批大型金矿床，如山东三山岛西岭金矿，金金属储量达到 550t，矿体埋深在 1600～2600m。据统计，在未来 10 年时间内，我国 1/3 的地下金属矿山开采深度将达到或超过 1000m，其中最大的开采深度可达到 2000～3000m。

截至 20 世纪末，我国地下金属矿的开采深度达到 1000m 的还只有很少几个矿山，最大开采规模也只有 300 万～400 万 t/a。而目前面临的是 1500～2000m 或更大的开采深度、2000 万～3000 万 t/a 的开采规模，形势的变化和发展速度之快是前所未有的。高地应力、高井温、高井深条件下的大规模开采面对一系列的重大工程技术难题。进入深部开采后，矿床地质构造和矿体赋存条件恶化、破碎岩体增多、地应力增大、涌水量加大、井温升高、开采技术条件和环境条件严重恶化，矿石各种物料提升高度增加，导致开采难度加大、劳动生产率下降、成本急剧增加，正常生产难以为继。为了解决深部开采的一系列关键技术难题，必须广泛吸收各学科的高新技术，开拓先进的、非传统的采矿工艺和技术，创造更高效率、更低成本、最少环境污染和最好安全条件的采矿模式；在深部开采动力灾害防控、连续化高效率采矿、无废采矿、生态采矿、智能采矿、全程本质安全采矿等方面取得重大突破，最终建成高度智能化和开采效率最大化的无人矿山。

1.2 研究路线

(1) 通过问卷、电话、电子邮件、下载资料和现场调研、考察等方式，对我国大中型地下金属矿山的数量、类型、分布、开采深度现状及其发展趋势进行调查、统计和分析，系统掌握我国地下金属矿山及其深部开采状况的准确资料。

(2) 通过系统地调查、统计分析我国各种类型金属矿山深部开采中已经出现的和将要出现的具有共性的关键技术难题和各自特殊的技术难题，以及针对相关问题已经或准备采取的一些技术、方法和措施，为本项目研究提供依据。

(3) 对国外有代表性国家(瑞典、加拿大、南非、芬兰、俄罗斯等)金属矿深部开采的现状和解决深部开采难题采取的技术、方法，及其研究进展和应用情况，进行系统地统计、分析和研究，为确定本项目的研究提供参考依据。

(4) 从科学问题和工程技术两个层面，系统总结出我国金属矿深部开采面临的关键难题；将所有关键难题与相关学科的高新理论、高新技术及其发展趋势相对接，通过具有创新性、可行性和实用性相结合的多学科系统研究，从战略性和前瞻性的高度提出应对和解决这些难题的关键工程科技发展战略、实施路线和对策建议，最终形成金属矿深部开采的创新技术体系。

1.3 研究内容

针对金属矿深部开采需要面对和解决的关键技术难题和相关问题，主要开展以下 6 个方面的系统研究：

(1) 深部高地应力场条件及其引起的岩爆、塌方、冒顶、突水等深部开采动力灾害，以及其他严重威胁深部开采安全的问题。

地应力是存在于地层中的天然应力，主要由水平构造应力和垂直自重应力两部分组成，其中以地球板块推挤为主的水平构造应力，在现今地应力场中起主导作用。太平洋板块和印度板块对中国大陆的挤压与菲律宾板块和欧亚板块的阻挡，造成了中国大陆的高应力场。在高应力场条件下采矿面临许多世界性的难题，如岩爆的预测与防治是全世界至今没有解决的问题。地应力的大小随深度的增加呈近似线性增长的关系，因此深部必然存在高应力环境，从而为采矿开挖诱发岩爆等动力灾害创造了条件。据统计资料，20 世纪 80 年代以来，全世界深部开采的事故频频发生，最严重的是南非。因为南非是最早进入深部开采的国家。1984～1993 年，南非金矿有 3275 名工人在地下采矿事故中丧生；1994～1998 年有 126130 人严重受伤、1634 人死亡。导致南非金矿伤亡严重的主要原因是，在2000m以下采矿，未能研究和采用与高应力环境相适应的、有利于控制岩爆与岩石冒落等的采矿方法、工艺和措施。实际上，世界上对岩爆的研究也已有较长的历史，但研究的成果还远不能满足深部资源安全开采的要求。为此，应在现有工作积累的基础上，将研究重点从岩爆的判据研究转移到岩爆的预测与防控上来。

(2) 深井开采中的高温环境与控制。

地下岩层温度随着深度的增加而增加。据统计，常温带以下，深度每增加 100m，岩层温度将提高 3.0℃左右。通常情况下，千米以上的深井，岩层温度将超过人体温度。如南非西部矿井，在深部 3000m 处，岩层温度高达 80℃；我国安徽罗河铁矿 700m 深度，岩温达到 42℃。深井开采工作面气温的升高导致工作面条件的严重恶化。在持续的高温条件下，人员的健康和工作能力将会受到很大的损伤，使劳动生产率大大下降。据统计资料，井下环境温度超标1℃，工人的劳动生产率将降低7%～10%。采取经济和有效的措施，解决深井的高温环境和降温问题，使深井开采工作面保持人员和设备所能承受的温度和湿度，对保证深部地下开采的正常开展具有重要意义。

由于我国进入深井开采的时间较短，对热环境问题的研究起步晚，工作做得甚少。直到20世纪80年代，我国才逐步开展矿井热害治理的研究。目前国内深井降温系统，基本上是引进德国等国外的制冷设备或技术，系统实施后虽工作面温度能基本满足要求，但能耗大、运行费用高，而且现有的降温技术和设备解决的是只有1000m左右深度的降温问题。随着我国深部开采的速度和规模的迅速扩大，研究和开发适合我国国情和矿情的具有自主知识产权的深井降温和热害控制与治理技术和设备系统，大幅度降低降温成本，满足大规模深井降温的要求，就成为一个非常迫切的问题。

(3) 深井提升技术。

开采深度增大，首先碰到的就是矿井的提升能力问题。提升高度的成倍增加，不但使生产效率大幅下降、生产成本大幅增加，而且对生产安全构成严重威胁。目前国内外广泛采用的摩擦轮多绳提升机技术，当井深超过1800m后，就会在设备能力、安全性和运行成本方面遇到许多困难。主要问题在于：在深井中使用时，由于钢丝绳加长，不仅加大提升负荷，而且钢丝绳因张力变化过大，导致断丝较早且不均匀，钢丝绳有效金属截面减小，抗拉强度降低，钢丝绳寿命急剧下降，这成为制约该技术提升安全与效率的主要因素。为此，英国的布雷尔提出了多绳缠绕式提升技术，并在南非的金矿得到较广泛的应用。多绳缠绕式提升机具有提升能力大、卷筒直径较小、不需要尾绳和钢丝绳张紧平衡装置、运行平稳等优点，适用于特深井提升。但缠绕式提升机到更大深度后，同样存在钢丝绳加长、加粗带来的一系列问题。因此，缠绕式提升机在大型地下矿山应用时，单级最大提升高度可能也只有3000m左右。更大的提升高度必须多级提升，从而设备成本大大增加，提升效率大大降低，失去它的使用优势。单级提升高度超过3000m后，有绳提升由于钢丝绳造成的大负荷、大惯量、大扭矩将是无法解决的问题。为此，必须研发无绳垂直提升技术，如直线电机驱动、磁悬浮驱动提升技术等。无绳提升是一种无高度限制的全新提升技术。

同时，除上述机械式提升技术外，研究和开发非机械式提升技术，如水力提升技术也是解决问题的途径。采用水力提升技术，矿石在地下进行破碎和磨矿，然后泵送到地面选矿场。与机械提升运输相比，非机械提升的综合费用较低。同时，由于不需要开挖新竖井，不但大大减少了井巷工程的投资，而且使采矿工程的安全性得到很大的提高。

(4) 深井采矿模式及其工艺技术变革。

进入深部开采后，地应力增大，矿床地质构造、矿体赋存条件和岩体物理力学特性出现弱化、恶化，浅部的硬岩到深部可能变成软岩、弹性体变成塑性体或潜塑性体，开采技术条件和环境条件发生重大变化。适应于浅部开采条件的传统采矿工艺、技术用于深部采矿将会出现一系列问题和错误。同时，为了适应金属矿深部自动化智能化高效开采的发展趋势，也必须对传统的采矿模式及其工艺技术进行根本变革。

传统的钻爆法(打眼放炮)采矿方法，在采出矿石的同时，还会采出相邻的废石，并混在一起提升出井，从而加大了提升量。从长远目标出发，采用机械掘进、机械凿岩、高压水射流、激光破岩等方法，以连续切割设备取代传统爆破采矿工艺进行开采是一个重要方向，这涉及传统采矿工艺技术的大规模变革问题，是采矿方法和工艺的战略性转变。采用机械切割采矿时切割空间无须实施爆破而明显提高其稳固性，同时机械切割能准确地开采目标矿石，使废石混入率降到最低，从而大幅度减少提升量。传统采矿工艺技术的大规模变革不但可以大幅度减少提升量，同时也是实施遥控智能化采矿、建设无人矿山的必然需要。

地下金属矿山有 3 类采矿方法，即空场法、崩落法、充填法。按照通常的做法，除金矿和少数重要的有色矿山采用充填法外，其他矿山，特别是铁矿，一般都采用空场法和崩落法进行开采。然而进入超1500m深部开采后，面对很高的开采地压，空场法和崩落法均不能保证开采的安全，充填法将是必须采用的开采方法。这也是传统采矿模式的一个重要变革。面对这一变革，我国地下矿山应对各种充填工艺和充填材料进行系统创新研究，形成充填成本低、充填体强度高、充填材料来源广的充填技术，以便为深部开采广泛推广充填采矿方法创造条件。

(5) 为了更好地应对不断恶化的深部开采条件和环境条件，从根本上保证深部开采的安全、提高采矿效率，必须发展高度自动化的遥控智能无人采矿技术。

自动化智能采矿利用先进的信息及通信技术、遥感控制技术等，形成以先进传感器及检测监控系统、智能采矿设备、高速数字通信网络、新型采矿工艺过程等集成化为特征的自动化智能采矿系统，以“机器人”取代自然人完成各种采矿作业。它不但从根本上解决了深井高温环境和深部高应力诱导的各种灾害事故等对以人为主体的采矿安全的威胁，而且使采矿的效率，包括矿石回收率得到最大的提高。因为有了安全的保障，各种复杂和恶劣条件下的有用矿石都可以开采出来。

瑞典、加拿大的几个矿山，20 世纪 80 年代初即开始通过自动化遥控完成主要的采矿作业。加拿大计划2050年在该国北部边远地区建一个无人矿井，从萨德伯里(Sudbury)通过卫星遥控操纵矿山的所有设备。而目前我国不少矿山就连全盘机械化作业都做不到。因此现在我国全面推开搞遥控智能化无人采矿作业的条件还不成熟，必须结合我国国情，研究适合的研究路线。首先，从总体上来看，我国的采矿技术在许多方面已经接近或达到了国际先进水平，矿山整体差距主要体现在大量矿山的采矿设备比较落后，先进采矿设备主要从国外进口，价格昂贵，这是制约我国采矿进步的关键问题。为了解决上述问题，我国必须加大科技投入，以引进—消化吸收—再创新为基础，立足自主创新，充分利用后发优势，首先在自动化采矿装备的研制方面取得突破，在较短的时间内实现大型自动化采矿设备的国产化。这就为加速我国自动化、智能化采矿技术的推广应用创造了可靠的条件。同时，对一批新建的大型地下金属矿山，从设计一开始就高起点投入，投产后就能实现自动化遥控智能化采矿作业。这批矿山建成后，产量会占我国地下金属矿山产量很大一部分，可以从整体上带动我国自动化、遥控智能化采矿水平上一个台阶。

(6) 为了开发深部大量存在的低品位和贫细杂、难选金属矿产资源，必须研究和开发有特殊效果、低成本的采矿方法和新型高效的选矿工艺、技术和设备。

我国在深部和中深部存在大量的低品位金属矿床。鉴于我国主要金属矿产资源天然不足，在全世界矿产资源开发利用竞争和制约形势日益激烈的情况下，为了保证国家资源供给的安全，从技术和方法上做好开发这批金属矿床的准备是十分必要的。采用传统的采矿方法和工艺进行这批矿床的开采是完全不可行的。因为采用传统的采矿方法，首先就要从深部开挖矿石并提升出井，然后再经破碎、选矿，将矿石中的有价金属元素回收出来。由于品位低，相比于开挖、提升和破碎、处理的巨大工程量，最终回收得到的金属量太少，金属回收成本非常高，经济上不可行。为此，必须研究和开发具有特殊效果的低成本的采矿方法，如原地破碎溶浸和生物回收等采矿技术。由于不需要开挖和提升矿石，不需要破碎、磨矿，成本就会低得多。原地溶浸和生物回收等采矿技术在我国刚刚起步，适用的金属矿种也很少，需要做大量系统性的开拓研究，才能到达大规模推广应用的阶段。

1.4 研究目标

(1) 通过调研，系统掌握我国大中型地下金属矿山的数量、类型、分布及其深部开采的现状、面临的主要技术难题与发展趋势。

(2) 总体掌握国外金属矿深部开采的现状和解决深部开采难题所采取的技术、方法及其研究进展和应用情况，以及我国与之差距和制约条件，为我国开展相关战略研究提供目标和方向。

(3) 系统总结出我国金属矿深部开采面临的关键技术难题，通过具有创新性、可行性和实用性相结合的多学科系统研究，从战略性和前瞻性的高度提出应对和解决这些难题的关键工程科技发展战略、对策建议和实施路线，最终形成满足金属矿深部5000m开采要求的创新技术体系，为保证我国深部金属矿产资源的安全高效开采奠定理论基础。

(4) 项目研究成果将为国家相关部门制订产业发展规划和科学研究计划、指南提供参考和依据。

第 2 章　国外金属矿深部开采现状及其发展趋势

2.1　世界有代表性国家金属矿山深部开采现状

2.1.1　深部开采概念

随着浅部资源的日益枯竭，国内外陆续开始深部资源的开采。21 世纪以来，科技部、国家自然科学基金委员会、教育部等机构相继批准了众多关于深部矿床开采基础理论与应用技术的研究项目。国务院批准经费达 40 亿元的“危机矿山”项目，提出“以矿山外围和深部找矿为主”的原则，显示了对深部资源问题的重视。2009 年，中国科学院公布的中国 2050 年科技发展路线图，提出了“中国地下四千米透明计划”[1]。

深部矿床开采涉及深部的概念、关键科学理论与技术、发展趋势与远景等一系列问题。对于深部开采的深度界限，迄今为止国内外尚没有统一的标准。

美国西部采矿业以 1874 年布莱克山金矿的发现为标志，将开采划分为前后两个时期，即浅层开采时期和深层挖掘(即深部开采)时期，也就是说把 5000 英尺(1524m)定为进入深部开采的深度。南非将 1500m 的矿井称为深矿井[2]。俄罗斯学者对于深矿井的划分有两种：一种是两分法，深度为 600～1000m 的矿井称为深矿井，深度为 1000～1500m 的矿井称为大深度矿井；另一种是三分法，开采深度超过 600m 的矿井统称深矿井，其中，第 1 类矿井深 600～800m，第 2 类矿井深 800～1000m，第 3 类矿井深 1000m 以上。日本把深部的临界深度定为 600m，而英国和波兰为 750m[3]，德国为 900m。

我国对于深矿井的划分，有多种分类方案：在煤炭系统，有学者依据凿井技术与装备的难易程度将立井井筒深度分为5类，浅井小于300m，中深矿井300～800m，深矿井 800～1200m，超深矿井 1200～1600m，特深矿井大于 1600m[4]；在冶金系统，1990 年出版的《采矿手册》第一版将地下金属矿山的开采深度分为：<300m，300～600m，600～900m，1000m 左右四挡；<300m 为浅部开采，1000m 左右为进入深部开采的深度[5]。2012 年 9 月，国家安全生产监督管理总局启动的“非煤矿山安全科技‘四个一批’项目”，定义 800～1200m 为深部开采，超过 1200m 为超深开采[6]。

谢和平院士认为，深部的概念应该综合反映深部的应力水平、应力状态和围岩属性，深部不是深度，而是一种力学状态。其综合考虑应力状态、应力水平和煤岩体性质三方面因素，提出深部开采的亚临界深度、临界深度和超深部临界深度三个概念[7]，并给出了具体的计算公式。

综上所述，各国对深部矿井的界定深度均有个界定值：日本为 600m，德国为 900m，俄罗斯为 1000m，南非为 1500m，美国为 1524m。根据目前现状和未来的发展趋势，结合我国矿山开采的客观实际，多数专家认为中国深部开采的起始深度可界定为：煤矿 800～1000m，金属矿 1000m[8]。

2.1.2 深部开采特征

1. 深部开采力学环境特征

进入深部开采，岩体所处力学环境改变，导致工程响应也不同。深部开采与浅部开采相比，具有“三高”特性，即高地应力、高地温、高渗透压。

1) 高地应力

深部环境中的岩体，承受着上覆岩层自重产生的垂直应力，以及地质构造运动产生的构造应力，当赋存深度达到数千米时，岩体中将存在巨大的原岩应力场。据南非地应力测定，在 3500～5000m 深度，地应力水平为 95～135MPa，因此深部岩体具有异常高的地应力场并聚集着巨大的变形能量。

2) 高地温

根据量测，越往地下深处，地温越高。地温梯度一般为 3℃/100m 左右，有些区域如断层附近或导热率高的异常局部地区，地温梯度可能高达 20℃/100m。岩体内温度变化 1℃可产生 0.4～0.5MPa 的地应力变化，因此深部岩体的高地温对岩体的力学特性会产生显著的影响，特别是高应力和高地温条件下深部岩体的流变和塑性失稳与普通环境下存在巨大差别。

3) 高渗透压

进入深部开采，地应力增大，地下裂隙水压也随之升高，采深大于1000m时，其渗透压将高达 7MPa。渗透压的升高，使得深部岩体结构的有效应力增大，驱动裂隙扩展，导致矿井突水等重大工程灾害。

2. 深部开采工程响应特征

在“三高”环境中，深部岩体工程响应呈现出强流变性、强湿热环境、强动力灾害的特征。

1) 强流变性

深部岩体在高应力、高地温的环境中，具有强时间效应，表现为明显的流变或蠕变。在高地压、高地温、高渗透压的作用下，质地坚硬的花岗岩也极易发生大范围的流变。

2) 强湿热环境

深部开采或开挖条件下，岩层温度将高达几十摄氏度，如俄罗斯千米平均地温为 30～40℃，个别达 52℃，南非金矿 3000m 时地温达 80℃。地温升高造成井下工人注意力分散、劳动率减低，甚至无法工作。

3) 强动力灾害

进入深部开采，动力灾害发生的频度和强度显著增加。岩爆、顶板大面积来压与冒落、底板突水、冲击地压等均与开采深度有密切关系。

深部开采应力环境复杂，在采动效应的联动影响下，岩体力学特性及其工程响应较浅部发生明显变化，同时造成岩爆、突水、顶板大面积来压和采空区失稳等灾害性事故在程度上加剧，频度上提高，成灾机理更加复杂，对深部资源的安全高效开采提出巨大挑战，如何解决上述问题是深部资源安全高效开采的关键。

2.1.3　国外深部开采现状

国外的深部开采和研究起步较早，为保证深部开采的顺利进行，美国、加拿大、澳大利亚、南非、波兰等国家的政府、工业部门和研究机构密切配合，集中人力和财力紧密结合深部开采相关技术开展基础研究，使深部开采成为矿业研究的重要领域。20 世纪 80 年代以来，在加拿大的 Ontario 地区，地下深部矿山岩爆灾害频频发生，为此，由联邦和省政府及采矿工业部门合作，开展了为期 10 年的两个深井研究计划：The Canadian Ontario Industry Project(1985～1990)和 The Canadian Rockburst Program(1990～1995)。加拿大 Sudbury 的 Creighton 矿，地球物理专家对该矿的微震与岩爆的统计预测进行了计算机模拟研究。Laurence 大学的岩石力学研究中心对岩爆潜在区的支护体系和岩爆危险评估等进行了卓有成效的研究。在美国的 Idaho 地区，有 3 个生产矿井的采矿深度达 1650m，Idaho 大学、密西根工业大学及西南研究院就此展开了深部开采研究，并与美国国防部合作，对岩爆引发的地震信号和天然地震与核爆信号的差异辨别进行了研究。西澳大利亚的采矿工业也由于深部开采岩爆灾害而面临挑战，西澳大利亚大学的岩石力学中心在深部开采方面开展了大量工作。深井最多最深的南非，1998 年 7 月启动“Deep Mine”研究计划，旨在解决安全、经济开采 3000～5000m 深部金矿的关键问题，耗资 1380 万美元，在金矿深部开采技术上取得了一系列创新性成果[9]。

为解决我国金属矿深部开采的关键技术难题、研发我国金属矿深部开采的创新技术体系，需要对具有代表性的国外金属矿深部开采的现状，以及解决深部开采难题采取的技术、方法和研究进展进行系统的调查、分析和研究。

综合前文对深部开采的界定，本项目以 1000m 为临界深度，调研、收集和分析了全球 127 座深部开采金属矿山，其中目前正常生产矿山 112 座，已关闭矿山 15 座[1,9-13]，各矿山基本情况详见表 2-1。112 座正常生产矿山的具体情况详见本章附录。外国深部开采金属矿山数量排名前 5 位的国家分别为：加拿大(28 座)，南非(27 座)，澳大利亚(11 座)，美国(7 座)，俄罗斯、印度和乌克兰(各 4 座)。

表 2-1　国外采深 1000m 以上地下金属矿山统计表(按采深排序)

序号	矿山名称	采深/m	矿石类型和储量	所在国家	备注
1	Mponeng Gold Mine 姆波尼格金矿	4350	金(金储量 426t，金品位 8g/t，年产黄金 12.44t)	南非	
2	Savuka Gold Mine 萨武卡金矿	4000	金(矿石储量 526 万 t，年产黄金 1.52t)	南非	
3	Tau Tona, Anglo Gold Mine 陶托那盎格鲁金矿	3900	金(控制资源量 229.8t，年产黄金 12.7t)	南非	

续表

序号	矿山名称	采深/m	矿石类型和储量	所在国家	备注
4	Carletonville Gold Mine 卡里顿维尔金矿	3800	金，副产品铀、银和铱、锇贵金属(年产金 47.89t，产氧化铀 213t)	南非	
5	East Rand Proprietary Mines 东兰德专有矿业	3585	金(2008 年产金 2.25t，品位 1.14g/t)	南非	
6	South Deep Gold Mine 南深部金矿	3500	金(探明金储量 1216t，金品位 7.06g/t)	南非	
7	Kloof Gold Mine 克卢夫金矿	3500	金(累计矿石储量 3.04 亿 t，金品位 9.1g/t)	南非	
8	Driefontein Gold Mine 德里霍特恩金矿	3400	金(矿石储量 9460 万 t，金品位 7.4g/t)	南非	
9	Kusasalethu Gold Mine Project, Far West Rand 远西兰德库萨萨力图金矿	3276	金(剩余金属储量 305t，金品位 5.35g/t)	南非	
10	Champion Reef Gold Mine 钱皮恩里夫金矿	3260	金(矿石产量 10 万 t/a，金品位 7.12g/t)	印度	
11	President Steyn Gold Mine 斯坦总统金矿	3200	金(矿石产量 396.1 万 t/a，金品位 6.5g/t)	南非	
12	Boksburg Gold Mine 博客斯堡金矿	3150	金(年处理矿石能力 390 万 t)	南非	
13	La Ronde Gold Mine 拉罗德金矿	3120	金(探明矿石储量 3560 万 t，金品位 2.7g/t)	加拿大	
14	Andina Copper Mine 安迪纳铜矿	3070	铜(矿石储量 191.62 亿 t，铜 0.593%，采选能力 9.4 万 t/d)	智利	
15	Moab Gold Mine 摩押金矿	3054	金矿(矿石储量 1688 万 t，品位 9.69g/t)	南非	
16	Lucky Friday Mine 幸运星期五矿	3000	银、铅(2016 年产银 93.3t)	美国	
17	Kidd Creek Copper/Zinc Mine 基德溪铜锌矿	2927	铜和锌(已探明矿石储量 19 亿 t，铜 1.8%，锌 5.5%，铅 0.18%，金属锌产量 14.7 万 t/a)	加拿大	
18	Galena Silver Mine 加利纳银矿	2800	银(矿石储量 140.2 万 t，银品位 395g/t)	美国	
19	Great Noligwa Gold Mine 圣诺里哥瓦金矿	2600	金(年产黄金 31.72t)	南非	
20	Creighton Nickel Mine 克赖顿镍矿	2590	镍(矿石储量 3200 万 t，镍 1.9%～2.2%，铜 2%～2.3%)	加拿大	
21	Target Gold Mine 塔戈特金矿	2500	金(矿石储量 2510 万 t，金储量 136.08t，年产金 9.92t)	南非	
22	Mysore Gold Mine 迈索尔金矿	2500	金(金品位 4.86g/t，1981 年产量 256t/d)	印度	
23	Nundydroog Gold Mine 农迪德鲁格金矿	2400	金(矿石储量 1893.1 万 t，金品位 7.16g/t)	印度	
24	Mvelaphanda Resources(Merensky) 马瓦拉弗汉达资源	2200	铂(铂族金属储量超过 2834.95t，另有黄铜矿、镍黄铁矿、磁黄铁矿)	南非	

续表

序号	矿山名称	采深/m	矿石类型和储量	所在国家	备注
25	Welkom(President Brand Gold Mines Limited) 韦尔科姆-布兰德总统金矿有限公司	2150	金，副产银、铱、锇(1954～1979 年累计矿石产量 7824.5 万 t，产黄金 30.54t)	南非	
26	Zondereinde Platinum Mine 桑德瑞德铂矿	2115	铂、钯、铑、金(Merensky Reef 矿石储量 7155 万 t，品位 6.96g/t；UG2 矿石储量 8914 万 t，品位 4.91g/t)	南非	
27	Macassa Gold Mine 马卡萨金矿	2100	金(矿石产量 473 万 t/a)	加拿大	停产
28	Libanon Gold Mine 利巴农金矿	2073	金(年产金 11.92t，品位 6.2g/t)	南非	
29	Besshi Copper Mine 别子山铜矿	2060	铜(1973 年关闭，累计铜金属产量 70 万 t)	日本	停产
30	Buffelsfontein Gold Mine 布福里斯方坦金矿	2000	金、铀(金储量 312.41t，铀储量 3545 万 t，品位分别为 10.67g/t 和 200.03g/t)	南非	
31	Kryvy Rih Ore 克里沃罗格矿	2000	铁(地质储量 200 多亿 t，工业储量 159 多亿 t，1978 年产商品铁矿石 1.1 亿 t)	乌克兰	
32	Unisel Gold Mine 尤尼塞尔金矿	1977	金(矿石储量 5050 万 t，金品位 6.9g/t)	南非	
33	Mount Isa Copper Mine 芒特·艾萨铜铅锌银矿	1900	铜、铅、锌、银(采矿生产规模 1000 万 t/a)	澳大利亚	
34	Cadia East Underground Gold and Copper Mine 东卡迪亚地下金铜矿	1900	金、铜(储量为 439.42t 金和 224 万 t 铜)	澳大利亚	
35	Welkom(St.Helena Gold Mines Limited) 韦尔科姆-圣海伦娜金矿有限公司	1859	金、银(矿石储量 850 万 t，金品位 11.5g/t)	南非	
36	Brunswick Zinc Mine 布伦瑞克锌矿	1830	锌和其他金属(探明金属储量 620 万 t，铜 0.4%，锌 8.4%，铅 3.4%和银 104g/t，潜在金属储量 220 万 t，锌 7.6%，铅 3.0%，铜 0.3%，银 84g/t)	加拿大	
37	Carr Fork Copper Mine 卡尔福克铜矿	1830	铜(铜金属储量 170 万 t，品位 1.87%)	美国	
38	Pakrut Gold Project, Tajikistan 塔吉克斯坦帕科特金矿	1800	金、银(金储量 133.81t，品位 0.5g/t，年矿石处理 66 万 t)	塔吉克斯坦	
39	Unki Gold Mine 昂奇金矿	1800	铂(矿石产量 144 万 t/a，年产铂 1.96t)	津巴布韦	
40	Con Gold Mine 科恩金矿	1800	金(累计矿石产量 12195585t，金 160t)	加拿大	停产
41	Sunshine Silver Mine 日照银矿	1768	银，副产铜、锑、铅(1904～1975 年累计采矿石 921.5 万 t，回收银 8770t，铜 4 万 t，锑 2.52 万 t，铅 6.43 万 t，日采矿能力 910t，平均品位含银 857g/t)	美国	停产
42	North Ural Bauxite Ore 北乌拉尔铝土矿	1700	铝、铁(年产矿石 340 万 t，含 Al_2O_3 44.57%，SiO_2 9.63%，Fe_2O_5 18.95%)	俄罗斯	

续表

序号	矿山名称	采深/m	矿石类型和储量	所在国家	备注
43	Welkom (Western Holdings Limited) 韦尔科姆金矿-西部控股有限公司	1672	金(矿石产量 329.7 万 t/a，年产黄金 29097kg，铀 0.09kg/t，硫 1.13%，金 0.45g/t)	南非	
44	Fraser Nickel-Copper Mine 弗雷泽镍铜矿	1610	镍、铜(矿石储量 1.1 亿 t，镍 1.8%，铜 0.65%)	加拿大	
45	Obuasi Gold Mine 奥布阿西金矿	1600	金(矿石储量 5680 万 t，金品位 6.19g/t)	加纳	
46	CSA Copper Mine (Cobar Copper Mine) 科巴尔铜矿	1600	铜、银(矿石产量 160 万 t/a，铜 29%，年产 18 万 t 铜)	澳大利亚	
47	Broken Hill Lead-Zinc Mine 布罗肯希尔铅锌矿	1580	铅、锌、银(矿石储量 2.8 亿 t，Pb 为 10%, Zn 为 8.5%, Ag 为 148g/t，自 1883 年发现以来，已开采矿石约 2 亿 t)	澳大利亚	
48	Dvoinoye Gold Mine 德维尼金矿	1567	金、银(金储量 31.18t，品位 17.8g/t；银储量 38.84t，品位 21.8g/t；年产黄金 9.33t)	俄罗斯	
49	Garson Nickel-Copper Mine 加森镍铜矿	1563	镍、铜(矿石产量 7258t/d)	加拿大	
50	777(Trout)Lake Mine 777(鳟鱼)湖矿	1540	铜、锌，副产金、镍、铂族金属、银、铅(矿石产量 1018 万 t/a，金品位 4.7g/t，银 30.6g/t，铜 0.47%，锌 0.46%)	加拿大	
51	Kolwezi Copper Mine 科尔韦济铜矿	1506	铜、钴(矿石储量 3500 万 t，含铜 167.6 万 t，钴 36.3 万 t)	刚果(金)	
52	Norilsk Mining Centre, Russia 俄罗斯诺里尔斯克镍业	1500	铜、镍、钯(已探明和可能的矿石储量共计 4.787 亿 t，含 627 万 t 镍，937 万 t 铜，1763.34t 钯，453.59t 铂)	俄罗斯	
53	Union Platinum Mine, Rustenburg, South Africa 南非勒斯滕堡联盟矿	1500	铂、铑、钯、金(矿石储量 240.97t)	南非	
54	Young-Davidson Mine 杨-戴维森矿	1500	金(探明矿石储量 4568 万 t，矿石产量 216 万 t/a)	加拿大	
55	Boulby Mine 博尔比矿	1500	钾(产量 100 万 t/a)	英国	
56	Konkola Copper Mine 孔科拉铜矿	1500	铜(矿石储量 2.67 亿 t)	赞比亚	
57	Sirius Minerals York Potash Project 西利亚斯矿产约克碳酸钾矿	1500	钾(储量 26.6 亿 t，杂卤石平均品位 85.7%)	英国	
58	Evander Gold Mine 伊万达金矿	1500	金、铱、锇(年选矿处理量 84.1 万 t，产金 3.54t，金品位 6.75g/t)	南非	
59	Superior Copper Mine 苏必利尔铜矿	1470	铜(预测储量 16.24 亿 t，铜品位 1.47%，钼品位 0.037%)	美国	
60	Carrapateena Copper-Gold Mine 卡拉帕蒂纳铜金矿	1445	铜、金(预计生产铜 11 万 t/a、金 3.32t/a)	澳大利亚	

续表

序号	矿山名称	采深/m	矿石类型和储量	所在国家	备注
61	Trojan Nickel Mine 罗詹镍矿	1440	镍矿(采选生产能力 110 万 t/a)	津巴布韦	
62	Tintic Lead-Zinc Mine 延蒂克铅锌矿	1414	铅、锌(矿石储量 5270 万 t，产量 730t/d)	美国	停产
63	Weltevreden Gold Mine 维尔特雷登金矿	1400	金(矿石储量 65.2t，品位 4.17g/t)	南非	
64	Voisey's Bay Nickel Mine 沃伊西湾镍矿	1400	镍、钴、铜(矿石储量 1.41 亿 t，镍品位 1.6%，矿石产量 180 万 t/a)	加拿大	
65	Potosi Silver Mine 波托西银矿	1400	银、铅、锌(矿石储量 1600 万 t，锌品位 14.1%，铅 3.4%，银 46g/t)	澳大利亚	
66	Oyu Tolgoi Gold and Copper Project 奥尤陶勒盖金铜矿	1385	铜、金(初步探明铜金属储量为 3110 万 t、金储量 1328t、白银储量 7600t，平均年产铜 45.4 万 t、金 10.26t)	蒙古	
67	Saksahan Iron Ore 萨克萨甘铁矿	1385	铁(矿石产量 350 万 t/a)	乌克兰	
68	Stanley Uranium Mine 斯坦利铀矿	1372	铀(矿石产量 7080t/d，1983～1996 年累计矿石产量 1400 万 t)	加拿大	
69	Lapa Gold Mine 拉帕金矿	1369	金(矿石储量 40 万 t，金储量 2.21t，品位 5.49g/t)	加拿大	
70	Kiruna Iron Ore 基律纳铁矿	1365	铁(矿石产量 2750 万 t/a)	瑞典	
71	Lockerby Copper-Nickel Mine 洛克比铜镍矿	1332	铜、镍(矿石产量 23.0 万 t/a，年产铜 3.04 万 t，品位 0.31%，镍 4.504 万 t，钴 1060t，品位 0.45%)	加拿大	
72	Geco Copper-Zinc Mine 吉科铜锌矿	1321	铜、镍(矿石储量 1934.8 万 t)	加拿大	停产
73	Red Lake Gold Mine 红湖金矿	1316	金(金储量 58.97t，金品位 22g/t)	加拿大	
74	Birchtree Nickel Mine 桦树镍矿	1300	镍(矿石产量 3800t/d)	加拿大	
75	Sangdong Tungsten Molybdenum Project, South Korea 韩国桑东钨钼项目	1300	钨、钼(世界上最大的钨矿，1992 年由于价格低廉停产，2012 年恢复生产，采矿生产规模为 120 万 t/a)	韩国	
76	Copper Cliff South Mine 南铜崖镍矿	1294	铜、镍(矿石产量 95 万 t/a)	加拿大	
77	Copper Cliff North Mine 北铜崖镍矿	1260	镍(矿石产量 7258t/d)	加拿大	停产
78	San Manuel Copper Mine 圣曼纽尔铜矿	1250	铜(矿石储量 13.9 亿 t，矿石产量 1770 万 t/a，累计矿石产量 3.4 亿多吨)	美国	停产
79	Konrad Mine Iron Ore 孔腊德铁矿	1232	铁矿(1961～1976 年累计铁矿石产量 670 万 t)	德国	停产
80	Rocanville Potash Mine 罗肯维尔碳酸钾矿	1224	氧化钾(钾盐、光卤石储量 3.72 亿 t，氧化钾品位 22.5%)	加拿大	

续表

序号	矿山名称	采深/m	矿石类型和储量	所在国家	备注
81	Kerr Addison Gold Mine 克尔艾迪森金矿	1219	金(矿石储量 77 万 t)	加拿大	停产
82	Star Moring Lead-Zinc Mine 星辰铅锌矿	1219	铅、锌(矿石产量 1000t/d)	美国	停产
83	Polkowice-Sieroszowice Mine 波尔科维采铜矿	1216	铜、银(探明矿石储量 3.87 亿 t，矿石产量 1100 万 t/a，年产 29.2 万 t 铜和 594t 银，铜品位 2.65%，银 54g/t)	波兰	
84	Nokomis Mining Deposit, Minnesota 诺克米斯矿业	1200	铜、镍、铂、钯、金、银(矿石储量 2.74 亿 t，铜 0.632%，镍 0.207%，0.685g/t 的 TPM (TPM =Pt+Pd+Au))	美国	
85	El Teniente 埃尔特尼恩特	1200	铜(主要矿物是黄铜矿(占 70%)、辉铜矿(占 20%)、斑铜矿(占 5%)及少量辉钼矿；矿石储量 60 亿 t，铜品位 0.86%，铜储量 5000 万 t，尚存矿石储量 25 亿 t，铜品位 0.86%，铜储量 2100 万 t)	智利	
86	Duddar Lead-Zinc Project 杜达铅锌矿	1200	铅、锌(矿石储量 1431 万 t，锌品位 8.6%，铅 3.2%，采选能力为 66 万 t/a)	巴基斯坦	
87	Charters Towers Gold Mine 查特斯堡金矿	1200	金(矿石储量 80 万 t，金品位 13g/t)	澳大利亚	
88	KGHM Copper KGHM 铜业	1200	铜、银(矿石储量 9.22 亿 t，铜 2120 万 t，银 5.85 万 t)	波兰	
89	Lalor Gold and Zinc Project 莱勒金锌矿	1200	金、银、锌、铜(矿石储量 1443 万 t，金品位 1.86g/t，银 23.55g/t，铜 0.60%，锌 6.96%)	加拿大	
90	Allan Mine 阿伦钾盐矿	1200	钾盐(矿石储量 51.94 亿 t，矿石产量 127 万 t/a)	加拿大	
91	Timmins West Mine 蒂明斯西矿	1200	金(矿石产量 450 万 t/a，金品位 4.7g/t)	加拿大	
92	Totten Mine 托滕矿	1200	铜、镍、(矿石储量 789 万 t，矿石产量 2200t/d，铜品位 2.07%，镍 1.47%，钴 0.04%)	加拿大	
93	Magnitogorsk Iron Ore 马格尼特铁矿	1200	铁(矿石产量 2200 万 t/a，铁品位 36.8%)	俄罗斯	
94	Lenin Iron Ore 列宁铁矿	1200	铁(1500～2500m 深度矿石储量 5800 万 t，矿石品位 53.5%)	乌克兰	
95	Rosa Luxemburg Iron Ore 罗莎卢森堡铁矿	1200	铁(矿石产量 400 万 t/a，铁品位 55.15%)	乌克兰	
96	Fosdalens Iron Ore 福斯达伦斯铁矿	1200	铁(1981 年矿石产量 110 万～120 万 t)	挪威	
97	Palabora Copper-Gold Mine 帕拉博铜金矿	1200	铜、金(金属储量 425 万 t，副产铁、铀、锆、镍和银等)	南非	
98	Portage Copper Mine 波蒂奇铜矿	1195	铜(金属储量 252.6 万 t，铜品位 1.75%，金 2.08g/t)	加拿大	停产
99	Levack Nickel- Copper Mine 利瓦克镍铜矿	1193	铜、镍和金(矿石产量 110 万 t/a)	加拿大	

续表

序号	矿山名称	采深/m	矿石类型和储量	所在国家	备注
100	Agnew Nickel Mine 阿格纽镍矿	1170	镍(矿石储量4520万t，年产矿石100万t，镍品位2.68%)	澳大利亚	
101	Vade Potassium Mine 瓦德钾矿	1143	钾(矿石储量4.37亿t，矿石产量220.7万t)	加拿大	
102	Mosaboni Copper Ore 莫萨博尼铜矿	1125	铜(矿石产量100万t/a，含铜品位为1.5%)	印度	
103	Rudna Copper Mine 鲁德纳铜矿	1115	铜、银(矿石储量5.13亿t，产量1300万t/a，铜品位1.78%，银42g/t)	波兰	
104	Ridgeway Gold and Copper Mine 里奇韦金铜矿	1100	金、铜(2010年探明矿石储量1.01亿t，金储量73.71t，铜储量38万t，预计矿石总储量1.55亿t，金102.06t，品位0.73g/t，铜58万t，品位0.38%)	澳大利亚	
105	Cory Potassium Mine 科里钾盐矿	1100	钾盐(储量300万t KCl)	加拿大	
106	Zimbabwe Mining Development(Limpopo 矿带) 吉姆巴伯威矿产	1100	镍、石棉、铜	津巴布韦	
107	Stall Lake Copper Mine 斯托尔湖铜矿	1100	铜，副产锌、金、银(储量1100万t，铜品位4.27%，锌0.56%，金1.5g/t)	加拿大	停产
108	Dickenson Gold Mine 迪肯森金矿	1094	金、银(矿石储量98.2万t，金品位5.66g/t)	加拿大	
109	Mather Iron Mine 马瑟铁矿	1050	铁(矿石产量163.3万t/a)	美国	
110	Agnew Lake Uranium Mine 阿格纽湖铀矿	1040	铀(矿石储量947.3万t，年产2740t U_3O_8，品位0.052%)	加拿大	
111	Fresnillo Silver Mine 弗雷斯尼约银矿	1030	银、金、铅、锌(矿石储量为1350万t，银品位273g/t，金0.35g/t，铅1.26%，锌2.56%)	墨西哥	
112	Camflo Gold Mine 卡姆弗洛金矿	1026	金(矿石储量210.5万t，矿石产量1200t/d)	加拿大	停产
113	Prieska Copper Mine 普利斯卡铜矿	1024	铜、锌(日产矿石9600t，品位：铜1.43%，锌2.67%)	南非	
114	Cardona Potassium Mine 卡尔多纳钾盐矿	1020	钾盐(K_2O产量为25万t/a)	西班牙	
115	Lanigan Potassium Mine 拉尼根钾盐矿	1008	钾盐(矿石储量19.99亿t，KCl产量188.5万t/a)	加拿大	
116	Andersen Lake Mine 安德森湖矿	1007	铜、锌(矿石产量12.3万t)	加拿大	
117	Mount Taylor Mine 泰勒山铀矿	1006	铀(储存U_3O_8 4.54万t)	美国	
118	San Juan Gold Mine 圣胡安金矿	1000	金、石英、黄铁矿(矿石储量18.63万t，金品位8.87g/t，潜在储量17.51万t，金品位为9.25g/t)	秘鲁	
119	Garpenberg Mine 格莱芬博格矿	1000	铅、锌、铜、银(金属储量473万t，其中锌品位6.0%，铅2.5%，铜0.1%，银99g/t，黄金0.3g/t)	瑞士	

续表

序号	矿山名称	采深/m	矿石类型和储量	所在国家	备注
120	Malmberget Iron Ore Mine 马拉博格特铁矿	1000	铁(探明和潜在的铁矿储量共 3.5 亿 t)	瑞典	
121	George Fisher Lead, Zinc and Silver Mine 乔治·费舍尔铅，锌，银矿	1000	铅、锌、银(矿石开采规模 250 万 t/a，George Fisher 南，矿石储量 1000 万 t，7.8%锌，5.6%铅和 130g/t 银；George Fisher 北，金属储量 1140 万 t，8.8%锌，4.7%铅和 92g/t 银；南部矿石储量 2200 万 t，8.9%锌，6.5%铅和 150g/t 银；北部矿石储量 1400 万 t，10%锌，5.15%铅和 100g/t 银)	澳大利亚	
122	Jansen Potash Project 詹森碳酸钾项目	1000	氧化钾(储量 32.5 亿 t，生产规模 800 万 t/a，品位 25.4%)	加拿大	
123	Ross Gold Mine 罗斯金矿	1000	金(矿石产量 575t/d)	加拿大	停产
124	Mirgalimsai Lead-Zinc Ore 米尔加里姆赛铅锌矿	1000	铅锌矿	哈萨克斯坦	
125	Rubiales Lead-Zinc Ore 鲁维亚莱斯铅锌矿	1000	铅、锌(矿石储量 2000 万 t，产量 50 万 t/a，平均品位锌 9.5%，铅 2%)	西班牙	
126	Panasqueira Tungsten Ore 帕纳什凯拉钨矿	1000	钨(矿石产量 788 万 t/a，品位 0.24%)	葡萄牙	
127	Northparkes Copper and Gold Mine, Australia 北部帕克铜金矿	1000	铜、金(铜金属储量 70 万 t，年产 5.38 万 t 铜和 2.46t 金)	澳大利亚	

进入深部开采的金属矿山中，金矿和铜矿数量最多，图 2-1 是各类金属矿深部开采矿山数量统计情况。

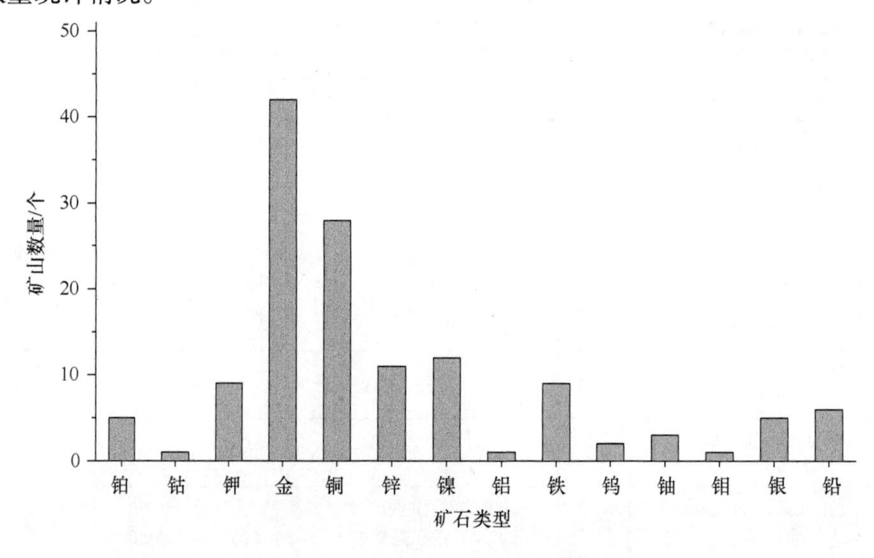

图 2-1 各类金属矿深部开采矿山数量

进入深部开采金属矿山的开采深度分布情况如图 2-2 所示，大部分矿山的开采深度在 1000～1500m，超 1500m 深的矿山将不断出现。

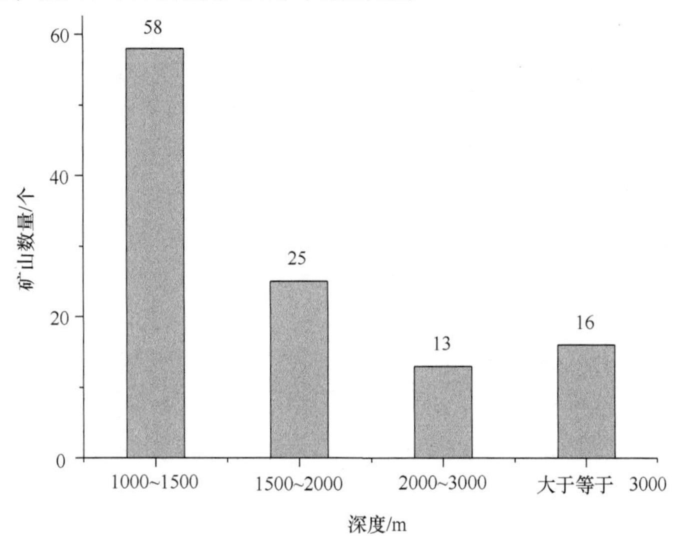

图 2-2　深部开采金属矿山的开采深度分布

2.2　深部开采的主要技术难题及其对策措施

2.2.1　深部采矿方法

地下开采方法分类繁多，通常按地压管理方式分为三大类[8,14]：①空场采矿法，主要靠围岩本身的稳固性和矿柱的支撑能力维护回采过程中形成的采空区，有的用支架或采下矿石作辅助或临时支护。该采矿方法回采工艺简单，容易实现机械化，劳动生产率高，采矿成本低，适于开采矿石和围岩均稳固的矿体，在地下矿山应用广泛。但开采中厚层以上矿体，须留大量矿柱，矿石回采率低，因此采高价值矿床时用得较少。②充填采矿法，在矿房或矿块中，随回采工作面的推进，向采空区送入碎石、炉渣、水泥等充填材料，以进行地压管理、控制围岩崩落和地表移动，并在形成的充填体上或在其保护下进行回采。适用于开采围岩不稳固的高品位、稀缺、贵重矿体；地表不允许陷落，开采条件复杂的区域(如水体、铁路干线、主要建筑物下面的矿体和有自燃火灾危险的矿体等)；也是深部开采时控制地压的有效措施。其优点是适应性强，矿石回采率高，贫化率低，作业较安全，能利用工业废料，保护地表等。③崩落采矿法，随回采工作面的推进有计划地崩落围岩，填充采空区，以管理地压的采矿方法[15-17]，适用于围岩容易崩落、地表允许塌陷的矿体开采。

国外在产的 112 座深部开采金属矿山，大部分采用上述三种采矿方法或综合其中两种采矿方法进行开采，如南非的圣诺里哥瓦金矿采用长壁式崩落法和房柱法，摩押金矿的采矿方法有房柱法和壁式充填法，加拿大的克赖顿矿采用留矿法和胶结充填法。

除了上述三种常见的采矿方法，南非的南深部(South Deep)金矿采用“全尾矿胶结充填、卸压采矿”方案，即“倾斜开槽”法(inclined slot method)，该方案是一种全新的采矿方式。目前采深最深(4350m)的南非姆波尼格(Mponeng)矿采用连续网格采矿法，开采品位变化大、岩爆严重的区域。开采深度为 3276m 的南非库萨萨力图金矿(Kusasalethu Gold Mine Project)则采用连续网格布置的传统采矿法。巴基斯坦的杜达铅锌矿采用混合副井-斜井联合开拓方式。根据矿段的特点，杜达铅锌矿主要采矿方法分为三种，即点柱上向分层充填采矿法、分段充填采矿法、分段空场嗣后充填采矿法。点柱上向分层充填采矿法用于上部层状向斜轴部、倾角较缓(<50°)的矿体。分段充填采矿法主要用于+100m 以上倾角较陡(>55°)、矿岩稳固性较好的层状矿体。分段空场嗣后充填采矿法主要用于+100m 以下倾角较陡的网脉状矿体，其大部分倾角>75°，矿岩中等稳固。杜达铅锌矿三种采矿方法按采出矿量确定，大致比例为：点柱上向分层充填采矿方法占 13%，分段充填采矿方法占 25%，分段空场嗣后充填采矿方法占 62%。采深 1500m 的俄罗斯诺里尔斯克镍业采用分段崩落嗣后充填采矿法[18-20]，采场长 120m、宽 8m、厚 10m，使用机械化开采和装载设备。开采深度为 1400m 的澳大利亚波扎西银矿采用改良的 Avoca 方法，矿石自上而下依次回采。

2.2.2 深部提升技术

随着开采深度增大，矿井提升能力面临极大的挑战。目前深井矿山大多采用竖井提升，提升机一次提升最大高度已超过 2000m，如加拿大一次提升最深的矿井克赖顿镍矿 9#竖井，已深达 2405m，采用滚筒式卷扬机，其直径 6m、宽 2m，电机功率 4777kW(6600 马力)，提升容器为 15t 底卸式双箕斗及双层单罐笼。南非斯坦总统金矿、卡里顿维尔金矿的竖井都超过 2000m，采用两台直径 6m 的滚筒式卷扬机提升。摩擦轮多绳提升机主要用于浅井和中等深井，在南非最深用于深 1952m 井中，当井深超过 1800m 时，使用该提升方式会遇到很多技术难题，因此南非逐步用布雷尔多绳提升机代替摩擦轮多绳提升机，卷扬机的功率也需要大幅提高。德国 EPR 公司制造了一台世界最大的多绳提升机：四绳落地式提升机，摩擦直径 9m，箕斗有效载重 30t，提升高度 1200m，提升速度 20m/s，电机功率 2×3710kW[21]。

南非姆波尼格金矿建立了两套竖井系统(Savuka 和 Tautonaas)，有两个垂直竖井和两个服务竖井，人员、装备和矿石通过有轨电车在巷道中进行运输；南深部金矿采用大直径(15m)双竖井一段式提升的方式；库萨萨力图金矿采用二段竖井提升系统，第一段竖井深度到 68 水平(深度为 2074m)，第二段盲竖井深度从 64 水平到 102 水平(深度为 1159m)。

加纳深 1600m 的奥布阿西矿(Obuasi)有 15 个竖井，主要的提升井是现代化的 George Cappendell，Kwesi Mensah，Kwesi Renner(Stonewall)和 Sansu 井，采用天井钻进方法采矿，拥有世界上较大的提升机，年提升能力为 620 万 t。

欧洲深部矿山基本采用分段式提升方法，瑞典的基律纳铁矿采用竖井与斜坡道联合开拓，矿山有 3 条竖井，用于通风、矿石和废石的提升，竖井安装了斗容 75t 的箕斗提升矿石，人员、设备和材料主要通过无轨设备从斜坡道运送，主提升竖井位于矿体的下盘。

澳大利亚的芒特艾萨(Mount Isa)铜矿，为开采21水平至36水平的矿体，采用斜坡驱动，该系统由U62装载站和一个与之配套的ABB-Kiruna电动卡车提升系统组成。

1445m深的南澳洲卡拉帕蒂纳地下铜矿和金矿，在开采中用两个500m长的电梯运输。澳大利亚的CSA铜矿通过1050m垂直竖井运送矿石，然后用输送带输送，塔顶设摩擦卷扬机。

短时间内将矿工和材料送到更深的地下并返回，需要更快的运送速度。截至目前，由于重量的限制，单根升降机钢缆最深只能抵达2950m，如果向下延伸到10000m，仅钢缆的自重就有30t，达到升降机的最大载重量。鉴于单个竖井的深度限制，姆波尼格与其姐妹矿均至少有两个竖井，矿工乘坐两部升降机，穿过几千米长的巷道，需要90分钟才能从地面抵达采矿面，返回地面需要同样长的时间，每天有效工作时间只有5小时。其曾设想让矿工住在井下，以减少地面至采矿面往返所耗费的时间，事实证明是不可行的。因此，需要彻底改变人员和矿石的运送方式。

磁悬浮列车已经在世界上诸多国家得到应用，作为与CSIR联合研究项目的一部分，维特沃特斯兰德大学的工程师正在考虑用磁场来控制电梯运行的方法。由于摩擦力小，此类磁力电梯不仅能快速上下运行，还能将多个轿厢连接在一起，提高运送量，这或许是未来深井提升的一个发展方向。

2.2.3　深部开采动力灾害控制

由于深部岩石力学行为具有明显区别于浅部岩石力学的一些重要特征，再加上赋存环境的复杂性，深部资源开采中以岩爆、突水、顶板大面积来压和采空区失稳为代表的一系列灾害性事故与浅部工程灾害相比较，程度上加剧，频度上提高，成灾机理更加复杂，具体表现在以下几方面[22-39]。

1) 岩爆频率和强度均明显增加

统计资料显示，岩爆多发生在强度高厚度大的坚硬岩层中，主要影响因素包括岩层顶底板条件、原岩应力、埋深、岩层物理力学特性、厚度及倾角等。岩爆与开采深度有密切关系，深部岩体在原岩环境中聚集了大量的弹性能，一旦受到采掘扰动应力影响，弹性能的突然释放必然引起巨大的动力灾害。随着开采深度的增加，岩爆的发生次数、强度和规模也会随之上升，最早出现岩爆的地区在印度科拉尔(Kolar)金矿区，首次岩爆发生于1898年，当时采深320m；到1930年岩爆开始成为严重威胁，20世纪40年代，随着采矿深度的增加，每年死于岩爆者30～40人；1962年，发生了历史上最严重的一次岩爆，记录到59次冲击，震动持续数天，矿区附近地面建筑物出现破坏，该矿全面系统研究岩爆始于1955年，研究内容包括历史记录统计分析、岩石物理及弹性性能测试、现场岩石力学监测等；1978年，开始研究采矿活动和微震事件的关联性；1997年，Srinivasan等调查分析了深部开采的微震事件，建立了一种岩爆预测模型，利用微震监测系统记录的1997～1999年两年多的609个矿震的数据，分析了高频信号P波和低频高振幅S波的质点峰值速度的衰减关系以确定科拉尔金矿区地下矿山顶板运动的规律。美国金属矿山的首次岩爆于1904年发生在密歇根的亚特兰铜矿，该矿因为岩爆破坏严重于1906年关闭。南非金矿发生岩爆最多，最强岩爆震级M_L 5.1级，岩爆事故不断上升，

1908 年有 7 次，1918 年有 233 次，1975 年南非的 31 个金矿发生了 680 次岩爆，造成 73 人死亡和 4800 个工班的损失，对井下人员和设备的安全造成了巨大威胁。

2) 采场矿压显现加剧

随着采深的增加，覆岩自重压力和构造应力增大，导致围岩剧烈变形、巷道和采场失稳，易引发破坏性的冲击地压，给顶板管理带来诸多困难。

3) 巷道围岩变形量大、破坏具有区域性

深部开采一方面自重应力增大，另一方面由于深部岩层的构造比较发育，其构造应力十分突出，致使巷道围岩压力大，支护成本增加。浅部围岩在临近破坏时会出现加速变形，工程技术人员可根据这一现象进行破坏之前的预测预报。深部围岩在破坏之前近乎处于不变形状态，破坏前兆不明显，难以提前进行预测预报，而且深部围岩的破坏往往是区域性的大面积破坏，如巷道大面积的冒顶垮落等。

为了预测岩爆，许多矿山在井下安装了微震监测设备，例如，美国日照银矿 2254 水平的微震监测设备，可进行 24 小时岩爆监测。为了防止岩爆发生，各矿山深部开采过程中极力避免围岩应力集中，同时采取各种措施释放应力，优化矿柱与岩柱的形状、尺寸和分布，在深部开采中广泛采用充填法或嗣后充填采空区的大孔法、VCR 法等采矿方法。

南非的姆波尼格金矿开采深度达 4350m，地质条件为兰德式古砾岩、矿床属古砾岩型金-铀矿，产于新太古代，早元古代不整合面上的古砾岩中。矿山开采的 VCR(含金石英砾岩)矿层倾角为 22°。为减少采动灾害，矿石回采在矿井内的各个区域均匀进行，同时留下更多的岩柱作为支撑，此外，还将地面上粉碎提取过的废弃岩石再运回井下，填充采空区。该矿还布设了庞大的监控网络，在井下岩壁上钻孔安装了大量电池大小的传感器，收集地震信号并将其传送至地面的监控中心，地质物理学家对监测数据进行分析，及时封闭高危险矿区。

波兰铜业集团(KGHM)通过特殊的冷冻法使竖井通过含水层，使用特殊的监控系统监测地震和岩爆，采用岩石锚杆防止动力灾害的发生。

智利埃尔特尼恩特矿开采深度达到 1200m，是世界上最大的地下铜矿山，埃尔特尼恩特属斑岩型铜矿，在应对采动灾害方面，设置两条平行地下隧道，每条长度为 9km，直径为 8m，并通过 22 个导洞连接，建立纵向通风井和运输通道。

英国博尔比(Boulby)钾矿安装了采空区和矿柱应力数字微震实时监测系统，采用 CPL 公司的应力消除挖掘技术，以应对采动灾害的发生。为适应 1200m 以下的高应力作业环境，同时提高产量到每年 300 万 t，将连续采矿机改造成遥控操作。

2.2.4 深部开采高温热害治理

随着开采深度的增加，地下岩温越来越高。不同国家、不同地区、不同矿山或同一矿山不同开采深度，其地温梯度均有所不同，例如，德国伊本比伦煤矿采深 1530m，地温梯度是 1℃/43m；南非金矿平均地温梯度是 1℃/83m；印度科拉尔金矿地温梯度随着矿井深度增加而增大，1200～1800m 是 0.75℃/100m，1800～2400m 为 1.15℃/100m，2400～3000m 则为 1.30℃/100m；俄罗斯千米深度平均地温为 30～40℃，个别达 47℃，地温升高造成井下工人注意力分散、劳动率减低，甚至无法工作。

深部开采的高温问题难以通过通风降温技术解决，必须采用制冷降温技术。印度科拉尔金矿于 20 世纪 80 年代中期采深已经超过 3000m，岩层温度超过 69℃，工人无法工作，采用制冷技术将冷却空气输送至井下，当时降温费用达到每吨矿石 10 美元；同时期，南非金矿采矿深度超过 4000m，岩层温度达到近 70℃。1980～2005 年，制冷装机容量增长 25 倍，达到 11.25 亿 kW·h，1980 年，南非西迪普莱韦尔斯(Western Deep Levels)金矿安装的制冷容量等于当时整个联邦德国所有矿山的制冷容量总和。在浅部特殊环境条件下开采时，南非曾通过冰背心和局部制冷通风技术来组织生产，事实证明其解决不了高温问题[39]。

根据深井热害产生的原因及热害程度的不同，热害治理措施主要包括通风降温、控制热源、特殊方法降温、个体防护和人工制冷降温等。

当开采深度较大或井温较高时，必须采用人工制冷降温措施。为改善井下工作条件，深部开采矿山普遍采用加大井下通风量和冷却井下空气进行降温，即风冷和水冷两种方式，优先采用风冷，不能满足要求时再考虑增加水冷。通风降温包括加大风量、改进通风方式和优化通风系统 3 种途径。增大井下风量对降低风温有明显效果，但当风量增至一定程度时，其对风温的影响不大；优化通风方式主要是将上行风改为下行风，下行风可将工作面温度降低 1～2℃；优化通风系统，可通过缩短进风线路长度、以低岩温巷道为进风巷、使新鲜风流避开局部热源、减少采空区漏风等措施增强通风降温效果。通风降温的效果在井下温度低于 37℃时较为显著，当井温更高时其降温作用受到一定限制。

水冷又分地表集中制冷和井下分散制冷，较普遍的是在地面建立集中制冷站，将水温冷却至 2℃左右再送到井下工作面附近，用冷却水降低进入工作面的新鲜风温度，保证工作面温度不超过 27℃左右，斯坦总统金矿即采用地表 70000kW 冷冻设备制造 100L/s 的冷水为井下空气冷却降温。澳大利亚芒特·艾萨铜铅锌矿也是在地表建立有两套 3000kW 冷冻设备的制冷站，为井下送入冷水以冷却井下工作面的空气。

南非姆波尼格金矿的地下岩石温度高达华氏 150 度(65.56℃)。为了减少降温过程消耗的水量，姆波尼格的工程师使用了冰块。在 20 世纪 90 年代初期，他们引入了 IDE 技术，委托以色列水处理公司建造试验工厂，利用真空将水变成冰浆。目前，姆波尼格金矿已经建成了 9 座巨型制冰厂，每座工厂每小时制造 33t 冰浆，所有冰浆被输送至井下 3 个巨型冰坝，冰浆与水混合后，在管道中循环，为整座矿井降温，冷冰浆可将井下温度降低至 29.5℃。也有矿山采用冷却塔和冷却大坝、空气调节设备，如南非的 Tau Tona 金矿，位于几千米深地下的空调系统管道每秒钟会循环 550L 冷却水。

有的矿山预先对空气进行冷处理，例如，南非的库萨萨力图金矿，其通风降温系统主要利用矿井主通风系统，对入井空气进行预冷，通过“制冷机-热交换器-压入式风机”将进入井下的空气冷却至 4℃。局部降温主要是工作面的降温，采用“水+风冷”的方式，供水系统为一密闭循环系统，自井下返回的热水首先在地表采用散热塔进行预冷，而后通过制冷机冷却至 4℃送入井下，再通过局扇输送至采场工作面，以达到通风降温的目标。

南非的克卢夫(Kloof)金矿赋存区域为太古时代的威特沃特斯兰德盆地的一部分，属泥质和砂质沉积岩，支护系统为机械支柱、液压支柱和预应力组合木垛，同时采用充填支护，利用竖井井口与井下工作面之间的高差，将冷却的高压水通过管道输送至采场。

南非的南深部金矿区开采深度达到了3500m，井下温度极高，该矿采用地下冰的冷却系统；南非的摩押(Moab)金矿开采深度也突破了3000m，它应对高温的装备为冰蓄冷系统制冰机。

加纳的奥布阿西(Obuasi)矿采用三台大功率冷却系统和气泵，以及井下蜘蛛网般交错的管道来调节井下的温度。

为改善深部采矿工作面的工作条件，在降低工作面空气温度和湿度的同时，还应减少井下机械设备的散热量和井下制冷设备自身的散热。

控制热源避免井温升高有3种方式：①进行岩壁隔热，在岩壁上喷涂隔热材料(一般为聚氨酯泡沫塑料、膨胀珍珠岩)减少围岩放热；②控制热水及管道热量，超前疏放热水，使热水经隔热管道排至地表或经加隔热盖板的水沟流至水仓，将高温排水管布设在回风道内；③控制机械热与爆破热，增强机电硐室的通风效果，合理错开爆破时间与采矿时间。控制热源只是治理热害的辅助手段，特殊方法降温也是降低井温的辅助措施，可用压气代替电作为动力来源，但因费用高而使用受限。

个体防护措施是让井下工人穿上特制冷却服实现个体保护。冷却服能防止高温对身体的对流和辐射传热，将人体产生的热能传给冷却服中的冷媒。目前，美国宇航局研制出阿波罗冷却背心，南非加尔德-莱特公司和德国德莱格公司研制出冰水背心和干冰背心，冰水背心质量5kg，冷却功率220kW · h，持续冷却时间不低于2.5h。干冰冷却服的性能较冰水冷却服更优，干冰在升华过程中质量减轻，干冰冷却服的持续冷却时间为6～8h。相关研究结果显示，冷却服可使人体出汗率减少20%～35%。

人工制冷降温也称为矿井制冷空调降温，该降温措施必须建设矿井空调系统，包括制冷站、空冷机、载冷剂管道、冷却装置、冷却水管道和高低压换热器等组成部分。以上配件的不同组合可构建不同的空调系统，按制冷站位置的不同，矿井空调系统分为制冷站设在地面的空调系统、地面和井下同时设制冷站的空调系统以及制冷站设在井下的空调系统。3种方式的优缺点如表2-2所示，制冷站设在地面较为合适，不仅经济安全，也可保证制冷站内新鲜空气流通，便于排除冷凝热[40]。

表2-2 矿井空调系统的分类比较

制冷站设置	优点	缺点
地面	厂房建设、设备安装便利，易管理维护一般制冷设备，冷凝热排放简单，无须在井下凿大硐室，冷量易调节	高压冷水处理难，供冷管道长，须在井筒安设大直径管道，空调系统相对复杂
地面、井下联合	冷损少，利用一次载冷剂排出冷凝热，可减少一次载冷剂的循环量	系统复杂，制冷设备分散，不易管理
井下	供冷管短，冷损少，可利用回风流排热，供冷系统简单，冷量易调节	须凿大硐室，对设备要求高，建设安装和维护难，安全性差

人工制冷措施，目前国内外有两种方案：①制冷站和空冷机联合使用，直接在地面

形成低温风流经井筒送至用风地点；②由制冷设备首先输出载冷剂，将载冷剂送至井下，由空冷机处理后得到冷风输送至各工作面。根据制冷设备输出载冷剂的不同分为水冷却系统和冰冷却系统。向井下输送相同的冷量时，水的质量流量为冰的 4～5 倍，可见使用冰冷却系统时对管路、设备负荷以及系统水泵的要求均较低。

2.2.5　遥控自动化智能采矿工艺与装备

信息化、自动化、智能化是现代工程科技的三大核心技术。遥控智能化采矿工艺与装备是提高矿山产量、降低生产成本、改善矿山安全和生产条件切实可行的手段。自 20 世纪 80 年代起，瑞典开展了一项国家综合研究计划：“采矿技术 2000”(GRUVTEKNIK-2000)，其目的是开发能够使瑞典地下矿山生产成本明显降低的采矿方法和装备，包括自动化铲运机、自动化和半自动化的凿岩、装药和爆破系统等[41]。

由矿山、研究机构和设备制造商组成的“芬兰矿山自动化研究组”，于 1992 年 9 月开始执行一项名为“智能矿山”的五年技术发展计划。该项计划的目的是在较短时期内向硬岩开采最主要的领域引入自动化，以提高生产效率、降低开采成本，同时改善作业安全和劳动环境。最终形成的“智能矿山”是采用实时控制的自动化生产过程和自动或远程操作机械设备的自动化高科技矿山，可以根据内部和外部条件实现最经济、高效、安全的生产[42]。

加拿大许多现代矿山的绝大部分日常生产都是依靠遥控铲运机。如国际镍公司(INCO)斯托比(Stobie)矿的破碎与提升系统已全部实现自动化作业，2 台 Wagner ST8B 铲运机、3 台 Tamrock Datasolo 1000 Sixty 生产钻车、1 台 Wagner 40 吨汽车，已实现井下无人驾驶全自动作业，工人在地表即可遥控操纵这些设备[43,44]。此外，该国制订一项拟在 2050 年实现的远景规划，即将加拿大北部边远地区的一个矿山变为无人矿井，从萨德伯里通过卫星操纵矿山的所有设备运行[45,46]。

加拿大布伦瑞克锌矿井深 1125m，在铅锌矿、黄铁矿和铜带中，总共包含了 10 种褶曲以及大量的硫化物，开采方法采用充填法和空场法。值得关注的是其自动化智能采矿技术与新设备“Weasel”，可以远程控制钻孔和充填装药[47]。

英国的博尔比钾矿设计了一个“双路”回馈应力微震监测系统提升采矿班次的作业效率，采用大直径(5.5m)深部下沉盘式采掘机、Jeffrey-Joy 遥控式采掘和铲运装备。

世界上最大的智能化程度最高的井下开采矿山是瑞典的基律纳铁矿，其巷道掘进采用凿岩台车，台车装有三维电子测定仪，可实现钻孔精确定位。巷道掘进采用深孔掏槽，孔深一般为 7.5m，孔径 64mm。采场凿岩采用瑞典阿特拉斯公司生产的 SimbaW469 型遥控凿岩台车，孔径 115mm，最大孔深 55m，该台车采用激光系统进行准确定位，无人驾驶，可 24 小时连续循环作业。采场大直径(115mm)深孔(40～50m)装药使用山特维克公司的装药台车；基律纳铁矿采场凿岩、装运和提升都已实现智能化和自动化作业，凿岩台车和铲运机都已实现无人驾驶。矿石装载采用阿特拉斯公司生产的 Toro 2500E 型遥控铲运机，斗容 25t，单台效率 500t/h，周平均出矿量 3.0 万～3.5 万 t。拥有智能化的计算机集控中心，基本实现了“无人地下采矿”，工人和管理人员在计算机集控中心监控并执行现场操作。此外，罗肯维尔碳酸钾(Rocanville Potash)矿设置中央控制室控制整个矿山。

目前 Anglo Gold Ashanti 和 Rio Tinto 等采矿巨头都在研发新的超深矿井采矿方法。德国公司 Herrenknecht 已经制造出了一种巨型机械蠕虫，目前正在修建的 56km 长、穿越阿尔卑斯山的哥达基线隧道就在采用这种机械蠕虫。这家公司目前还设计了 3000t 重的同类机械，用于垂直方向工作。这种名为竖井钻孔系统(SBS)的设备就像圆锯一样带有一个切割盘，能在下面的岩石上切出 1.5m 深的壕沟。切割盘能围绕着垂直轴线旋转，从而切割出完整的竖井。切碎的岩石落到传送带上，被运送到地面。

如果 SBS 系统成功通过测试并投入使用，每天能向下挖掘 10.5m 的矿井，是目前速度的 3 倍以上(现在每天最快也只能挖掘 3m)，此外它还能免除矿工们每次爆破后需要从底部清理碎石的工作；而且它在前进的同时还能向新挖出的矿井壁上喷射混凝土，在矿工进入之前就完成矿井壁的封闭工作。

与此同时，采矿设备制造商 Atlas Copco 和 Aker Wirth 已经制造了两种自行采掘设备的原型机，从主矿井向周围挖掘水平巷道。例如，60m 长的 Aker Wirth 公司的原型机能在最高 80℃的温度下工作，而且挖掘速度是目前的钻孔爆破方法的两倍。Rio Tinto 公司负责井下采掘技术创新的总经理 Fred Delabbio 说：到目前为止，还没有人曾成功开发过能对付坚硬岩石的井下设备，一旦成功，那将是这个领域的一场革命，无论速度还是安全性都会有很大提高。

CSIR 采矿技术革新中心的负责人、电子工程师 Declan Vogt 认为，随着矿井深度越来越深，环境变得越来越热，也更危险，愿意在深井里面工作的矿工会越来越少，直至最后彻底消失。随着技术的发展，矿业公司最终会用计算机控制价格能够承受、酒瓶大小的机器人在南非狭窄的金矿矿层中进行开采工作，而无须让矿工冒险。南非一个研发组织近期开发了一种钻孔概念机器人。

由上可见，数字矿山和无人矿山成为深部采矿的趋势。总体而言，国外矿山在自动化智能采矿技术与新设备方面具有如下特点：

1) 装备配套、高度机械化、技术成熟、高可靠性

国外先进地下采矿装备从凿岩装药到装运，井下全部实现了机械化配套作业、各道工序无手工体力操作、无繁重体力劳动。各种类型的液压钻车、液压凿岩机、柴油或电动及遥控铲运机是极普通的基本装备，装备大型化、微型化、系列化、标准化、通用化程度高。这些矿山往往选用全球知名采矿设备专业厂家的产品，如世界著名的采矿设备厂阿特拉斯公司、瓦格纳公司、GHH 公司、艾姆科公司，这些厂家产品技术性能成熟、可靠性高、技术服务周到。

2) 装备高度无轨化、液压化、自动化

国外目前先进的采矿装备已经完全无轨化、液压化。在自动化方面已经成功引进无人驾驶、机器人作业新技术。如加拿大斯托比镍矿就一直致力于提高机械化和自动化水平，该矿矿石产量自 1990 年起，以年平均 8.7%的速度递增，仅用 381 名矿工和 100 名维修工就使全矿每天生产出 1.5 万余吨的矿石，最近此公司又组建了由两台 Robo Scoop 机器人铲运机和一台 MTT-44 型 44 吨遥控汽车组成的新型自动化运输系统。

3) 自动化、智能化控制管理

采矿设备的遥控和自动控制技术提高了生产效率，降低了成本，增加了安全性，还减轻了操作人员的听力损伤，对有危险的作业具有更大优越性。借助于庞大完善的矿山计算机管理信息系统和各种先进的传感器、微型测距雷达、摄像导向仪器等装置，可以实现采矿设备工况和性能的监控，达到一定程度上的智能化和自动化作业。加拿大许多现代矿山的绝大部分日常生产都是依靠遥控铲运机。

由于地下开采条件恶劣，各种矿山设备相继实现计算机控制，地下机器人技术也逐渐发展起来。已经出现了几种矿用机器人的样机，如自动化凿岩台车、自动化锚杆机、遥控装载机、程控巷道掘进机。当前的发展方向是：将专家系统、神经网络、模糊逻辑、模式识别以及其他人工智能技术用于在无组织性的矿井环境中控制矿山设备，研制智能矿山设备，包括维护系统、电气系统、材料搬运、地层控制系统和采矿工艺及设备方面的新技术，开发装药和混凝土喷射的遥控自动化装置、地下移动式破碎机、自动化架线电动汽车、无人驾驶铲运机、矿山机器人等；采用遥控和自动控制技术减少机器与操作人员的相关性，向全矿信息网提供设备状况和生产效率的实时信息，改进设备以适应生产自动化；实现在高难采、高危险下采矿，建立无人开采的矿山。

参 考 文 献

[1] 胡社荣，彭纪超，黄灿，等．千米以上深矿井开采研究现状与进展[J]．中国矿业，2011，20(7)：105-110.

[2] 胡社荣，戚春前，赵胜利，等．我国深部矿井分类及其临界深度探讨[J]．煤炭科学技术，2010，38(7)：10-13.

[3] 李化敏，李华奇，周宛．煤矿深井的基本概念与判别准则[J]．煤矿设计，1999(10)：5-7.

[4] 史天生．深井凿井技术与装备[J]．江西煤炭科技，1994，(4)：13-19，22.

[5] 《采矿手册》编辑委员会．采矿手册：第4卷[M]．北京：冶金工业出版社，1990.

[6] 中国恩菲工程技术有限公司．《超深井金属矿山热害控制安全技术研究》专题报告．北京：中国恩菲工程技术有限公司，2015：2.

[7] 谢和平，高峰，鞠杨．深部岩体力学研究与探索[J]．岩石力学与工程学报，2015，34(11)：2161-2178.

[8] 古德生．金属矿床深部开采中的科学问题[C]//香山科学会议(第六集)：科学前沿与未来．北京：中国环境科学出版社，2002：192-201.

[9] 古德生，李夕兵．有色金属深井采矿研究现状与科学前沿[C]//中国有色金属学会第5届学术年会，北京，2003.

[10] 长沙矿山研究院情报所．世界矿山概览[M]．北京：冶金工业出版社，1988.

[11] 冶金工业部情报研究总所．国外矿山统计数据手册，1982.

[12] http://www.mining-technology.com/projects/.

[13] http://www.infomine.com.

[14] 张天军，高占敏，蔡嗣经，Diering D H．21世纪的超深采矿[J]//国外金属矿山，2006(6)：25-31.

[15] 李翁然．自然崩落采矿法的发展现状[J]．采矿技术，1996(3)：12-15.

[16] 王福坤．自然崩落法在厚体矿中的应用研究[J]．矿业研究与开发，1994，12(3)：21-24.

[17] 张东红．自然崩落法的岩石力学工作与矿石崩落块度[J]．矿业研究与开发，2003(11)：9-11.

[18] Grady D．Mechanics of fracture under high rate stress loading[J]．Mechanics of Geomechanics，1985：

129-156.
[19] Horri H，Nemat-Nasser S. Compression induced，micro-crack growth in brittle solids[J]. J. of Geophsical Research，1985，90(4)：3105-3125.
[20] Saito T，Tsukada K，Inami E，et al. Study on rockburst at the face of a deep tunnel[C]. Proc. 5th Int. Congr. On Rock Mech，Melbourne，1983，(D)：203-206.
[21] 刘同有. 国际采矿技术发展的趋势[J]. 中国矿山工程，2005，34(1)：35-40.
[22] Jaeger J C，Cook N G W. Fundamentals of Rock Engineering[M]. London：Chapman anghall，1979.
[23] Fairhurst C. Rockburst and Seiscimity in Mines[M]. Rotterdam：Balkema Press，1990.
[24] Hoek E，Kaiser P K. Support of underground Excavations in Hard Rock[M]. Rotterdom：Balkema，1995.
[25] Kratzsch H. Mining Subsidense Engineering[M]. Berlin：Springer，1983.
[26] 郭立，马东霞. 深部开采的岩石力学研究及工程应用[J]. 矿冶工程，2001，21(3)：12-14.
[27] 谢学斌. 硬岩矿床岩爆预测与控制理论和技术及其应用研究[D]. 长沙：中南工业大学，1999.
[28] 李庶林，桑玉发，王泳嘉. 深井硬岩岩爆巷道支护研究[J]. 岩石力学与工程学报，1998，18(增1)：912-916.
[29] 姚宝魁，刘竹华. 矿山地下开采稳定性研究[M]. 北京：中国科学出版社，1994.
[30] 陆家佑，王昌明. 根据岩爆反分析岩体应力研究[J]. 长江科学院院报，1994，11(3)：27-30.
[31] 唐春安，徐晓荷. 深部开采中的岩爆问题[C]//香山科学会议第 175 次学术讨论会，北京，2001.
[32] 冯夏庭，王泳嘉，奥兹贝 M U，等. 深部开采诱发的岩爆及其防治策略[J]. 中国矿业，1998，7(6)：44-47.
[33] 余恒昌. 矿山地热与热害处理[M]. 北京：煤炭工业出版社，1991.
[34] 何满潮，苏永华. 地下软岩工程可靠度分析[J]. 岩土工程学报，2003，25(1)：55-57.
[35] 何满潮，李春华，王书仁. 大断面软岩硐室开挖非线性力学特性数值模拟研究[J]. 岩土工程学报，2002，24(4)：483-486.
[36] 何满潮. 软岩工程岩石力学理论研究最新进展[J]. 长春科技大学学报，2001，31(sup.)：8-17.
[37] 何满潮，薛延河，彭延飞. 工程岩体力学参数确定方法的研究[J]. 岩石力学与工程学报，2001，20(2)：225-229.
[38] Brown，E. T. 岩爆的预报与控制[C]//国外岩爆论文选编. 水利水电部科技司，1988.
[39] 陈亚东，任国义，姚香. “十一五”期间我国岩金深部开采综述[C]. 中国采选技术十年回顾与展望，2010：55-61.
[40] 何茂才，陈建宏，永学艳. 深井高温金属矿开采降温方案探讨及应用[J]. 金属矿山，2011，(418)：144-148.
[41] 冯兴隆，贾明涛，王李管，等. 地下金属矿山开采技术发展趋势[J]. 中国钼业，2008，32(2)：9-14.
[42] 普基拉 J，马蒂凯嫩 R. 矿山自动化是获利的关键[J]. 国外金属矿山，1995，20(6)：48-53.
[43] 斯科布尔 M. 加拿大矿山自动化的进展：数字矿山迈向全矿自动化(一)[J].国外金属矿山，1996，21(3)：60-65.
[44] 汤姆森 D，艾特肯 V. 遥控技术已臻成熟[J]. 国外金属矿山，1999，24(1)：27-30.
[45] 于润沧. 论当前地下金属资源开发的科学技术前沿[J]. 中国工程科学，2002，4(9)：8-11.
[46] 皮谢 A，戈尔捷 P H. 地下采矿自动化的最新研究成果[J]. 国外金属矿山，1996，21(9)：30-35.
[47] 房智恒，王李管，黄维新. 我国金属矿山地下采矿装备的现状及进展[J]. 矿业快报，2008，11(11)：1-4.

附录　国外典型深部金属矿山简介

(1) 姆波尼格金矿(Mponeng Gold Mine)

国家：南非

开采深度：4350m

矿石类型和储量：金矿，金属储量 426t，年产黄金 12.44t，金品位 8g/t。

采矿方法：支架充填采矿法、连续网格采矿法。为了减少动力灾害，矿石开采不再集中于一个地点，而是在矿井内的各个区域均匀进行。其次是留下了更多的岩石柱作为支撑，与此同时还进行大规模的回填：将在地面上粉碎提取过的废弃岩石再运回井下，填充那些被采空的区域。更重要的是，所有深井现在都安装了先进的监控系统，即在井下岩石上钻孔安装的大量电池大小的传感器构成了庞大的监控网络，它们收集地震信号并将其传送到地面的计算机。地质物理学家对这些数据进行分析，将那些处于高危险状态的矿区封闭。

(2) 萨武卡金矿(Savuka Gold Mine)

国家：南非

开采深度：4000m

矿石类型和储量：金矿，年产黄金 1.52t，矿产资源估计为 526 万 t。

采矿方法：方框支架充填采矿法、长壁开采法转化为连续网格法。该矿曾发生地震，使主井破坏严重，采用 3D 模拟系统“Bentley Systems”的微工作站和结构模块设计破坏的竖井。高温方面矿井配有各种设施，以确保工人安全工作。

(3) 陶托那盎格鲁金矿(Tau Tona, Anglo Gold Mine)

国家：南非

开采深度：3900m

矿石类型和储量：控制资源量 229.8t，年产黄金 12.7t。

采矿方法：长壁式崩落法，高温控制采用冷却塔和冷却坝、空气调节设备。

(4) 卡里顿维尔金矿(Carletonville Gold Mine)

国家：南非

开采深度：3800m

矿石类型和储量：金，副产品铀、银和铱、锇贵重金属。年产金矿石 324.1 万 t，产金 47.89t，产氧化铀 213t。

采矿方法：长壁空场法回采，为了减少地震活动防止产生岩爆，采用矿柱进行回采，从而使可采矿石损失 15%，目前使用破碎岩石充填采空区，以便更为安全和取得更高的生产率。

(5) 东兰德专有矿业(East Rand Proprietary Mines)

国家：南非

开采深度：3585m

矿石类型和储量：金矿，2007 年产金 2.27t，品位 1.23g/t；2008 年产金 2.25t，品位 1.14g/t。

(6) 南深部金矿(South Deep Gold Mine)

国家：南非

开采深度：3500m

矿石类型和储量：金矿，探明金储量 1216t，月产量为 22 万 t 矿石，平均品位 7.06g/t。

采矿方法：采用"全尾矿胶结充填法、卸压采矿"的方案，即"倾斜开槽"法(inclined slot method)。采用大直径(15m)双竖井一段式提升方式，降温采用一个地下冰的冷却系统。

(7) 克卢夫金矿(Kloof Gold Mine)

国家：南非

开采深度：3500m

矿石类型和储量：金矿，累计矿石储量 3.04 亿 t，年产量 367 万 t，品位 9.1g/t。

采矿方法：长壁式崩落采矿法。

(8) 德里霍特恩金矿(Driefontein Gold Mine)

国家：南非

开采深度：3400m

矿石类型和储量：金矿，矿石储量 9460 万 t，金品位 7.4g/t。

采矿方法：长壁开采和分散开采相结合的方法。

(9) 远西兰德库萨萨力图金矿(Kusasalethu Gold Mine Project, Far West Rand)

国家：南非

开采深度：3276m

矿石类型和储量：金矿，剩余金储量 305 万 t，品位 5.35g/t。

采矿方法：冲击式采矿技术。采矿过程中的通风降温系统主要利用矿井主通风系统，对入井空气进行预冷，通过制冷机-热交换器-压入式风机将进入井下的空气冷却至 4℃。局部降温主要是工作面的降温，采用"水+风冷"方式，供水系统为一密闭循环系统，自井下返回的热水首先在地表采用散热塔进行预冷，而后通过制冷机将水冷却至 4℃送入井下，再通过局扇输送至采场工作面，以达到降温通风的目标。

(10) 钱皮恩里夫金矿(Champion Reef Gold Mine)

国家：印度

开采深度：3260m

矿石类型和储量：金矿，1981 年该矿矿石可靠储量为 11995.7 万 t，年产矿石 10 万 t，金品位为 7.12g/t。

采矿方法：梯段留矿法，曾采用了上向倒 V 形的梯段留矿法，后来钱皮恩里夫推广使用迈索尔金矿巷道采矿法的经验，并结合本矿的具体条件，在回采 White 竖井保安矿柱，Glen 柱状富矿体与北褶皱区的矿段，均取得了良好的效果。该矿虽在地表装置了空冷，但因其底部阶段的作业面已深达 3200m，井下的高温问题仍未获解决。为此，在第 80 阶段的 White 竖井装置了第二段空冷设备，以解决该矿南部采区冷风的输入问题，同时在局部地段安装了定点冷却器，能够提供 425m^3/min 的冷空气，使干、湿球温度分别从 42℃和 26℃降到 32℃和 23℃，从而大大改善了工作面的通风和作业的舒适条件。

(11) 斯坦总统金矿(President Steyn Gold Mine)

国家：南非

开采深度：3200m

矿石类型和储量：金矿，1980 年生产矿石 396.1 万 t，含金品位 6.5g/t，产纯金 26.1t。

采矿方法：空场法，采空区用废石充填，充填机的额定充填能力为 25t/h。由于开采地区处于地表以下 3200m 的 105 水平，原岩温度高达 63℃，采用 7000kW 冷冻设备(100L/s)为井下冷却降温。

(12) 博客斯堡金矿(Boksburg Gold Mine)

国家：南非

开采深度：3150m

矿石类型和储量：金矿，年处理量 390 万 t。

采矿方法：从初期露天开采发展为南非维特沃斯兰德的最大和最深的地下矿山之一，目前采用空场法回采。

(13) 拉罗德金矿(La Ronde Gold Mine)

国家：加拿大

开采深度：3120m

矿石类型和储量：生产金，副产铜、锌和银，探明和可能储量矿石为 3560 万 t，金品位 2.7g/t。

两种采矿方法：纵向后退式废石胶结或膏体嗣后充填法和横向展开式废石胶结、膏体或非固结嗣后充填法。

(14) 安迪纳铜矿(Andina Copper Mine)

国家：智利

开采深度：3070m

矿石类型和储量：1970年投产，采选能力9.4万t/d，全球资源储量最大的铜矿，矿石储量为191.62亿t，铜金属资源储量11360.5万t，铜0.593%。

采矿方法：矿块崩落法回采。1970年开始使用格筛的和带式运输机出矿，1979年在坚硬矿岩(RQD为50%)中开始用铲运机出矿。矿块崩落法采场由于受春季雪涌入的影响而中断开采，遗留在空区的矿岩储量达到30%，选用分段崩落法回采出这部分矿石的储量估计有380万t。

(15) 摩押金矿(Moab Gold Mine)

国家：南非

开采深度：3054m

矿石类型和储量：金矿，矿石储量1688万t，黄金储量205t，品位9.69g/t。

采矿方法：房柱采矿法、壁式充填采矿法。冰蓄冷系统的制冰机、冰热存储模式是应对电力和能源管理的关键要点。

(16) 幸运星期五矿(Lucky Friday Mine)

国家：美国

开采深度：3000m

矿石类型和储量：银、铅，矿石生产能力27.95万t/a；矿石品位：铅11%，银525g/t，锌1.5%；矿石储量56.7万t，2016年产银93.3t。

采矿方法：有支护的或无支护的水平分层充填采矿方法。采场天井掘进于矿脉中，随着向上采矿，充填体内的天井用风动凿岩机钻凿直径35～41mm，深2.1m的炮眼，用水胶炸药爆破，采场出矿用15kW双滚筒电耙，在宽矿脉中偶尔也用Cavo310型风动装运机。平巷掘进用扬斗式装岩机火铲运机出渣。用水力运输尾矿胶结充填料，灰砂比1∶17，充填体顶部152mm的灰砂比为1∶7，水力运输的固体浓度为65%～68%，充填速度41t/h。

(17) 基德溪铜锌矿(Kidd Creek Copper/Zinc Mine)

国家：加拿大

开采深度：2927m

矿石类型和储量：铜、锌矿，含有已探明矿石储量19亿t，铜1.8%，锌5.5%，铅0.18%，生产锌金属14.7万t/a。

采矿方法：爆破孔回采。

(18) 加利纳银矿(Galena Silver Mine)

国家：美国

开采深度：2800m

矿石类型和储量：主产银，1955～1979 年累计生产矿石 3252t，共产银 2879.9t，1980 年产铜 1100t，矿石日产量 680t。平均品位银 68.6g/t，铜 0.57%。目前矿石储量 140.2 万 t，银平均品位 395g/t。

采矿方法：水平分层充填法，采场沿走向是 61m，两端掘有断面为 2.6m×2.9m 的天井，采场沿窄矿脉打上向孔，脉宽 3m 左右的则打水平孔，用电耙出矿。采矿临时支护用长 1.2m 或 1.8m 打锚杆或直径 152mm 的横撑支柱，充填用分级尾矿。

(19) 圣诺里哥瓦金矿(Great Noligwa Gold Mine)

国家：南非

开采深度：2600m

矿石类型和储量：年产黄金 31.72t。

采矿方法：长壁式崩落采矿法、房柱采矿法。

(20) 克赖顿镍矿(Creighton Nickel Mine)

国家：加拿大

开采深度：2590m

矿石类型和储量：镍，矿石储量 3200 万 t，其中镍含量为 1.9%～2.2%，铜含量为 2%～2.3%。

采矿方法：留矿法和机械化向下胶结充填法。

(21) 塔戈特金矿(Target Gold Mine)

国家：南非

开采深度：2500m

矿石类型和储量：金矿，年产金 9.92t，矿石储量 2510 万 t，含金 136.08t。

采矿方法：充填采矿法。

(22) 迈索尔金矿(Mysore Gold Mine)

国家：印度

开采深度：2500m

矿石类型和储量：金矿，从 1880 年开采至今，该金矿区历年累计采矿量为 4650 万 t，黄金含量为 785t，该矿 1981 年矿石日生产能力 256t，矿石品位 4.86g/t。

采矿方法：巷道采矿法，凿岩爆破。该矿在 43 阶段柱状富矿体开采中采用了巷道采矿法。另外还应用巷道采矿法回采井筒保安矿柱，取得了良好效果。使用气腿子凿岩机凿岩。目前，因可供回采的矿石品位逐渐下降，采矿成本迅速增加，为了提高开采效率和劳动生产率，在宽矿体中开始使用深孔凿岩爆破的方法。

(23) 农迪德鲁格金矿(Nundydroog Gold Mine)

国家：印度

开采深度：2400m

矿石类型和储量：金矿，矿石储量 1893.1 万 t，金品位 7.16g/t。

采矿方法：充填采矿法回采，现代的岩层控制方法要求进行快速回采和对回采采场按系统的顺序进行支护，该矿过去采用的砌筑花岗石墙支护的普遍方法，由于进度太慢，已经不能满足生产的需要，因此改用脱泥尾砂充填采矿法回采。

(24) 马瓦拉弗汉达资源(Mvelaphanda Resources(Merensky))

国家：南非

开采深度：2200m

矿石类型和储量：铂矿，拥有超过 2834.95t 的铂族金属量，还有黄铜矿、镍黄铁矿和磁黄铁矿。

采矿方法：全面采矿法。

(25) 韦尔科姆-布兰德总统金矿有限公司(Welkom(President Brand Gold Mines Limited))

国家：南非

开采深度：2150m

矿石类型和储量：1954 年投产到 1979 年底共产矿石 7824.5 万 t，1980 年财政年度内入选矿石 332.8 万 t，产纯金 30.54t，金品位 11.33g/t，可回收的尾矿储量 3308.5 万 t。

采矿方法：竖井开拓。有 5 座竖井，其中 1 号井深 1463.7m，2 号井深 1455m，并在 46 水平上相连，为了开采深部水平，从 46 水平下掘一对盲竖井达地表以下 2228m。3 号和 4 号竖井深度 1596m，主要用以开采矿体的北部和东北部。5 号竖井深度达到 2150m。

(26) 桑德瑞德铂矿(Zondereinde Platinum Mine)

国家：南非

开采深度：2115m

矿石类型和储量：铂、钯、铑和金，Merensky Reef 储有 7155 万 t 铂族元素(铂、钯和铑)和金，品位 6.96g/t；UG2 储有 8914 万 t 铂族元素(铂、钯和铑)和金，品位是 4.91g/t。

采矿方法：全面采矿法。

(27) 利巴农金矿(Libanon Gold Mine)

国家：南非

开采深度：2073m

矿石类型和储量：1980 年财政年度内入选矿石 168 万 t，产纯金 11.92t。矿石含金品位 6.2g/t，日处理矿石能力 4600t。

采矿方法：竖井开拓，现有三座竖井，其中 1 号竖井深 1252.73m，2 号竖井深 1626.2m，位于矿山南部附近的 3 号竖井，深度达到 2008.6m。1 号竖井采用脉状开采。

(28) 布福里斯方坦金矿(Buffelsfontein Gold Mine)

国家：南非

开采深度：2000m

矿石类型和储量：金、铀，黄金储量 312.41t，铀 3545 万 t，品位分别为 10.67g/t 和 200.03g/t。

采矿方法：全面采矿法。

(29) 克里沃罗格矿(Kryvy Rih Ore)

国家：乌克兰

开采深度：2000m

矿石类型和储量：铁矿，1978 年产商品铁矿石 1.1 亿 t，地质储量 200 多亿吨，工业储量 159 多亿吨。

(30) 尤尼塞尔金矿(Unisel Gold Mine)

国家：南非

开采深度：1977m

矿石类型和储量：金矿，矿石储量 5050 万 t，含金品位 6.9g/t。

采矿方法：空场法回采。

(31) 芒特艾萨铜铅锌银矿(Mount Isa Copper Mine)

国家：澳大利亚

矿石类型和储量：铜、铅、锌、银，采矿生产规模 1000 万 t/a。

开采深度：1900m

采矿方法：大部分铜矿石和 2/3 的铅锌银矿石用分段空场(sub-level open stoping)法回采，其余用机械化水平分层充填法，即芒特·艾萨水平分层法(MICAF)回采。空场法的分段高度一般为 40m，采场宽度 40m，长 60m，高 245m，矿量 75 万 t。矿柱宽 27～40m。多机台车打眼，铵油或浆状炸药爆破，3.8m^3 或 6.1m^3 的 Wagner 或 Moore 铲运机出矿。采场回采后充填，再回采矿柱。空场法的矿柱回采视矿体厚度和矿石品位而定，矿体中厚，品位低，矿柱厚度小，一般不回采；矿体中厚，品位中等，矿柱向矿房爆破回采。较大的矿柱在矿房充填后用分段崩落法回采。1100m 水平矿体的大型矿柱用补偿空间大爆破法回采，出矿时随放随充，用充填料和矿石来支撑周围的充填体。在地表建立有两套 3000kW 冷冻设备的制冷站，为井下送入冷水以冷却井下工作面的空气，从而预防高温。

(32) 东卡迪亚地下金铜矿(Cadia East Underground Gold and Copper Mine)

国家：澳大利亚

开采深度：1900m

矿石类型和储量：金、铜，储量为 439.42t 金和 224 万 t 铜，金品位 0.44g/t，含铜 0.28%。

采矿方法：钻探、主体地下采矿。

(33) 韦尔科姆-圣海伦娜金矿有限公司(Welkom(St.Helena Gold Mines Limited))

国家：南非

开采深度：1859m

矿石类型和储量：金、银，矿石可靠储量 850 万 t，含金品位 11.5g/t。

采矿方法：竖井开拓，有竖井 9 座，最深的 8 号竖井达到 1859m，用空场法回采，矿石采用有轨运输。

(34) 布伦瑞克锌矿(Brunswick Zinc Mine)

国家：加拿大

开采深度：1830m

矿石类型和储量：锌和其他金属，世界最大的地下锌矿，探明金属储量 620 万 t，铜 0.4%，锌 8.4%，铅 3.4%和银 104g/t，潜在储量 220 万 t，其中 7.6%为锌，3.0%为铅，0.3%为铜，银 84g/t。

采矿方法：充填法和空场法并存。

(35) 卡尔福克铜矿(Carr Fork Copper Mine)

国家：美国

开采深度：1830m

矿石类型和储量：铜矿，副产钼和金银，铜金属储量 170 万 t，铜品位 1.87%。

采矿方法：原设计用普通深孔爆破的阶段空场法，稍加改进为垂直深孔漏斗爆破后退式回采法。用炮孔直径 165mm 的潜孔钻机穿孔，轮胎式铲运机出矿，矿石下放至 970m 运输平巷。用两台 30 吨电机车牵引 18 辆 $12m^3$ 的矿车，运至主井，在井下破碎至小于 150mm 后，用两台 2475kW 的双筒卷扬机配 150 吨箕斗，提升至地表，平巷中列车装车可在任意机车上遥控，也可由溜井装矿处的工人用无线电控制。

(36) 塔吉克斯坦帕科特金矿(Pakrut Gold Project, Tajikistan)

国家：塔吉克斯坦

开采深度：1800m

矿石类型和储量：金、银，该矿估计金储量为 133.81t，金品位为 0.5g/t，年处理矿石 66 万 t。

采矿方法：空场采矿法，分段开采和水泥液压填补的采矿方法。

(37) 昂奇金矿(Unki Gold Mine)

国家：津巴布韦

开采深度：1800m

矿石类型和储量：铂矿，年产铂 1.96t，采矿规模为年产矿石 144 万 t。

采矿方法：支架充填采矿法，房柱法。

(38) 北乌拉尔铝土矿(North Ural Bauxite Ore)

国家：俄罗斯

开采深度：1700m

矿石类型和储量：铝、铁，年产矿石 340 万 t，矿石中含 Al_2O_3 44.57%，SiO_2 9.63%，Fe_2O_5 18.95%。

采矿方法：以前采用分层崩落法，1954～1956 年期间，其开采矿量占地下采矿量的 90%以上，它用来开采厚矿体和倾角大、顶板稳固性差的矿段。房柱法是现在采用的主要采矿方法，它用于开采矿体厚度 2～8m、顶板稳固和倾角不大于 35°的矿段，用楔缝式锚杆支护顶板，电耙出矿。

(39) 韦尔科姆金矿-西部控股有限公司(Welkom(Western Holdings Limited))

国家：南非

开采深度：1672m

矿石类型和储量：金矿，副产铀、硫。1979 年财政年度入选矿石 329.7 万 t，产纯金 29.1t，输出尾矿泥 442.6 万 t，品位：铀 0.09kg/t，硫 1.13%，金 0.45g/t。

采矿方法：空场法回采，采幅 1.5～2.0m，最宽 2.5m。采场用钢管或木垛支护，铵油炸药爆破。

(40) 弗雷泽镍铜矿(Fraser Nickel-Copper Mine)

国家：加拿大

开采深度：1610m

矿石类型和储量：镍和铜是主要的金属，但也生产钴和贵金属，例如，金、银、铂和钯，金属年产量 9.3 万 t。矿石品位：镍 1.8%、铜 0.65%。矿石储量 1.1 亿 t。

采矿方法：分段深孔法。

(41) 奥布阿西金矿(Obuasi Gold Mine)

国家：加纳

开采深度：1600m

矿石类型和储量：金矿探明和可能储量总计为 5680 万 t，品位 6.19g/t。

采矿方法：采用天井钻进方法开采，房柱法采矿。拥有世界上较大的提升掘进机，年提升能力为 620 万 t。

(42) 科巴尔铜矿(CSA Copper Mine(Cobar Copper Mine))

国家：澳大利亚

开采深度：1600m

矿石类型和储量：主要矿石有两种，即磁黄铁矿-黄铜矿共生体和磁黄铁矿-闪锌矿-黄铁矿-方铅矿共生体。主要生产铜、银，年产矿石 160 万 t，矿石含铜 29%；其副产物是银。

采矿方法：采矿方法是长洞空场(LHOS)充填法，空场工作面 30m 高，10m 宽。原采用机械化水平分层充填法，1974～1975 年改成深孔空场法。水平分层充填法用单机台车凿岩，孔径 50mm，深 6m，倾角 65°，采高 4.6m 或 5.6m，最小空顶距要求 3.6m，后退式回采。爆破用铵油炸药，单位消耗量 0.34kg/t。出矿用 $3.8m^3$ 铲运机，采场用锚杆和 11m 长的锚索护顶。用掘进废石和分级尾砂充填。深孔空场法采场一般高 35～50m，长 40～80m，宽 10～40m。用潜孔钻机钻孔，孔径 115mm 和 165mm，深 65m。爆破用加 5%铝粉的铵油炸药，出矿用 $3.8m^3$ 铲运机，20 吨汽车运输。

(43) 布罗肯希尔铅锌矿(Broken Hill Lead-Zinc Mine)

国家：澳大利亚

开采深度：1580m(1982 年)

矿石类型和储量：铅、锌、银。它是世界上最大的铅锌银矿床之一，矿石储量 2.8 亿 t，矿石品位：铅为 10%, 锌为 8.5%, 银为 148g/t，自 1883 年发现以来，已开采矿石约 2 亿 t。

采矿方法：矿房用水平分层充填法，矿柱用方框支架法或向下充填法回采。矿体厚度大(10m 以上)的地段用脉内采准的盘区方案，盘区包括一个沿走向采场和三个垂直走向采场。矿体厚度小时，采场沿走向布置，长 200～300m，阶梯式上采。充填系统的特点是在井下 20～21 水平岩体内建立立式砂仓，充填料的尾砂水泥比为 30：1。降温方法采用人工制冷降温。

(44) 德维尼金矿(Dvoinoye Gold Mine)

国家：俄罗斯

开采深度：1567m

矿石类型和储量：金、银。该矿预计黄金储量为 31.18t，其中平均品位为 17.8g/t；银储量为 38.84t，平均品位 21.8g/t，2010 年开始地下开采，达产后每年生产黄金 9.33t。

采矿方法：地下金矿机械化开采，采用永久性主通风机。

(45) 加森镍铜矿(Garson Nickel-Copper Mine)

国家：加拿大

开采深度：1563m

矿石类型和储量：镍、铜矿，日生产矿石能力 7258t。

采矿方法：采用机械化分层充填法，分段崩落法。

(46) 777(鳟鱼)湖矿(777 (Trout) Lake Mine)
国家：加拿大
开采深度：1540m
矿石类型和储量：铜、锌，副产金、镍、铂族金属、银和铅，金品位为 4.7g/t，银 30.6g/t，铜 0.47%和锌 0.46%，矿石产量 1018 万 t/a。

(47) 科尔韦济铜矿(Kolwezi Copper Mine)
国家：刚果(金)
开采深度：1506m
矿石类型和储量：铜，矿石储量 3500 万 t，其中含铜 167.6 万 t，钴 36.3 万 t。
采矿方法：房柱法。

(48) 俄罗斯诺里尔斯克镍业(Norilsk Mining Centre, Russia)
国家：俄罗斯
开采深度：1500m
矿石类型和储量：铜、镍、钯，已探明和可能的矿石储量共计 4.787 亿 t，包含 627 万 t 镍、937 万 t 铜，1763.34t 钯和 453.59t 铂，年产量 1100 万 t 矿石，按照目前这个采矿速率还可以开采 50 年。
采矿方法：无底柱分段崩落采矿法。该矿采用综放开采(sub-level caving，放顶煤开采)，采场开采 120m 长，8m 宽和 10m 厚。使用机械化开采和矿石装载设备，这种设备主要由阿特拉斯科普柯(Atlas Copco)供应。防高温方面采用 2054m 深的通风井。

(49) 南非勒斯滕堡联盟矿(Union Platinum Mine，Rustenburg, South Africa)
国家：南非
开采深度：1500m
矿石类型和储量：铂、钯、铑、金，总储量为 240.97t。
采矿方法：房柱法。由三个竖井和三个下降系统组成，被称为 4B，采用水平推进回采法。

(50) 杨-戴维森矿(Young-Davidson Mine)
国家：加拿大
开采深度：1500m
矿石类型和储量：金矿，矿石产量 216 万 t/a，探明矿石储量 4568 万 t。
采矿方法：充填法。

(51) 博尔比矿(Boulby Mine)
国家：英国
开采深度：1500m

矿石类型和储量：主要生产钾，产量 100 万 t/a。

采矿方法：留矿法、房柱法。拥有采空区及矿柱应力数字微震实时检测系统，CPL 公司应力消除挖掘技术；为了解决 1200m 以下的高应力和提高产量到 3Mt/a，将连续采矿机改造成遥控操作。

(52) 孔科拉铜矿(Konkola Copper Mine)

国家：赞比亚

开采深度：1500m

矿石类型和储量：铜矿，矿石储量 2.67 亿 t。

采矿方法：采用深孔落矿阶段矿床法、薄喷支护技术。

(53) 西利亚斯矿产约克碳酸钾矿(Sirius Minerals York Potash Project)

国家：英国

开采深度：1500m

矿石类型和储量：钾，26.6 亿 t 的矿产资源，杂卤石平均品位 85.7%。

采矿方法：房柱法。

(54) 伊万达金矿(Evander Gold Mine)

国家：南非

开采深度：1500m

矿石类型和储量：产品有金、铱、锇，年选矿处理量 84.1 万 t，产纯金 3.54t，矿石含金品位 6.75g/t。

采矿方法：空场法。

(55) 苏必利尔铜矿(Superior Copper Mine)

国家：美国

开采深度：1470m

矿石类型和储量：铜，预测储量 16.24 亿 t，包括品位为 1.47%的铜和品位为 0.037%的钼。

采矿方法：最初主要使用方框支柱法，部分急倾斜矿体用普通分层充填法，由于上盘不稳固，出现崩落，固采用下向分层充填法，采场阶段高度 300m，从下盘平巷向上盘掘进，采矿横巷与上盘平巷相通。在采矿横巷穿过的矿体中，每隔 30m 的距离掘垂直天井。

(56) 卡拉帕蒂纳铜金矿(Carrapateena Copper-Gold Mine)

国家：澳大利亚

开采深度：1445m

矿石类型和储量：主要产铜、金，预计生产铜 11 万 t/a、金 3.32t/a。

采矿方法：块段崩落(block caving)法、综放开采法和分段空场采矿法等。控制高温方面，采用每秒 1200m³的空气输送系统，地下铜矿和金矿矿石的开采中会用到两个 500m 长的电梯。

(57) 罗詹镍矿(Trojan Nickel Mine)
国家：津巴布韦
开采深度：1440m
矿石类型和储量：镍矿，采选生产能力 110 万 t/a。
采矿方法：房柱法、崩落法。

(58) 维尔特雷登金矿(Weltevreden Gold Mine)
国家：南非
开采深度：1400m
矿石类型和储量：金矿，储量 65.2t，品位 4.17g/t。

(59) 沃伊西湾镍矿(Voisey's Bay Nickel Mine)
国家：加拿大
开采深度：1400m
矿石类型和储量：镍-钴-铜精矿及铜精矿，矿石产量 180 万 t/a，含有 1.6%的镍 1.41 亿 t。

(60) 波托西银矿(Potosi Silver Mine)
国家：澳大利亚
开采深度：1400m
矿石类型和储量：银、铅、锌，矿石储量 1600 万 t，锌品位 14.1%，铅 3.4%，银 46g/t。
采矿方法：采用改良的 Avoca 方法。

(61) 奥尤陶勒盖金铜矿(Oyu Tolgoi Gold and Copper Project)
国家：蒙古
开采深度：1385m
矿石类型和储量：产铜、金，初步探明铜储量为 3110 万 t、黄金储量为 1328t、白银储量为 7600t，平均年产超过铜 45.4 万 t、金 10.26t。
采矿方法：崩落法。

(62) 萨克萨甘铁矿(Saksahan Iron Ore)
国家：乌克兰
开采深度：1385m

矿石类型和储量：1958 年建成，年生产能力为 350 万 t 商品铁矿石。

采矿方法：分段崩落法。1971 年开始广泛采用，同时用深孔拉底和垂直分条落矿的分段崩落法，1975 年的采矿量比重达 96%。1979 年又采用了垂直扇形深孔落矿的分段崩落法。年下降速度比较快，1977 年达 24.2m，采区生产能力 1977 年为 31.6 万 t。

(63) 斯坦利铀矿(Stanley Uranium Mine)

国家：加拿大

开采深度：1372m

矿石类型和储量：铀矿，1983～1996 年产矿石 1400 万 t，日产矿石 7080t。

采矿方法：房柱回采法。

(64) 拉帕金矿(Lapa Gold Mine)

国家：加拿大

开采深度：1369m

矿石类型和储量：已被证明含有约 40 万 t 矿石，金品位 5.49g/t，含黄金 2.21t。

采矿方法：用水泥回填纵向回旋，并在本地横向开放的回采用水泥回填。

(65) 基律纳铁矿(Kiruna Iron Ore)

国家：瑞典

开采深度：1365m

矿石类型和储量：世界最大、最现代化的地下铁矿，年产矿量 2750 万 t。

采矿方法：高分段无底柱崩落法。采用竖井+斜坡道联合开拓，矿山有 3 条竖井，用于通风、矿石和废石的提升，提升系统分两段接力提升到地表，第一段的提升高度为 355m，第二段的提升高度为 802m，第一段安装 4 台提升机，第二段安装 6 台提升机。巷道掘进采用装有三维电子测定仪的凿岩台车，可实现钻孔精确定位，采用深孔掏槽，孔深一般为 7.5m，孔径 64mm。采场凿岩采用瑞典阿特拉斯公司生产的 SimbaW 469 型遥控凿岩台车，孔径 115mm，最大孔深 55m，无人驾驶，可 24 小时连续循环作业。采场大直径(115mm)深孔(40～50m)装药使用山特维克公司的装药台车，爆破网络为人工连接，一般采用分段导爆管雷管、导爆管和导爆索网络。目前，基律纳铁矿采场凿岩、装运和提升都已实现智能化和自动化作业，凿岩台车和铲运机都已实现无人驾驶。

(66) 洛克比铜镍矿(Lockerby Copper-Nickel Mine)

国家：加拿大

开采深度：1332m

矿石类型和储量：年产矿石 23.0 万 t，铜 3.04 万 t，品位 0.31%，镍 4.504 万 t，年产钴 1060t，品位 0.45%，现总产 855 万 t 矿石。

采矿方法：采用大直径深孔采矿法，占矿山产量的 82%，其余矿石用充填法采出。

(67) 红湖金矿(Red Lake Gold Mine)

国家：加拿大

开采深度：1316m

矿石类型和储量：金矿石品位平均约为 22g/t，探明金属储量 58.97t。

采矿方法：采用分层充填法采出矿石占总量的 50%，留矿法占 43%，其余为深孔回采矿柱的矿石。

(68) 桦树镍矿(Brichtree Nickel Mine)

国家：加拿大

开采深度：1300m

矿石类型和储量：镍，日产矿石 3800t。

采矿方法：采用垂直漏斗爆破后退式回采法、分层充填法、深孔分段采矿法。斜坡道掘进用凿岩台车 2 台。分层充填法和深孔落矿法用 Wagon 凿岩机 15 台、Joy 双机采矿台车 5 台，以及 152mm 潜孔钻机。

(69) 韩国桑东钨钼项目(Sangdong Tungsten Molybdenum Project, South Korea)

国家：韩国

开采深度：1300m

矿石类型和储量：钨、钼，是世界上最大的钨矿，1992 年由于价格低廉停产，2012 年恢复生产，采矿生产规模为 120 万 t/a。

采矿方法：充填法。

(70) 南铜崖镍矿(Copper Cliff South Mine)

国家：加拿大

开采深度：1294m

矿石类型和储量：产品为铜及镍，矿石产量 95 万 t/a。

采矿方法：VCR 法。平巷掘进用三机凿岩台车和新型 Montabert 电动液压凿岩机、铲运机及立爪式装载机。

(71) 罗肯维尔碳酸钾矿(Rocanville Potash Mine)

国家：加拿大

开采深度：1224m

矿石类型和储量：氧化钾，钾盐，储量 3.72 亿 t，氧化钾品位为 22.5%。

采矿方法：长工作面开采法。

(72) 波尔科维采铜矿(Polkowice-Sieroszowice Mine)

国家：波兰

开采深度：1216m

矿石类型和储量：生产铜和银，探明资源 3.87 亿 t 矿石，铜品位 2.65%，银 54g/t，每年矿石产量大概在 1100 万 t，其中 29.2 万 t 铜和 594t 银。

采矿方法：房柱法回采。用双臂台车，配回转冲击凿岩机，钻凿直径 51mm，深 15m，倾角 60°的抛空，装填铵油炸药，第一阶段矿房宽 6m，留 16m×5m 矿柱，第二阶段留 4m×4m 矿柱。回采率在很大程度上取决于板顶条件，不回填。

(73) 诺克米斯矿业(Nokomis Mining Deposit, Minnesota)

国家：美国

开采深度：1200m

矿石类型和储量：铜、镍、铂、钯、金、银，预计资源总量 2.74 亿 t，0.632%铜，0.207%镍，0.685g/t 的 TPM(TPM=Pt+Pd+Au)。

采矿方法：VCR 法。

(74) 埃尔特尼恩特(El Teniente)

国家：智利

开采深度：1200m

矿石类型和储量：属斑岩型铜矿，主要矿体长 1500m，宽 300～800m，主要矿物是黄铜矿(占 70%)、辉铜矿(占 20%)、斑铜矿(占 5%)及少量辉钼矿，矿石储量 60 亿 t，铜品位 0.86%，铜金属储量约 5000 万 t，目前尚有矿石储量 25 亿 t，铜品位 0.86%，铜金属储量约 2100 万 t。

采矿方法：最早采用留矿回采法(shrinkage stoping)和矿柱崩落法(pillar caving)，在福图纳(Fortuna)矿段(海拔 2369m 以上)采用空场采矿法(open stope mining)，从 1940 年开始，采用矿块崩落法。这些方法用于上部矿体开采，这些地方矿石裂隙多，容易崩落，矿块均匀且小于 1m，无须再使用机械破碎和装运。原生矿由于硬度较大，裂隙少，所以选用了房式崩落开采法(caving panel)，由铲运机、巷道和竖井，以及不同大小的开采网格组成采矿体系。矿山自下向上开采，普通矿工不存在，全部为驾驶机械的自动化，下层两层自动化。日德技术，全自动装矿，自动手臂击碎，计算机控制。为应对动力灾害，修建了两条地下平行隧道，每条长度为 9km，直径 8m，并通过 22 个导洞连接，建立纵向通风井和运输通道。

(75) 杜达铅锌矿(Duddar Lead-Zinc Project)

国家：巴基斯坦

开采深度：1200m

矿石类型和储量：铅、锌，采选能力为 66 万 t/a，该矿发现于 1988 年，铅锌矿矿脉长 1100m，矿层厚度在 6.5m 以上，资源量约 5000 万 t。经过详细勘探的地段，探明矿石储量 1431 万 t，平均品位锌 8.6%，铅 3.2%。

采矿方法：根据杜达铅锌矿段的特点，主要采矿方法为三种，即点柱上向分层充填采矿法、分段充填采矿法、分段空场嗣后充填采矿法。点柱上向分层充填采矿法用于上部层状向斜轴部，倾角较缓(<50°)的矿体。分段充填采矿法主要用于 100m 以上倾角较陡(>55°)、矿岩稳固性较好的层状矿体，分段空场嗣后充填采矿法主要用于 100m 以下倾角较陡的网脉状矿体，其大部分倾角大于 75°，矿岩中等稳固，杜达铅锌矿三种采矿方法按采出矿量确定，大致比例为：点柱上向分层充填采矿方法占 13%，分段充填采矿方法占 25%，分段空场嗣后充填采矿方法占 62%。

(76) 查特斯堡金矿(Charters Towers Gold Mine)
国家：澳大利亚
开采深度：1200m
矿石类型和储量：金矿石储量 80 万 t，金品位 13g/t。
采矿方法：深孔空场采矿法回采，主要采用钻井和爆破、长孔开口回采。

(77) KGHM 铜业(KGHM Copper)
国家：波兰
开采深度：1200m
矿石类型和储量：铜、银，矿石储量 9.22 亿 t，铜 2120 万 t，银 5.85 万 t，为世界第六大铜矿和第三大银矿。
采矿方法：房柱法。通过特殊的冷冻法使竖井通过含水层；使用特殊的监控系统监控地震和岩爆；广泛应用岩石锚杆。

(78) 莱勒金锌矿(Lalor Gold and Zinc Project)
国家：加拿大
开采深度：1200m
矿石类型和储量：金、银、锌、铜，矿石储量 1443 万 t，金品位 1.86g/t，银 23.55g/t，铜 0.60%和锌 6.96%。
采矿方法：后柱切割回填法。

(79) 阿伦钾盐矿(Allan Mine)
国家：加拿大
开采深度：1200m
矿石类型和储量：钾盐，年产量 127 万 t，矿石储量 51.94 亿 t。
采矿方法：房柱法，用 V 字形采矿法。

(80) 蒂明斯西矿(Timmins West Mine)
国家：加拿大
开采深度：1200m
矿石类型和储量：金矿，矿石产量 450 万 t/a，金品位 4.7g/t。
采矿方法：纵横向深孔开采，矿石由运输车从工作面运到竖井，再经竖井中的箕斗提升至地面，每天总起重能力 6000t。

(81) 托滕矿(Totten Mine)
国家：加拿大
开采深度：1200m
矿石类型和储量：生产铜、镍等贵金属，矿石产量 2200t/d，矿石储量 789 万 t，铜品位 2.07%，镍 1.47%，钴 0.04%。
采矿方法：炮眼回采采矿方法。采用一种先进的分布式控制系统(DCS)连接所有的固定设备，如机头架、提升机、葫芦和破碎机，并形成一个单一的单元。这种技术有助于开挖跟踪和设备维修。

(82) 马格尼特铁矿(Magnitogorsk Iron Ore)
国家：俄罗斯
开采深度：1200m
矿石类型和储量：目前年生产能力为 2200 万 t，平均铁品位 36.8%。
采矿方法：胶结充填法、强制崩落法，主要用阶段性强制崩落法回采厚矿体，使用空场法回采中厚矿体。1977 年全矿采矿平均损失率 5.0%，贫化率 20.1%。实验和推广了三种阶段强制崩落法方案：向垂直补偿空间落矿的扇形深孔方案、垂直切割槽和挤压落矿方案。这三种方案都以每隔 50m 掘进一进路和沿走向按 50m 间隔划分矿块，再划分成矿量为 15 万～60 万 t 的矿段进行回采。为开采地表建筑物以下的矿体，采用胶结充填法。

(83) 列宁铁矿(Lenin Iron Ore)
国家：乌克兰
开采深度：1200m
矿石类型和储量：矿石铁品位 53.5%，1980 年商品铁矿石的产量为 353.2 万 t，1500～2500m 深度以内，矿石预计储量为 5800 万 t。
采矿方法：其中阶段矿房法占 84.4%，分段矿房法占 15.6%；深孔采矿法已占 99.1%。1980 年房式采矿法的比重已达 100%，其中阶段矿房法占 84.4%，分段矿房法占 15.6%；深孔采矿法已占 99.1%。

(84) 罗莎卢森堡铁矿(Rosa Luxemburg Iron Ore)
国家：乌克兰
开采深度：1200m
矿石类型和储量：矿石品位含铁 55.15%，富铁矿石的年生产能力为 250 万 t，现在竖井提升能力可允许年开采磁铁石英岩的能力增加到 400 万 t，已开拓 3 号磁铁石英岩矿体。
采矿方法：深孔阶段矿床法回采。

(85) 福斯达伦斯铁矿(Fosdalens Iron Ore)

国家：挪威

开采深度：1200m

矿石类型和储量：1969 年投产，1981 年矿石产量 110 万～120 万 t。

采矿方法：采用分段崩落法回采，分段高度 12～15m。

(86) 帕拉博铜金矿(Palabora Copper-Gold Mine)

国家：南非

开采深度：1200m

矿石类型和储量：铜和金的储量为 425 万 t，副产铁、铀、锆、镍和银等。1981 年矿石产量 2930 万 t，平均含铜品位 0.5%，回收电解铜 11.6 万 t。

(87) 利瓦克镍铜矿(Levack Nickel-Copper Mine)

国家：加拿大

开采深度：1193m

矿石类型和储量：主产铜、镍，附属铂、钯和金，平均品位铜 20%~30%，镍 1%～5%和金 5～40g/t，矿石年产量 110 万 t，铁矿石产量预计将达到 1350t/d。

采矿方法：利用适于深度挖掘的技术，连续地从底部掏槽到顶部分段间隔为 18m。

(88) 阿格纽镍矿(Agnew Nickel Mine)

国家：澳大利亚

开采深度：1170m

矿石类型和储量：镍，全矿最初探明储量为 4520 万 t，年生产矿石 100 万 t，镍品位 2.68%。

采矿方法：1 号矿采用机械化水平分层充填法和深孔空场法回采。1 号矿主要开采 1A 矿体的高品位矿，用斜坡道开拓，上部阶段高 30m，下部 60m。2 号矿开采 2、3 号矿体，用竖井开拓，阶段高 90m，竖井直径 7.5m，深 1170m 左右。该矿是澳大利亚在回采和掘进中唯一使用全液压凿岩的矿山(据 1981 年资料)。充填法采场用 Tarnrock 双机液压凿岩台车打眼，南部矿体用水平孔，北部窄矿体用上向孔，分层高 5m。

(89) 瓦德钾矿(Vade Potassium Mine)

国家：加拿大

开采深度：1143m

矿石类型和储量：矿石年产量 220.7 万 t，储量 4.37 亿 t。

采矿方法：改进的房柱法。

(90) 莫萨博尼铜矿(Mosaboni Copper Ore)

国家：印度

开采深度：1125m

矿石类型和储量：铜，估计矿石储量 1710 万 t (1981 年)，平均铜品位 1.73%，目前年矿石产量为 100 万 t，含铜品位为 1.5%。

采矿方法：点柱采矿法、水平分层充填法和房柱法。

(91) 鲁德纳铜矿(Rudna Copper Mine)

国家：波兰

开采深度：1115m

矿石类型和储量：生产铜和银，已探明矿石储量 5.13 亿 t，其中铜品位 1.78%，银品位 42g/t，年产矿石 1300 万 t，产铜 23.1 万 t，银 546t。

采矿方法：矿体厚度小于 5m 时用顶板崩落房柱法，大于 5m 时用事后水砂充填的矿柱法，对于少数顶板不稳定的薄矿体采用液压金属掩护支架开采。

(92) 里奇韦金铜矿(Ridgeway Gold and Copper Mine)

国家：澳大利亚

开采深度：1100m

矿石类型和储量：金和铜，截止到 2010 年，已知矿石储量 1.01 亿 t，73.71t 金和 38 万 t 铜。预计总储量在 1.55 亿 t，金 102.06t，品位为 0.73g/t；铜 58 万 t，品位为 0.38%。

(93) 科里钾盐矿(Cory Potassium Mine)

国家：加拿大

开采深度：1100m

矿石类型和储量：钾盐，储量 300 万 t KCl。

采矿方法：房柱法。

(94) 吉姆巴伯威矿产(Zimbabwe Mining Development(Limpopo 矿带))

国家：津巴布韦

开采深度：1100m

矿石类型和储量：镍、石棉、铜

矿床地质：属于侵入于太古宙花岗岩和绿岩带中的层状基性-超基性岩体，呈细长条状由南向北延伸。

采矿方法：深孔法和充填法。

(95) 迪肯森金矿(Dickenson Gold Mine)

国家：加拿大

开采深度：1094m

矿石类型和储量：该矿生产金，副产银，矿石可靠储量 98.2 万 t，含金品位 5.66g/t。

采矿方法：第 16 水平采用深孔法回采，其余全部采用机械化分层充填采矿法。

(96) 马瑟铁矿(Mather Iron Mine)

国家：美国

开采深度：1050m

矿石类型和储量：铁，年产矿石 163.3 万 t。

采矿方法：采用矿块崩落法的变形方案开采，矿块大小视局部地质条件而定，其宽度为 17.1～25.6m，有的长达 200m。矿房即电耙巷道垂直于矿体走向布置，电耙巷道用钢支架支护，每隔 1.3m 一架。用 22.4kW 或 29.8kW 的双筒绞车、箱式耙斗出矿。每个矿块月平均生产能力 6804t。平均 20 个矿块出矿，月产矿石 13.61 万 t，即 163.3 万 t/a。矿石运至附近的开拓者选矿厂场选矿处理。

(97) 阿格纽湖铀矿(Agnew Lake Uranium Mine)

国家：加拿大

开采深度：1040m

矿石类型和储量：铀，矿石储量 947.3 万 t，年产 2740t U_3O_8，品位 0.052%。

采矿方法：空场法、分段深孔法回采。

(98) 弗雷斯尼约银矿(Fresnillo Silver Mine)

国家：墨西哥

开采深度：1030m

矿石类型和储量：银、金、铅、锌，脉状矿床和浸染型矿床，前者的矿石储量为 1300 万 t，后者为 50 万 t，平均品位：银 273g/t，金 0.35g/t，铅 1.26%，锌 2.56%。

采矿方法：根据矿体赋存条件，分别采用分层充填法、留矿法和下向阶段采矿法回采。

(99) 普利斯卡铜矿(Prieska Copper Mine)

国家：南非

开采深度：1024m

矿石类型和储量：1979～1980 年财政年度内入选矿石 293.3 万 t，产铜精矿 97947t，锌精矿 108433t，黄铁矿精矿 123650t，1981 年实际生产矿石 287.1 万 t，日产矿石能力 9600t，品位：铜 1.43%，锌 2.67%。

采矿方法：大规模空场采矿法，从横过矿体的垂直切割横槽直接后退式回采。破碎矿石经出矿横巷下放至集矿平巷，由铲运机运至翻笼，然后由电机车运往主溜井和境内破碎站，经过破碎，由带式运输机运至井底矿仓，无须支护，必要时用锚杆和锚索加以支护。

(100) 卡尔多纳钾盐矿(Cardona Potassium Mine)
国家：西班牙
开采深度：1020m
矿石类型和储量：1930 年投产，K_2O 年生产能力达 25 万 t。
采矿方法：分段空场法回采，阶段高度 100m，大多使用 Secoma 凿岩台车凿岩，各种型号的铲运机出矿，Dowty 带式运输机运输。该运输机系统是世界上输送高度最高的运输机之一，从井底到选矿厂，垂直高度约为 1100m。

(101) 拉尼根钾盐矿(Lanigan Potassium Mine)
国家：加拿大
开采深度：1008m
矿石类型和储量：钾盐，目前年产矿石量 188.5 万 t，储量 19.99 亿 t。
采矿方法：房柱法，采用连续采矿机回采。

(102) 安德森湖矿(Andersen Lake Mine)
国家：加拿大
开采深度：1007m
矿石类型和储量：铜、锌，年产矿石量 12.3 万 t。
采矿方法：投产时采用机械化分层充填法回采，800m 以下采用垂直深空漏斗爆破后退式回采法。

(103) 泰勒山铀矿(Mount Taylor Mine)
国家：美国
开采深度：1006m
矿石类型和储量：铀，U_3O_8 储量 4.54 万 t。
采矿方法：房柱法回采。

(104) 圣胡安金矿(San Juan Gold Mine)
国家：秘鲁
开采深度：1000m
矿石类型和储量：主要生产金矿、石英、黄铁矿，过去 35 年已产 34.02t 金，确定的金储量 18.63 万 t，金品位为 8.87g/t，潜在资源 17.5 万 t，金品位为 9.25g/t。
采矿方法：采用表层金刚石钻钻井进行开采。

(105) 格莱芬博格矿(Garpenberg Mine)
国家：瑞士
开采深度：1000m
矿石类型和储量：生产铅、锌、铜、银及其他，已探明储量总计为 473 万 t，锌品位 6.0%，铅 2.5%，铜 0.1%，银 99g/t 和黄金 0.3g/t。

采矿方法：房柱法、胶结充填法。

(106) 马拉博格特铁矿(Malmberget Iron Ore Mine)

国家：瑞典

开采深度：1000m

矿石类型和储量：铁矿，矿石储量 3.5 亿 t。

采矿方法：分段崩落法。

(107) 乔治·费舍尔铅，锌，银矿(George Fisher Lead, Zinc and Silver Mine)

国家：澳大利亚

开采深度：1000m

矿石类型和储量：铅、锌、铜，矿石开采规模 250 万 t/a，George Fisher 南，矿石储量 1000 万 t，7.8%锌，5.6%铅和 130g/t 银；George Fisher 北，金属储量 1140 万 t，8.8%锌，4.7%铅和 92g/t 银；南部矿石储量 2200 万 t，8.9%锌，6.5%铅和 150g/t 银；北部矿石储量 1400 万 t，10%锌，5.15%铅和 100g/t 银。

采矿方法：分层充填采矿法。

(108) 詹森碳酸钾项目(Jansen Potash Project)

国家：加拿大

开采深度：1000m

矿石类型和储量：氧化钾，储量 32.5 亿 t，品位为 25.4%，年产 800 万 t。

采矿方法：房柱法。

(109) 米尔加里姆赛铅锌矿(Mirgalimsai Lead-Zinc Ore)

国家：哈萨克斯坦

开采深度：1000m

矿石类型和储量：铅锌矿

采矿方法：采矿方法主要取决于矿体厚度及其倾角，矿体厚度 4～12m，倾角 35°以上者，利用爆力运搬采矿法和深孔落矿的分段采矿法回采；倾角 0～35°、厚 4～12m 的矿体，利用浅眼落矿和下向梯段回采的房柱采矿法回采，回采按单进路或沿矿体走向的双进路进行，采下的矿石通过溜井送到运输平巷。

(110) 鲁维亚莱斯铅锌矿(Rubiales Lead-Zinc Ore)

国家：西班牙

开采深度：1000m

矿石类型和储量：1977 年投产，矿石储量 2000 万 t，年生产矿石能力 50 万 t，平均品位：锌 9.5%，铅 2%。

采矿方法：VCR 采矿法。

(111) 帕纳什凯拉钨矿(Panasqueira Tungsten Ore)

国家：葡萄牙

开采深度：1000m

矿石类型和储量：钨矿石年产量 10 万～50 万 t，1979 年生产金属钨 104 万 t，副产锡和铜，处理矿石能力 2400t。目前钨年产量 788 万 t，品位 0.24%。

采矿方法：房柱法与长壁法。

(112) 北部帕克铜金矿(Northparkes Copper and Gold Mine, Australia)

国家：澳大利亚

开采深度：1000m

矿石类型和储量：铜、金矿，铜金属储量 70 万 t，年产 5.38 万 t 的铜和 2.46t 金，金矿品位 0.4g/t。

采矿方法：分段崩落法。

第 3 章　我国金属矿深部开采现状及其发展趋势

矿产资源是不可再生资源，经过长期大规模开发，浅部矿产资源已逐渐枯竭。目前我国金属矿开采正面临向深部全面推进的阶段。截至 2015 年底，我国金属矿开采最大深度已经超过 1600m，而国外超过 4000m。深部矿床开采处于一个特殊的作业环境，有许多科学技术问题需要解决。调研我国地下金属矿山深部开采现状、面临的主要难题，明确我国与矿业发达国家之间的差距，了解制约我国金属矿深部开采的主要因素，对从开采模式、开采技术和理念上顺应我国金属矿深部开采的发展趋势，提高我国金属矿产资源开发的保障能力具有重要意义[1-6]。

3.1　我国主要地下金属矿山数量、类型、分布及其深部开采现状

3.1.1　我国金属矿产资源的分布特点

中国是世界上开发利用金属矿产资源历史最为悠久的国家之一，也是世界上金属矿产资源种类齐全、储量丰富的少数几个国家之一。我国金属矿产资源呈现以下特点：

(1) 矿产资源分布不均，优势矿产资源大多用量不大，而一些重要的支柱性矿产资源却相对短缺或探明储量不足，需要长期依赖进口。

(2) 贫矿多、富矿少。低品位难选冶矿石所占比例大，如我国铁矿石平均品位为 33%，比世界平均水平低 12 个百分点；锰矿平均品位仅 22%，离世界商品矿石工业标准(48%)相差甚远；铜矿平均品位仅为 0.87%；铝土矿几乎全为一水硬铝石，分离提取难度很大[7]。

(3) 大型、超大型矿床少，中小型矿床多。以铜矿为例。我国迄今发现的铜矿产地 900 余处，其中大型、超大型矿床仅占 3%，中型矿床占 9%，小型矿床多达 88%[8]。

(4) 单一矿种的矿床少、共生矿床多。据统计我国的共、伴生矿床约占已探明矿产储量的 80%。目前，全国开发利用的 139 个矿种，有 87 种矿产部分或全部来源于共、伴生矿产资源[9]。

我国金属矿产资源遍布全国各地，但不同区域矿产资源储量相差巨大，矿产资源往往在局部形成相对集中的分布区域，形成大型、超大型矿床。如内蒙古白云鄂博含铌稀土铁矿床，拥有铁矿资源储量 9.2 亿 t 及大量的稀土氧化物和铌；甘肃金川白家嘴子铜镍硫化矿床，拥有 500 多万吨镍、350 万 t 铜，还有大量的钴和铂族金属；四川攀枝花钒钛磁铁矿拥有铁矿 27 亿 t。我国各矿种查明资源储量分布如图 3-1 所示，各类矿产资源分布相对集中省(市、自治区)概况如表 3-1 所示。

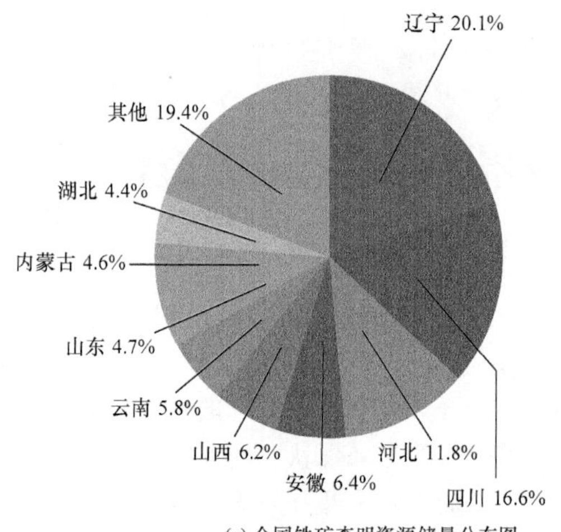

(a) 全国铁矿查明资源储量分布图

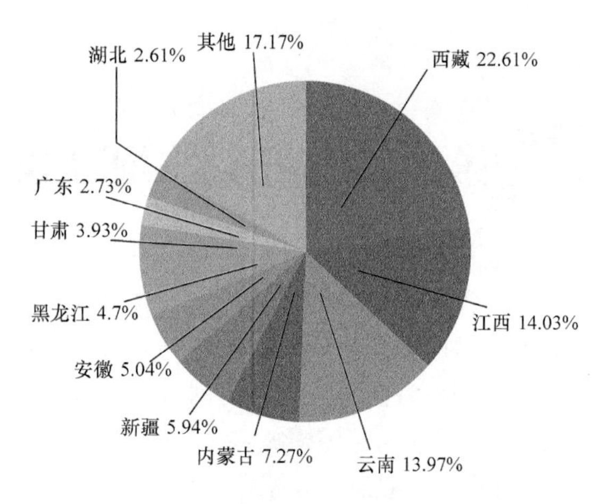

(b) 全国铜矿查明资源储量分布图

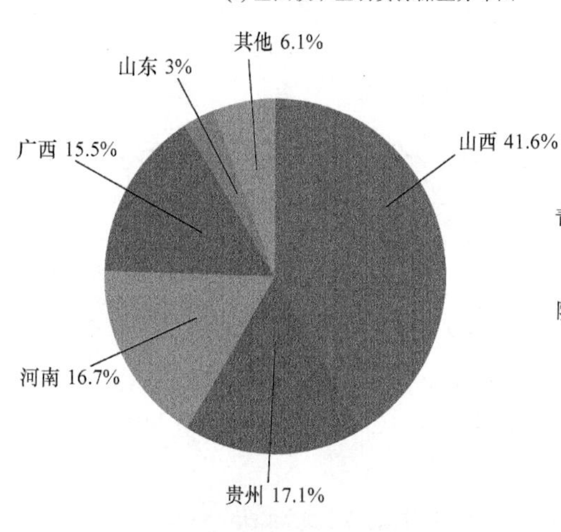

(c) 全国铝土矿查明资源储量分布图

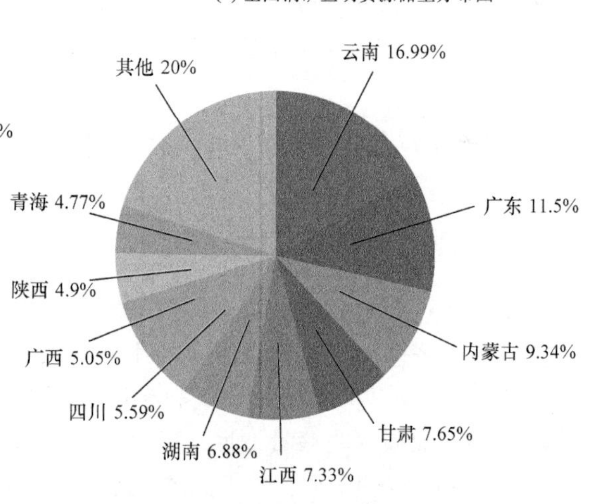

(d) 全国铅矿查明资源储量分布图

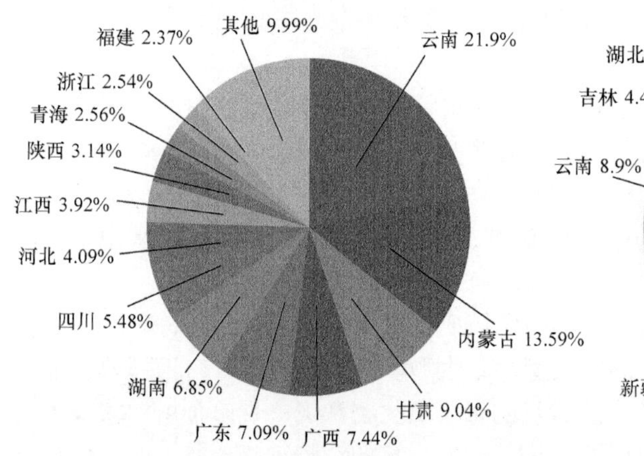

(e) 全国锌矿查明资源储量分布图

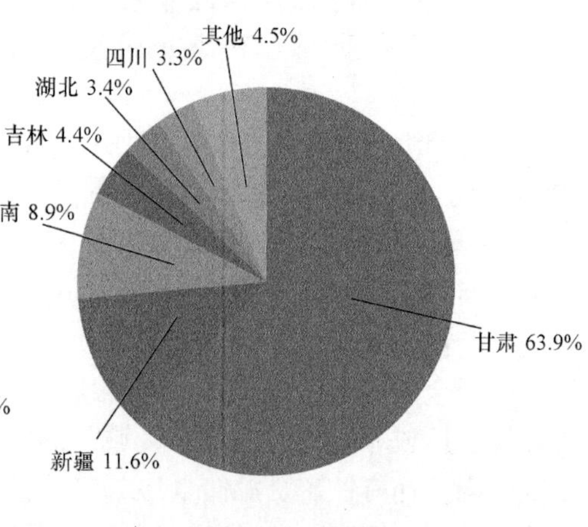

(f) 全国镍矿查明资源储量分布图

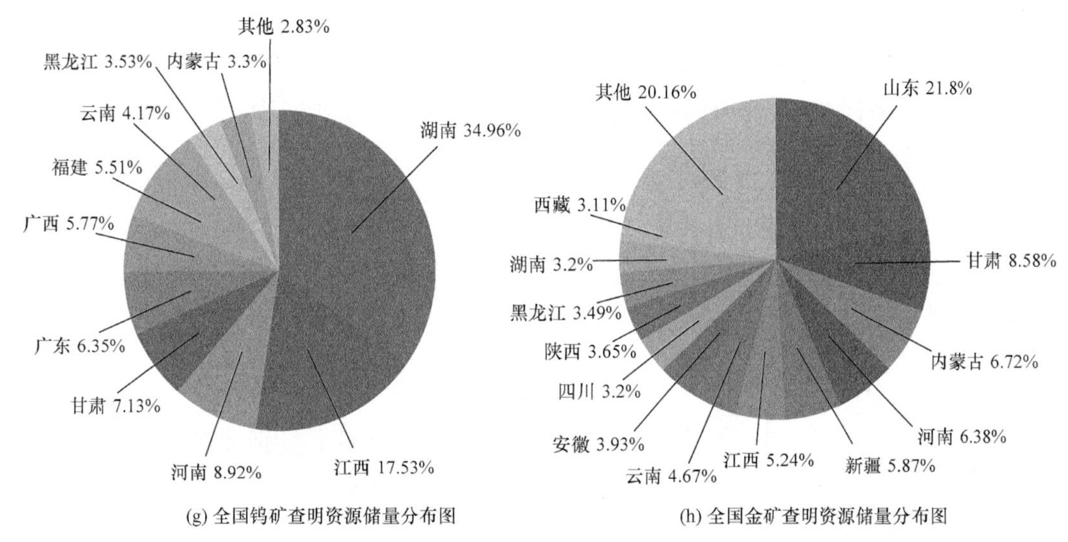

(g) 全国钨矿查明资源储量分布图　　(h) 全国金矿查明资源储量分布图

图 3-1　全国查明矿产资源储量分布图(后附彩图)

表 3-1　金属矿产资源主要分布省(市、自治区)分布概况

序号	矿种	主要分布省(市，自治区)及占全国资源储量的比重/%
1	铁矿	辽宁(20.1) 四川(16.6) 河北(11.8) 安徽(6.4) 山西(6.2) 云南(5.8) 山东(4.7) 内蒙古(4.6) 湖北(4.4) 其他(19.4)
2	铜矿	西藏(22.61) 江西(14.03) 云南(13.97) 内蒙古(7.27) 新疆(5.94) 安徽(5.04) 黑龙江(4.7) 甘肃(3.93) 广东(2.73) 湖北(2.61) 其他(17.17)
3	铝土矿	山西 (41.6)贵州(17.1) 河南(16.7) 广西(15.5) 山东(3) 其他(6.1)
4	铅矿	云南(16.99) 广东(11.5) 内蒙古(9.34) 甘肃(7.65) 江西(7.33) 湖南(6.88) 四川(5.59) 广西(5.05) 陕西(4.9) 青海(4.77) 其他(20)
5	锌矿	云南 (21.9) 内蒙古(13.59) 甘肃(9.04) 广西(7.44) 广东(7.09) 湖南(6.85) 四川(5.48) 河北(4.09) 江西(3.92) 陕西(3.14) 青海(2.56) 浙江(2.54) 福建(2.37) 其他(9.99)
6	镍矿	甘肃(63.9) 新疆(11.6) 云南(8.9) 吉林(4.4) 湖北(3.4) 四川(3.3) 其他(4.5)
7	钨矿	湖南(34.96) 江西(17.53) 河南(8.92) 甘肃(7.13) 广东(6.35) 广西(5.77) 福建(5.51) 云南(4.17) 黑龙江(3.53) 内蒙古(3.3) 其他(2.83)
8	金矿	山东(21.8) 甘肃(8.58) 内蒙古(6.72) 河南(6.38) 新疆(5.87) 江西(5.24) 云南(4.67) 安徽(3.93) 四川(3.2) 陕西(3.65) 黑龙江(3.49) 湖南(3.2) 西藏(3.11) 其他(20.16)

3.1.2 大中型地下金属矿山的数量、类型及分布概述

3.1.2.1 铁矿

我国是世界上铁矿石资源总量相对丰富的国家，铁矿资源分布非常广泛，遍及全国31个省700多个县区，主要分布在辽宁、四川、河北、安徽、山西、云南、山东、内蒙

古等地。截至2014年底，我国铁矿石查明资源储量约为843.39亿t，其中资源量636.83亿t，基础储量206.56亿t。就省份而言，辽宁、四川、河北三省，占全国总储量的48.5%[10]。环渤海地区是我国铁矿石资源的主要分布地区，西南地区储量也较多，其他地区储量较少。

我国铁矿区主要有：辽宁鞍山-本溪铁矿区、冀东-北京铁矿区、河北邯郸-邢台铁矿区、山西灵丘平型关铁矿、山西五台-岚县铁矿区、内蒙古包头-白云鄂博铁矿、山东鲁中铁矿区、宁芜-庐纵铁矿区、安徽霍邱铁矿、湖北鄂东铁矿区、江西新余-吉安铁矿区、福建闽南铁矿区、海南石碌铁矿、四川攀枝花-西昌钒钛磁铁矿、云南滇中铁矿区、云南大勐龙铁矿、陕西略阳鱼洞子铁矿、甘肃红山铁矿、甘肃镜铁山铁矿、新疆哈密天湖铁矿等。

我国大中型地下铁矿主要分布在华北、东北、华东地区，分别拥有大中型铁矿数(年产量在100万t以上)为6个、4个和5个；原矿产量分别占全国大中型地下金属矿山产量的24%、40%和19%。

我国大中型地下铁矿分布情况见表3-2。

表3-2 我国大中型地下铁矿分布概况

序号	矿山名称	所在地区	矿山简介
1	杏山铁矿	河北迁安	矿石储量5891万t，设计采矿规模320万t/a
2	司家营铁矿	河北滦南	矿石储量2.19亿t，开采规模700万t/a (其中，露天开采规模600万t/a，地下开采100万t/a)
3	石人沟铁矿	河北唐山	矿石储量2.5亿t，设计采矿规模200万t/a
4	黑山铁矿	河北承德	地下-露天联合开采，2014年地下开采原矿产量102万t
5	西石门铁矿	河北邯郸	矿石储量1.06亿t，品位43.26%，采矿规模180万t/a
6	北洺河铁矿	河北邯郸	矿石储量7909.71万t，品位49.78%，采矿规模220万t/a
7	安徽开发矿业	安徽霍邱	矿石储量3.81亿t，品位31%，采矿规模750万t/a
8	金日盛铁矿	安徽霍邱	采矿规模450万t/a
9	刘塘坊矿业	安徽六安	矿石储量4490.55万t，品位20%～30%，采矿规模122万t/a
10	富凯铁矿	安徽六安	矿石储量6000万t，采矿规模200万t/a
11	罗河铁矿	安徽庐江	矿石储量3.4亿t，品位34.8%，采矿规模300万t/a
12	龙桥铁矿	安徽庐江	矿石储量1.04亿t，品位44%
13	苍山铁矿	山东苍山	设计采矿规模200万t/a，2014年原矿产量242万t
14	李官集铁矿	山东济宁	矿石储量5262.29万t，品位30.38%，采矿规模200万t/a
15	张家洼铁矿	山东莱芜	采矿规模195万t/a
16	小官庄铁矿	山东莱芜	采矿规模190万t/a
17	马庄铁矿	山东莱芜	矿石储量635.6万t，品位43.94%
18	谷家台铁矿	山东莱芜	矿石储量4679.8万t，品位46.71%

续表

序号	矿山名称	所在地区	矿山简介
19	眼前山铁矿	辽宁鞍山	矿石储量 3.4 亿 t，品位 30.43%，采矿规模 120 万 t/a
20	弓长岭铁矿	辽宁辽阳	采矿规模 220 万 t/a
21	程潮铁矿	湖北鄂州	矿石储量 1.28 亿 t，品位 44.22%，采矿规模 220 万 t/a
22	金山店铁矿	湖北大冶	矿石储量 6656 万 t，品位 41.12%，采矿规模 240 万 t/a
23	大冶铁矿	湖北黄石	矿石储量 1.77 亿 t，品位 53.8%，采矿规模 120 万 t/a
24	镜铁山铁矿	甘肃嘉峪关	采矿规模 500 万 t/a
25	梅山铁矿	江苏南京	矿石储量 2.68 亿 t，采矿规模 400 万 t/a
26	大红山铁矿	云南玉溪	矿石储量 4.58 亿 t
27	板石矿业	吉林白山	矿石储量 6700 万 t，品位 33.28%，采矿规模 345 万 t/a
28	马城铁矿	河北唐山	矿石储量 12 亿 t，品位 35%，设计采矿规模 2200 万 t/a(在建)
29	凤凰山铁矿	山东苍山	矿石储量 6000 万 t，设计采矿规模 400 万 t/a(在建)
30	思山岭铁矿	辽宁本溪	资源储量 24.87 亿 t，设计采矿规模 1500 万 t/a(在建)
31	大台沟铁矿	辽宁本溪	资源储量 53 亿 t，品位 33.07%，设计采矿规模 3000 万 t/a(在建)
32	西鞍山铁矿	辽宁鞍山	矿石储量 17 亿 t，设计采矿规模 3000 万 t/a(在建)
33	陈台沟铁矿	辽宁鞍山	矿石储量 12 亿 t，品位 34.38%(拟建)
34	济宁铁矿	山东济宁	矿石储量 20 亿 t，品位 30%，设计采矿规模 3000 万 t/a(拟建)

我国铁矿资源具有以下特点。

1) 矿石储量大，品位低，贫矿多

我国虽然铁矿资源总量丰富，但贫矿多，富矿少。我国铁矿石平均品位为 33%，远低于巴西、俄罗斯、印度等国家，也低于世界铁矿石品位平均水平[2]。炼钢和炼铁用富铁矿石的保有资源储量仅占全国保有资源储量的 1.3%，绝大部分铁矿石须经过选矿富集后才能使用。

至 2014 年底，我国共有铁矿区 4556 个，在我国矿区总数中，大型矿区占 5.5%，储量占 68.1%；中小型矿区占 94.5%，储量占 31.9%。中小型矿区偏多，不利于集中开采[3]。全国绝大部分省(市、自治区)都或多或少地拥有铁矿资源储量，但又相对集中于辽宁、四川和河北三省之内。全国铁矿资源储量在 10 亿 t 以上的大矿区主要有：鞍本矿区、冀东矿区、攀西矿区、五台-岚县矿区、白云矿区、宁芜矿区和霍邱矿区，合计资源储量占全国资源储量的一半以上。

2) 矿床类型多，矿石类型复杂

世界已有的铁矿类型，中国都已发现，具有工业价值的矿床类型主要是鞍山式沉积变质型铁矿床、攀枝花式岩浆岩型钒钛磁铁矿床、大冶式夕卡岩型铁矿床、梅山式火山岩型铁矿和白云鄂博热液型稀土铁矿[11]。

3) 多组分共(伴)生铁矿石所占比重大

多组分共(伴)生铁矿石储量约占总储量的三分之一。涉及的大中型铁矿区如攀枝花、大庙、白云鄂博、大冶、铜录山、翠宏山、谢尔塔拉、大宝山、大顶、黄冈、翁泉沟等，主要共(伴)生组分有钒、钛、稀土、铌、铜、锡、钼、铅、锌、钴、金、铀、硼和硫等。

3.1.2.2 金矿

我国黄金资源比较丰富，据初步统计，全国已发现各类金矿床(点)11000多处，分布在610多个县(市)。在已发现的金矿床(点)中，岩金矿床(点)6200多处，砂金矿床(点)4000余处，伴生金矿床(点)800余处[12]。按行政区划分，在已发现的金矿床中，探明和保有储量最多的是山东，其次是甘肃、内蒙古、河南、新疆、江西、云南、安徽、四川、陕西、黑龙江、湖南、西藏、贵州、青海、吉林等。按成矿大地构造背景划分，中国金矿主要分布在三大成矿域，即华北地台成矿域、扬子地台成矿域、特提斯构造成矿域。不同成矿域分布有不同类型的金矿床：华北地台成矿域是我国金矿最主要分布区，主要为产于花岗岩-绿岩地体内外接触带之石英脉型、蚀变岩型和重溶花岗岩热液型金矿；特提斯构造成矿域是我国微细浸染型金矿和浅成低温热液型金矿的主要分布区；而扬子地台成矿域则是我国变碎屑岩金矿、微细浸染型金矿和金-多金属矿床的分布区。

我国金资源储量丰富，截至2014年，已查明的金金属储量9816.03t，其中：岩金7777.66t，主要集中在东部地区；伴生金1548.76t，主要位于长江中下游有色金属集中区；砂金489.61t，主要沿中国大陆三个巨型深断裂体系分布。

2014年，我国30个省(市、自治区)有查明金矿资源储量报告，查明金属资源储量超过300t的有山东、甘肃、内蒙古、河南等13个省(市、自治区)，这13个省(市、自治区)的查明资源储量合计7836.99t，占据全国的79.84%。截止到2014年，这13个省(市、自治区)的储量和各自占全国总储量的百分比见表3-3。2014年全国黄金产量1t以上的矿山统计见表3-4。

表3-3 2014年全国各省(市、自治区)金矿数量与储量统计表

地区	矿区数量/个	探明金属资源储量/t	资源储量占全国比重/%
山东	282	2088	21.80
甘肃	271	842	8.58
内蒙古	214	659	6.72
河南	232	627	6.38
新疆	233	577	5.87
江西	113	514	5.24
云南	97	459	4.67
安徽	123	358	3.93

续表

地区	矿区数量/个	探明金属资源储量/t	资源储量占全国比重/%
四川	134	365	3.2
陕西	103	358	3.65
黑龙江	143	343	3.49
湖南	89	315	3.20
西藏	23	305	3.11
其他	996	1979	20.16
全国	3053	9816	100

表 3-4 2014 年全国黄金产量 1t 以上的矿山统计表[13]

排序	单位名称	黄金产量/kg			
		矿山成品金	含量金	合计	所在地
1	紫金山金铜矿(金矿部分)	9293.11	1255.5	10548.61	福建龙岩
2	三山岛金矿	7830.1		7830.1	山东莱州
3	焦家金矿	7036.28		7036.28	山东莱州
4	贵州锦丰矿业公司(烂泥沟金矿)	5238.8		5238.8	贵州黔西南州
5	鹤庆北衙矿业(北衙金矿)	5021.9	13.37	5035.27	云南鹤庆
6	灵宝黄金股份有限公司	4450		4450	河南灵宝
7	新城金矿	4265.66		4265.66	山东莱州
8	玲珑金矿	3488.42	320.59	3809.01	山东招远
9	夏甸金矿	3781.75		3781.75	山东招远
10	苏尼特金曦黄金矿业有限责任公司	3401.46		3401.46	内蒙古锡林郭勒盟
11	青海大柴旦矿业有限公司	3347.19		3347.19	青海海西州
12	肃北霍勒扎德盖北东矿业	3058		3058	甘肃肃北
13	吉林板庙子矿业有限公司	2653.38		2653.38	吉林白山
14	山东恒邦冶炼股份有限公司(腊子沟金矿)	2607		2607	山东烟台
15	甘肃合作早子沟金矿		2545.72	2545.72	甘肃合作
16	山东金州矿业集团	2500		2500	山东威海
17	归来庄矿业	2148.8		2148.8	山东平邑
18	珲春紫金矿业有限公司	398.88	1682.4	2081.28	吉林延边
19	黄金洞矿业公司	69.13	1981.9	2051.03	湖南岳阳
20	夹皮沟金矿			2000	吉林桦甸
21	大尹格庄金矿		1985.25	1985.25	山东招远

续表

排序	单位名称	黄金产量/kg			
		矿山成品金	含量金	合计	所在地
22	云南斗月矿业有限公司	1875.74		1875.74	云南文山
23	都兰金辉矿业有限公司		1761.8	1761.8	青海格尔木
24	内蒙古金陶股份有限公司	1171.38	569.65	1741.03	内蒙古赤峰
25	金创股份有限公司(黑岚沟金矿)	1682.19		1682.19	山东烟台
26	文峪金矿	1500		1500	河南灵宝
27	坤宇公司	5.69	1487.79	1493.48	河南洛宁
28	辽宁排山楼黄金矿业公司	1444.64	13.11	1457.75	辽宁阜新
29	湖北三鑫金铜股份有限公司		1447.74	1447.74	湖北大冶
30	湘西金矿	1400		1400	湖南怀化
31	锡林郭勒盟苏尼特左旗金中矿业有限公司	1386		1386	内蒙古锡林郭勒盟
32	内蒙古包头鑫达黄金矿业有限责任公司	1375.41		1375.41	内蒙古包头
33	太洲矿业公司		1350	1350	陕西渭南
34	金翅岭金矿		1250	1250	山东招远
35	江西金山金矿	45.99	1194.4	1240.39	江西德兴
36	赤峰吉隆矿业有限责任公司	1229		1229	内蒙古赤峰
37	潼关中金矿业	216.19	986.17	1202.36	陕西渭南
38	嵩县金源公司	448.2	723.57	1171.77	河南洛阳
39	太白矿业公司	1171.68		1171.68	陕西宝鸡
40	河北峪耳崖黄金矿业有限责任公司	1154.16		1154.16	河北承德
41	碌曲轩瑞矿产公司	1120		1120	甘肃甘南
42	肃北金鹰黄金	1114		1114	甘肃肃北
43	安龙海子万人洞金矿	1101.01		1101.01	贵州安龙
44	海南山金	1044.97		1044.97	海南乐东
45	托里招金北疆矿业		1034.58	1034.58	新疆托里
46	四方金矿	1025.62		1025.62	陕西凤县
47	铜陵华金矿业有限责任公司		1020	1020	安徽铜陵
48	宣化县金燕矿业有限公司	1013		1013	河北张家口

我国金矿资源分布具有以下特点：

(1) 分布明显相对集中，局部成群成带。

(2) 金矿分布受控于大型断裂带，同生断裂带，韧性、脆韧性剪切带及巨大断裂交切带。特别是不同大地构造单元的接壤部位及长期隆起区通常是金矿集中区，如华北陆块北缘、长江中下游金成矿带。

(3) 中国金矿具有典型环古陆块边缘分布特征，如华北陆块、扬子陆块边缘、塔里木陆块周边金矿带。

(4) 中国金矿分布主要在前寒武纪地层中，但大多数成矿作用与后期岩浆活动、构造运动关系密切。

(5) 中国金矿分为天山-新安、华北陆块北缘、祁连-秦岭-大别、环扬子板块、南华构造带、川滇青藏6个金成矿区[14]。

3.1.2.3　铜矿

我国铜储量在世界上排名第七，是世界上第二大铜生产国，但是从总体上讲，我国铜资源依然很贫乏(尤其是缺乏富铜矿)，铜矿自给率不足30%，国内铜资源生产不能满足国内消费需求，供需缺口较大，需要通过国际市场加以平衡。

据国土资源部发布的《2013年中国国土资源公报》显示，截至2012年底我国铜矿查明金属资源储量为9036.9万t，探明铜资源储量占全国10%以上的省份分别有西藏、江西、云南(资源储量分布见表3-5)。全国铜矿区数量达到1915处，其中500万t超大型铜矿区3个，50万～500万t大型铜矿区47个，10万～50万t中型铜矿区120个，1万～10万t小型铜矿区144个[15]。目前我国大中型铜矿分布情况见表3-6。

我国铜生产地集中在华东地区，该地区铜生产量占全国总产量的51.84%，其中安徽、江西两省产量约占30%；云南、内蒙古也是我国铜矿主要产区。在已查明铜矿区中，富铜矿资源储量占总资源储量的26.65%，富铜矿储量占总储量的39.02%，主要矿区为：黑龙江省多宝山；内蒙古自治区乌奴格吐山、霍各乞；辽宁省红透山；安徽省铜陵铜矿集中区；江西省德兴、城门山、武山、永平；湖北省大冶-阳新铜矿集中区；广东省石菉；山西省中条山地区；云南省东川、易门、大红山；西藏自治区玉龙、马拉松多、多霞松多；新疆维吾尔自治区阿舍勒等。

表3-5　2012年中国各省(市、自治区)铜矿数量与储量统计表[16]

地区	矿区数量/个	探明金属资源储量/万t	百分比/%
西藏	37	2043.41	22.61
江西	87	1267.5	14.03
云南	211	1262.27	13.97
内蒙古	155	654.05	7.27
新疆	171	536.98	5.94
安徽	180	455.59	5.04
黑龙江	28	424.32	4.7
甘肃	82	355.12	3.93
广东	66	246.51	2.73
湖北	126	235.87	2.61
山西	34	233.87	2.59

续表

地区	矿区数量/个	探明金属资源储量/万 t	百分比/%
四川	76	220.64	2.44
青海	47	212.3	2.35
福建	55	206.67	2.29
其他	560	680.9	7.5
合计	1915	9036	100

表 3-6 我国大中型铜矿分布概况

序号	矿山名称	所在地区	矿山简介
1	冬瓜山铜矿	安徽铜陵	矿石储量 1.09 亿 t，铜金属储量 106.12 万 t，采矿规模 300 万 t/a
2	沙溪铜矿	安徽庐江	矿石资源储量 8094.65 万 t，平均品位约 0.59%，采矿规模 330 万 t/a
3	安庆铜矿	安徽安庆	铜平均品位约 0.785%，铜金属储量 33 万 t，采矿规模 115.5 万 t/a
4	六苴铜矿	云南大姚	铜平均品位 1.34%，铜金属储量 51 万 t，采矿规模 49.5 万 t/a
5	普朗铜矿	云南香格里拉	矿石资源储量 2.795 亿 t，铜金属储量 143.76 万 t，采矿规模 1250 万 t/a
6	狮凤山铜矿	云南玉溪	铜平均品位狮山 1.29%，凤山 0.9%～1.5%，铜金属储量 58.57 万 t，采矿规模 153 万 t/a
7	大红山铜矿	云南玉溪	铜金属储量 152.51 万 t，品位 0.81%，采矿规模 150 万 t/a
8	红牛铜矿	云南迪庆	金属储量 35.47 万 t，品位 1.72%，设计生产规模 120 万 t/a
9	铜录山铜矿	湖北大冶	铜平均品位为 1.71%，铜金属储量 111.3 万 t，采矿规模 132 万 t/a
10	丰山铜矿	湖北黄石	铜金属保有储量 17.4 万 t，平均品位 0.74%，采矿规模 100 万 t/a
11	武山铜矿	江西瑞昌	铜金属储量 137 万 t，品位 1.17%，采矿规模 100 万 t/a
12	城门山铜矿	江西九江	矿石储量 2.2 亿 t，铜金属储量 165 万 t，采矿规模 210 万 t/a(露采)
13	永平铜矿	江西上饶	矿石储量 2.0 亿 t，铜金属储量 145 万 t，品位 0.73%，采矿规模 300 万 t/a(露采)
14	德兴铜矿	江西德兴	矿石储量 16.3 亿 t，铜金属资源量 578.77 万 t，采矿规模 3000 万 t/a(露采)
15	红透山铜矿	辽宁抚顺	铜金属储量 47.15 万 t，品位 1.72%，采矿规模 55 万 t/a
16	铜矿峪铜矿	山西运城	铜金属储量 283 万 t，平均品位 0.68%，采矿规模 690 万 t/a
17	珲春铜金矿	吉林延边	铜平均品位 0.525%，铜金属储量 8.8 万 t，采矿规模 450 万 t/a
18	多宝山铜矿	黑龙江黑河	矿石储量 5.08 亿 t，铜矿石品位 0.47%，铜金属储量 236.18 万 t，开采规模 2000 万 t/a 左右(露采)
19	金川铜镍矿	甘肃金昌	铜品位 0.24%～1.66%，铜金属储量 389 万 t，铜镍矿采矿规模 560 万 t/a
20	霍各乞铜矿	内蒙古巴彦淖尔	铜资源量 428796t，平均品位 0.95%，采矿规模 300 万 t/a(露采)
21	紫金山金铜矿(铜矿部分)	福建龙岩	铜矿石平均品位 0.72%，铜金属储量 200 万 t

续表

序号	矿山名称	所在地区	矿山简介
22	拉拉铜矿	四川凉山	品位 0.412%，铜金属储量达 125.36 万 t，铜金属产量 1.5 万 t/a(露采)
23	呼的合铜矿	新疆托里	平均品位 0.4%，铜金属储量 36.25 万 t，铜精矿产量 1.5 万 t/a(露采)
24	阿舍勒铜矿	新疆阿勒泰	矿石储量达 3800 万 t，铜金属储量 91.94 万 t，采矿规模 132 万 t/a
25	玉龙铜矿	西藏昌都	铜品位 0.94%，已探明铜金属储量 650 万 t，铜产量 3.0 万 t/a(露采)
26	谢通门铜矿	西藏日喀则	铜金属储量 94.90 万 t，品位 0.44%，铜精矿产量 5.6 万 t/a(露采)
27	甲玛铜多金属矿	西藏拉萨	品位 2.43%，采矿规模 600 万 t/a(露采)、660 万 t/a(地下)
28	驱龙铜矿	西藏拉萨	矿石资源总量 18.79 亿 t，铜金属储量 719 万 t，采矿规模 3300 万 t/a(露采)

我国铜矿资源矿床有如下特点。

1) 中小型矿床多，大型、超大型矿床少

铜金属储量大于 250 万 t 以上的矿床仅有江西德兴铜矿田(铜厂矿床 524 万 t)、西藏玉龙铜矿床(650 万 t)、金川铜镍矿田(铜 340 万 t)、东川铜矿田(500 万 t，包括原有探获储量和近年新增未上报的储量)4 座。在探明的矿产地中，大型、超大型仅占 3%，中型占 9%，小型占 88%。

2) 贫矿多，富矿少

中国铜矿平均品位为 0.87%，品位大于 1%的铜储量约占全国铜矿总储量的 35.9%[17]。在大型铜矿中，品位大于 1%的铜矿数量仅占 13.2%。

3) 共伴生矿多，单一矿少

在 900 多个矿床中单一矿仅占 27.1%，综合矿占 72.9%，具有较大综合利用价值。铜矿石在选冶过程中回收的金、银、铅、锌、硫以及铟、镓、镉、锗、硒、碲等共伴生元素的价值，占原料总产值的 44%。中国伴生金占全国金储量 35%以上，其中伴生金的产量 76%来自铜矿，32.5%的银产量也来自于铜矿。全国有色金属矿山副产品的硫精矿，80%来自于铜矿山，铂族金属几乎全部取之于铜镍矿床。不少铜矿山选厂还选出铅、锌、钨、钼、铁、硫等精矿产品。

从三大经济地带来看中国铜矿分布具有明显地域差异。中部地带包括黑龙江、吉林、内蒙古、山西、河南、安徽、江西、湖北、湖南等 9 个省(市、自治区)；西部地带包括西北地区的陕西、甘肃、宁夏、青海和新疆，西南地区的四川、贵州、云南和西藏，共 9 个省(市、自治区)。东部沿海地带包括辽宁、河北、北京、天津、山东、江苏、上海、浙江、福建、广东、广西、海南等 12 个省(市、自治区)。三大经济地带的储量分布比例为：中部地带 49.6%，西部地带 41.3%，东部沿海地带 9.1%。

近几年我国加大了对铜矿勘探开发的力度。在 2000m 以浅，我国铜矿预测资源量 3.04 亿 t，资源查明率仅为 29.5%。在新一轮国土资源大调查中铜矿勘察取得了重大突破，在位于雅鲁藏布江和西南三江两个主要成矿带发现西藏驱龙、云南普朗铜矿等，新增后备金属储量 2678 万 t[18]。

3.1.2.4 铅锌矿

铅、锌是我国重要的战略性矿产资源，在有色金属工业中占有重要的地位，其生产和消费量约占 10 种常用有色金属总量的 30%以上。2012 年我国精炼铅和精炼锌的消费量均居世界第一，其中，精炼铅 467.3 万 t，占世界的 44.8%；精炼锌 539.6 万 t，占世界的 43.8%。我国铅锌矿资源丰富，2012 年查明资源储量：铅为 6173.5 万 t，仅次于澳大利亚，居世界第二位，占世界的 16%；锌为 12355.8 万 t，仅次于澳大利亚，居世界第二位，占世界铅锌矿总储量的 17%。

铅锌矿在我国分布广泛，目前，已有 29 个省(市、自治区)发现并勘查了铅锌资源，但从富集程度和现保有储量来看，主要集中在云南、内蒙古、甘肃、广东、湖南、四川、广西等，这 7 个省(市、自治区)储量合计约占全国的 66%[19]。从三大经济地区分布来看，主要集中于中西部地区。

2013 年我国铅锌产量合计 978 万 t，占世界铅锌总产量的 41%。2013 年，铅产量 447.5 万 t，约占世界产量的 55.6%，连续 13 年产量居世界第一。全国铅产量排名前 5 位的有河南、湖南、云南、湖北和江西，5 省份产量占全国总产量的 83.1%；锌产量 530.2 万 t，占世界产量的 37%，连续 23 年位居世界第一。全国锌产量排名前 5 位的有湖南、云南、陕西、广西和内蒙古，5 省份产量占全国总产量的 69.1%。我国大中型铅锌矿分布情况见表 3-7。

表 3-7 我国大中型铅锌矿分布概况

序号	矿山名称	所在地区	矿山简介
1	蔡家营锌金矿	河北张家口	矿石储量 276 万 t，采矿规模 20 万 t/a
2	铅硐山铅锌矿	陕西宝鸡	铅锌金属储量 10 万 t，采矿规模 45 万 t/a
3	二里河铅锌矿	陕西凤县	矿石储量 500 万 t，采矿规模 10.5 万 t/a
4	康家湾铅锌矿	湖南衡阳	矿石储量 1669 万 t，平均品位铅加锌为 12.97%，采矿规模 60 万 t/a
5	黄沙坪铅锌矿	湖南郴州	矿石储量 400 万 t，采矿规模 38 万 t/a
6	会东铅锌矿	四川凉山	矿石储量 1718.6 万 t，采矿规模 45 万 t/a
7	赤普铅锌矿	四川甘洛	矿石储量 343 万 t，采矿规模 10 万 t/a
8	龙头岗铅锌矿	江西铅山	矿石储量 317 万 t，采矿规模 30 万 t/a
9	冷水坑铅锌矿	江西贵溪	矿石储量 350 万 t，采矿规模 15 万 t/a
10	七宝山钴铅锌矿	江西宜春	矿石储量 447.58 万 t，采矿规模 18 万 t/a
11	栖霞山铅锌矿	江苏南京	矿石储量 1235.67 万 t，平均品位铅 5.27%，锌 8.11%，采矿规模 35 万 t/a
13	厂坝铅锌矿	甘肃陇南	铅锌金属储量 788.61 万 t，采矿规模 300 万 t/a
14	小铁山多金属矿	甘肃白银	矿石储量 600 万 t，采矿规模 30 万 t/a

续表

序号	矿山名称	所在地区	矿山简介
15	青城子铅锌矿	辽宁凤城	矿石储量 1988 万 t，锌平均品位近 10%，铅平均品位 4.7%，铅锌金属储量 150 万 t
16	甲乌拉银铅锌矿	内蒙古呼伦贝尔	矿石储量 306.73 万 t，采矿规模 20 万 t/a
17	东升庙矿业	内蒙古巴彦淖尔	金属储量锌 483 万 t，铅 96 万 t，采矿规模 80 万 t/a
18	三贵口铅锌矿	内蒙古巴彦淖尔	矿石储量 8805 万 t，采矿规模 330 万 t/a
19	十地银铅锌矿	内蒙古赤峰	金属储量铅 12.87 万 t、锌 12.93 万 t，采矿规模 30 万 t/a
20	硐子铅锌矿	内蒙古赤峰	矿石储量 462.58 万 t，采矿规模 30 万 t/a
21	白音诺尔铅锌矿	内蒙古赤峰	矿石储量 1088 万 t，采矿规模 60 万 t/a
22	大座子山铅锌矿	内蒙古赤峰	矿石储量 4.62 亿 t，采矿规模 30 万 t/a
23	大尖山铅锌矿	广东连平	矿石储量为 394.09 万 t，采矿规模 7.5 万 t/a
24	凡口铅锌矿	广东韶关	金属储量锌 549 万 t，铅储量 279 万 t，采矿规模 170 万 t/a
25	盘龙铅锌矿	广西武宣	铅锌金属储量 200 万 t，设计采矿规模为 90 万 t/a
26	弄屯铅锌矿	广西大新	矿石储量 1065.35 万 t，采矿规模 60 万 t/a
27	张公岭铅锌银矿	广西贺县	矿石储量 672.13 万 t，采矿规模 30 万 t/a
28	北山铅锌矿	广西河池	矿石储量 234.9 万 t，采矿规模 24 万 t/a
29	芦茅林铅锌矿	贵州普定	矿石储量 1081.02 万 t，采矿规模 50 万 t/a
30	金坡铅锌矿	贵州普定	矿石储量 930.69 万 t，采矿规模 70 万 t/a
31	会泽铅锌矿	云南曲靖	矿石储量 300 万 t，采矿规模 10.5 万～12 万 t/a
32	毛坪铅锌矿	云南昭通	矿石储量 459 万 t，采矿规模 60 万 t/a
33	云南金鼎锌业	云南兰坪	矿石储量约 1.35 亿 t，采矿规模(露采+地采)130 万 t/a
34	永昌铅锌矿	云南施甸	矿石储量 1680 万 t，采矿规模 30 万 t/a
35	澜沧老厂铅锌矿	云南澜沧	金属储量：铅、锌 120 万 t
36	富宁铅锌矿	云南文山	矿石储量 670 万 t，采矿规模 30 万 t/a
37	大排铅锌矿	福建龙岩	矿石储量 2115 万 t，铅锌金属量 106.53 万 t
38	锡铁山铅锌矿	青海海西州	金属储量锌 181 万 t，铅 149 万 t，采矿规模 150 万 t/a

我国铅锌矿资源特点。

1) 资源丰富，矿产地分布广泛，区域不均衡

截至 2013 年，全国铅锌查明资源储量约 2 亿 t，居世界第二位，主要分布在云南、内蒙古、甘肃、广东等省份。

2) 中小型矿床多，大型矿床少

中国地质科学院全国矿产资源潜力评价项目对我国铅锌矿产地进行了统计，在全国2347处铅锌矿产地中，超大型矿床7处、大型矿床33处、中型矿床122处、小型矿床535处。超大型、大型矿床的数量仅占1.7%，但资源储量却占总资源储量的74%。

3) 矿石类型和矿物成分复杂，共伴生组分多，贫矿多、富矿少

矿石类型多样，主要有硫化铅矿、硫化锌矿、氧化铅矿、氧化锌矿、硫化铅锌矿、氧化铅锌矿以及混合铅锌矿等。以铅为主的矿床主要为铅锌矿床，独立铅矿床较少，以锌为主的矿床也以铅锌矿床和铜锌矿床居多，大多数铅锌矿床普遍共伴生铜、铁、硫、银、金、锡、锑、钼、钨、汞等近20种元素，表现为矿床品位普遍偏低，贫矿多、富矿少[20]。

4) 成矿条件优越，找矿潜力大

我国具有良好的铅锌矿成矿条件，既有稳定的地台和地台边缘，又有活动大陆边缘和多类型的造山带，为不同类型铅锌矿床的形成创造了条件。最近几年在东部危机矿山深部和外围找矿与西部工作程度较低的地区不断取得突破，显示了巨大的资源潜力。如东部南岭成矿带的广东凡口超大型铅锌矿床，累计新增铅锌金属量85万t以上；贵州普定县五指山新探明一大型铅锌矿，查明铅锌矿资源量近60万t。

3.1.2.5 *锡矿*

中国是世界上锡矿资源丰富的国家，探明的锡金属保有储量407万t，居世界第二位。我国共探明矿产地293处，分布于15个省(市、自治区)，以广西、云南两省份储量最多，其中云南保有储量128.00万t，占全国总保有储量的31.4%；广西保有储量134.04万t，占总保有储量的32.9%；广东保有储量40.82万t，占总保有储量的10.0%；湖南保有储量36.25万t，占总保有储量的8.9%；内蒙古保有储量32.87万t，占总保有储量的8.1%；江西保有储量26.04万t，占总保有储量6.4%。以上6个省区保有储量就占了全国总保有储量的97.7%。

我国锡矿资源的特点如下：

(1) 储量高度集中，主要集中在云南、广西、广东、湖南、内蒙古、江西6个省(市、自治区)。而云南又主要集中在个旧，广西集中在南丹大厂，个旧和大厂两个地区的储量就占了全国总储量的40%左右。

(2) 我国锡矿以原生锡矿为主，砂锡矿居次要地位。在全国总储量中，原生锡矿占80%，砂锡矿仅占16%。

(3) 共伴生组分多。锡矿作为单一矿产形式出现的只占12%，作为主矿产的锡矿占全国总储量的66%，作为共伴生组分的锡矿占全国总储量的22%。共生及伴生的矿产有铜、铅、锌、钨、锑、钼、铋、银、铌、钽、铍、铟、镓、锗、镉，以及铁、硫、砷、萤石等。

(4) 大中型矿床多。锡矿大、中型矿床多，尤以云南个旧和广西大厂最为著名，是

世界级的多金属超大型锡矿区。

(5) 勘探程度高。中国锡矿勘探程度是比较高的，截至 1996 年底，中国锡矿达勘探工作程度的保有储量占总储量的 51.6%，达详查工作程度的占 44.8%，二者合计占到全国总储量的 96.4%，我国大中型锡矿分布概况如表 3-8 所示。

表 3-8　我国大中型锡矿分布概况

序号	矿山名称	所在地区	矿山简介
1	个旧锡矿	云南个旧市	锡金属储量 172.11 万 t
2	黄岗铁锡矿	内蒙古克什克县	金属储量 45.55 万 t
3	大厂锡矿	广西南丹县	累计探明锡金属储量 137 万 t
4	小龙河锡矿	云南腾冲县	金属储量 6.56 万 t，采矿规模 4.5 万 t/a
5	新寨锡矿	云南麻栗坡县	锡金属资源储量共计 6.33 万 t
6	银岩锡矿	广东信宜县	累计探明锡储量 10.32 万 t
7	岩背钨锡矿	江西会昌县	探明锡矿石储量 1221 万 t，锡金属储量 10.24 万 t
8	红旗岭锡多金属矿	湖南郴县	锡金属储量 6.3 万 t
9	野鸡尾锡多金属矿	湖南郴县	露天开采境界内资源储量 1925.92 万 t，锡金属储量 6.6 万 t

3.1.2.6　镍矿

我国已查明镍矿矿床(点)339 处，其中超大型 4 处，大型 14 处，中型 26 处，小型 75 处，矿(化)点 220 处[21]。查明资源储量为 1016.9 万 t，高度集中在西北、西南和东北三个区域，保有储量分别占全国总储量的比例分别为 76.8%、12.1%、4.9%。就各省(市、自治区)来看，约 63.90%的镍矿资源集中在甘肃，其余主要分布在新疆、云南、吉林、湖北、四川等(截至 2014 年)。

我国镍矿资源具有分布集中、成因类型较少、矿石品位较富、开采难度较大的特点[22]。

(1) 储量分布高度集中，主要分布在西北、西南和东北。甘肃、新疆、云南、吉林、湖北和四川 6 省份的总储量占到我国总储量的 95.5%。

(2) 镍矿成因类型主要是硫化铜镍矿，占总保有储量的 86%；其次是红土镍矿，占总保有储量的 9.6%。

(3) 镍矿石品位较富，平均镍大于 1%的硫化镍富矿石约占总保有储量的 44.1%。

(4) 镍矿地下开采比重较大，占总保有储量的 68%，适合露采的仅占 13%[23]。

我国最大的镍矿是金川镍矿，镍产量接近全国的 90%，其余有煎茶岭镍矿、元江镍矿、喀拉通克镍矿。近年来，由于我国地质勘查水平的不断提高，新发现了一大批镍矿[24]。其中，新疆若羌县坡北一带探明镍金属资源量 128 万 t，属特大型镍矿，但由于品位低，开采条件复杂，尚未列入下一步考虑；青海柴达木盆地发现一大型高品位的镍矿床，预计镍金属资源量近 15 万 t，我国主要镍矿区分布及品位见表 3-9。

表 3-9 我国主要镍矿区分布及品位[25]

矿山名称	镍金属储量/万 t	平均品位/%
甘肃金川	603	0.47～1.64
新疆喀拉通克	15.6	3.2
云南元江	52.6	0.8
陕西煎茶岭	28.3	0.55
吉林磐石	24	1.3
云南金平	5.3	1.17
四川胜利沟	4.93	0.53
四川会理	2.75	1.11
青海化隆	1.54	3.99

3.1.2.7 钨矿

钨矿是我国的优势矿产资源，到 2014 年我国查明钨矿资源为 720.5 万 t (WO_3)[26]。我国钨矿资源主要集中在湖南、江西和河南等省(市、自治区)，三者的钨矿资源储量占全国资源储量的 61%。

我国钨矿床类型可归纳为以下 7 种：①热液型钨矿床；②夕卡岩型钨矿床；③花岗岩型钨矿床；④斑岩型钨矿床；⑤火山岩型钨矿床；⑥砂钨矿床；⑦风化型钨矿床。

我国钨矿资源的特点如下。

1) 分布较集中，规模大，资源储量丰富

我国钨矿资源储量集中分布在湖南、江西、河南、甘肃、广东、广西、福建、云南、黑龙江、内蒙古、湖北等 11 个省(市、自治区)，共占我国查明资源储量的 99%。

2) 矿床类型多，成矿作用多样

由于成矿物质的多源性、成矿条件以及成矿作用的多样性等综合条件，除火山热泉沉淀型、盐湖卤水和淤泥型钨矿床外，几乎世界上所有已知的钨矿床成因类型在中国均有发现，包括夕卡岩型、斑岩型、石英脉型、层控型、角砾岩筒型、冲积砂矿型、伟晶岩型矿床、风化淋滤铁帽型钨矿等[27]。

3) 共(伴)生组分多，综合利用价值大

钨矿共(伴)生组分种类繁多，其伴生组分有锡、钼、铋、铜、铅、锌、锑、钴、金、银、铁、硫、铌、钽、锂、铍、稀土、压电水晶和熔炼水晶、萤石等。

4) 伴生钨资源储量可观

全国伴生钨资源储量大部分随主矿产开发而得到有效的综合回收，从而延长矿山的服务年限。例如，河南作为中国钨矿资源储量第三大省，钨储量 90%以上是来自于栾川钼矿中伴生的白钨矿，栾川钼矿是世界六大巨型钼矿之一，伴生有丰富的白钨矿，储量相当于一个特大型白钨矿床。

我国六处超大型钨矿分别是：江西大湖塘钨矿、湖南柿竹园钨矿、河南三道庄钼钨矿、湖南新田岭钨矿、福建行洛坑钨矿、湖南杨林坳钨矿[28]。我国钨矿区分布及品位见表 3-10。

表 3-10　我国主要钨矿区分布及品位[29]

矿山名称	种类	资源储量/万 t	WO_3品位/%	所在地
大湖塘	黑钨	93	0.2	江西武宁
柿竹园	白钨	71.6	0.32	湖南郴州
三道庄	钼伴生白钨	37	0.145	河南栾川
新田岭	白钨	30	0.37	湖南郴州
杨林坳	白钨	28.8	0.46	湖南衡南
行洛坑	黑白钨共生	28	0.228	福建宁化
塔尔沟	黑白钨共生	22.3	0.736	甘肃肃北
黄沙坪	白钨	20.6	0.254	湖南桂阳
裕新	白钨	20.44	0.276	湖南宜章
小柳沟	白钨	15.2	0.55	甘肃肃北

3.1.2.8　稀土

我国稀土资源储量丰富，来自于美国地质勘探调查局的数据显示，截至 2014 年底，全球稀土总储量为 13000 万 t，其中，我国储量位居第一，为 5500 万 t，占世界稀土总储量的 42%。我国稀土资源，不但储量丰富，而且还具有矿种和稀土元素齐全、稀土品位高及矿点分布合理等优势。除内蒙古包头的白云鄂博、江西赣南、广东粤北、四川凉山为稀土资源集中分布区外，山东、湖南、广西、云南、贵州、福建、浙江、湖北、河南、山西、辽宁、陕西、新疆等亦有稀土矿床发现。全国稀土资源总量的 98%分布在内蒙古、江西、广东、四川、山东等地区，形成北、南、东、西的分布格局，并具有北轻南重的分布特点[30]。轻稀土主要分布在内蒙古包头的白云鄂博矿区，其稀土储量占全国稀土总储量的 83%以上，居世界第一，是我国轻稀土主要生产基地。

离子型中重稀土则主要分布在江西赣州、福建龙岩等南方地区，尤其是在南岭地区分布着可观的离子吸附型中稀土、重稀土矿，易采、易提取，已成为我国重要的中、重稀土生产基地。

我国主要稀土矿有：白云鄂博稀土矿、山东微山稀土矿、冕宁稀土矿、江西风化壳淋积型稀土矿、湖南褐钇铌矿和漫长海岸线上的海滨砂矿等[31]。

白云鄂博稀土矿与铁共生，主要稀土矿物有氟碳铈矿和独居石，比例为 3∶1，都达到了稀土回收品位，故称混合矿，稀土总储量(稀土元素氧化物，REO)为 3500 万 t，约占世界储量的 38%，堪称世界第一大稀土矿；微山稀土矿和冕宁稀土矿以氟碳铈矿为主，伴生有重晶石等，是组成相对简单的一类易选的稀土矿；江西风化壳淋积型稀土矿是一种新型稀土矿种，它的选冶相对较简单且含中重稀土较高，是一类很有市场竞争力的稀土矿。

根据国土资源部门的核查，中国稀土储量约占世界总储量的 42%，却长期供应着全球 90%以上的市场需求。随着中国和世界各国经济发展对稀土需求的快速增长，中国稀土资源和环境压力正在逐步加大，一些资源濒临枯竭。经过半个多世纪的超强度开采，我国稀土资源保有储量及保障年限不断下降，主要矿区资源加速衰减，原有矿山资源大多枯竭。包头稀土矿主要矿区资源仅剩 1/3，南方离子型稀土矿储采比已由 20 年前的 50 降至目前的 15。

3.2 深部开采面临的主要难题和采取的对策措施

3.2.1 我国金属矿深部开采现状

据统计，我国地下金属矿山大约占金属矿山总数的 90%。随着浅部资源的逐渐枯竭，包括现有的部分露天矿山也将转入地下开采，地下开采的比例将会越来越大，开采深度将会越来越深，深部能源与矿产资源的安全、高效开发是关系到我国国民经济持续发展和国家能源战略安全的重大问题。21 世纪以来，我国最经济、最有效的能源和矿产资源保障措施就是进行深部资源的开发和利用。在未来 10～15 年内，我国将有 1/3 的有色金属矿山开采深度达到或超过 1000m[32]。其中，最大的开采深度可达到 2000～3000m，最大开采规模可达到 2000 万～3000 万 t/a。最近几年国内有众多的金属矿山开采深度超过千米，例如，辽宁红透山铜矿 1300m，夹皮沟金矿、云南会泽铅锌矿和六苴铜矿 1500m，河南灵宝崟鑫金矿 1600m，铜陵冬瓜山铜矿 1100m，山东三山岛金矿 1050m，玲珑金矿 1150m，湘西金矿 1100m。另外，凡口铅锌矿、金川镍矿、高峰锡矿等都相继进入深部开采阶段[33]。

近几年正在兴建的或计划兴建的一批大中型金属矿山，基本上全部为深部地下开采。如本溪大台沟铁矿，矿石储量 53 亿 t，开采深度 1000m 以上；思山岭铁矿矿体埋深 800～1600m，矿石储量 26 亿 t，一期开采规模 1500 万 t/a，8 年后二期新增开采规模 1500 万 t/a，最终开采规模为 3000 万 t/a。我国在 2000m 以下深部还发现了一批大型金矿床，如山东三山岛金矿西岭矿区 1600～2600m 深度探明一个金储量 400t 的大型金矿床。据预测，我国在 3000～4000m 深部仍存在大型金属矿床，特别是有色金属矿床和金矿床。尤其是前期的深地探测和深地找矿计划的实施，已经使得我国主要矿集区地下 3000～5000m 范围内的矿产资源分布情况变得“透明”。据目前资源开采状况，我国金属矿山开采深度以每年 8～12m 的速度增加。在未来 10～20 年内，我国金属矿山将进入 1000～2000m 深度开采[34]。

3.2.2 我国金属矿深部开采面临的主要难题和采取的对策措施

深部开采是一个特殊的作业环境，有许多浅部开采未涉及的问题需要研究。深部开采主要面临高应力、高井温、高井深的“三高”问题，这也是金属矿山深部开采过程中

主要的致灾因素。

3.2.2.1　国内深井采矿技术

冬瓜山铜矿在深部开采设计和建设中开展了矿山强化开采技术研究，开发出斜壁崩矿计算机辅助设计软件；首创以矿段为单元的连续回采工艺，实现了不留间柱的连续回采工艺；研制了复合型高水速凝材料，为跟随快速充填提供技术保障；研制成功了大量崩矿采场的连续出矿工艺及全套设备，创新了大直径深孔崩矿施爆技术；选择合理的充填料配比，提出了高浓度全尾砂加废石的充填新工艺方案，为深部开采提供了技术依据。

凡口铅锌矿在深部难采矿床中开发了双高条件下的高分层充填采矿工艺、高应力条件下的钢纤维混凝土支护技术、深井地压灾害预报技术等，其中高分层卸荷采矿工艺通过盘区两端卸荷，在高地应力条件下有效地降低了开采范围内的主应力，为高地应力和倾斜难采条件下应用高分层大规格采场创造了开采条件。

3.2.2.2　高地应力诱发岩爆及相应对策措施

地应力是存在于地层中的天然应力，主要由地球水平方向的构造应力和垂直方向的自重应力两部分组成。其中水平方向的构造应力在地应力场中起主要作用，其值通常为自重应力的 1.5～2.5 倍。地应力值无论是水平构造应力还是垂直自重应力均随深度呈线性增长关系。所以高应力条件将是深部采矿面临的第一个重要问题。高应力环境下的开采可能会导致激烈的地质活动甚至诱发岩爆、冒顶、底鼓、突水等危及安全生产的灾害事故。

安徽冬瓜山铜矿、山东三山岛金矿、大冶丰山铜矿、广西高峰锡矿等矿山深部开采过程中均存在地压过大的问题，出现了冒顶、片帮、底鼓等现象。红透山铜矿自 20 世纪 70 年代中期开始有轻微的岩爆现象出现，最早有明确记载的岩爆发生在 1976 年 9 月+13m 中段，三十余年来，随着采矿深度的增加，岩爆、顶板冒落、片帮时有发生；1999 年红透山铜矿发生了两次较大规模的岩爆，岩爆的破坏力相当于 500～600kg 的炸药，对红透山矿的安全生产造成了很大威胁。三山岛金矿在−555m 中段开拓过程中出现了岩爆现象。为了保证深部开采的安全作业，矿山企业联合高校与科研院所在深部地应力测量、岩爆诱发机制、岩爆预测和监控等方面做了大量研究，一些研究成果在深部开采的矿山中得到了应用。

针对深部开采地压过大和可能诱发岩爆的问题，我国金属矿山大都布置了地压监测系统，主要采用的监测手段为声发射监测、微震监测系统和钻孔应力计监测等，并且辅助加强安全检查，根据不同开采规模确定支护方式。对于地压显现不是很严重的矿山一般采用锚杆条网支护、喷锚网支护、喷砼、砼支护、充填接顶及采空区封堵隔离等手段进行地压控制。对顶板位移的监测除了在顶板内安装顶板多点位移计、压力监测系统等常规手段外，红透山铜矿还在充填法采场内部黏贴玻璃管，通过观察玻璃管的破裂情况反映采场顶板沉降位移大小。

此外，部分矿山在进行深部矿体的开采时，对开采工艺进行了改进，采取充填等有效支护措施，优化采矿方法和开采顺序，从而改善围岩应力分布，减少应力集中和围岩位移变形。有效减少和控制开采对围岩的扰动效应，减少扰动能量在围岩中的聚集，消除了引起剧烈地压活动和岩爆的能量条件。

3.2.2.3 高井温及大井深造成的通风降温问题及相应对策措施

在深部开采条件下，随着采矿机械化程度的提高，生产更加集中，开采强度逐渐加大，地温升高恶化了井下作业环境，矿井热害问题也越来越突出。根据对2000m的钻孔观测，地温的梯度大体为3℃/100m。当深部矿体开采的工作环境温度达到30～60℃时，将面临热害问题，工作环境恶劣，人的生理条件难以承受，还可能导致矿石自燃、炸药自爆等问题。

在我国金属矿山中，在500～600m深的主要工作面，地温地热还不是很突出，只在局部区域(独头巷道)存在温度过高的问题，稍微深一些后，独头掘进工作面温度能达到35℃以上，岩体温度和出水温度最高在42℃。例如，湖北大冶丰山铜矿、广西高峰锡矿等，针对局部地温地热的问题，大都采用风机进行局部机械通风，并且在独头巷采用压抽结合通风方式进行辅助通风散热，基本能够将采场温度控制在30℃以下。但是，在超过1000m开采深度的矿山中，都遇到了地温地热的问题，如三山岛金矿、红透山铜矿、云锡卡房矿、云南楚雄六苴铜矿涌出水温达到40℃以上，局部地温超过38℃，气温也超过32℃。

目前降低地温的主要技术措施有：通风降温技术、控制井下热源技术、个体防护技术、机械制冷水及制冰降温技术。

1) 通风降温技术

降低井下通风风阻。多采用圆形或者椭圆形巷道，巷道使用光面爆破技术，降低巷道表面摩擦。

防止漏风。采用对角式通风系统、后退式开采顺序，进风和回风巷道尽量布置在脉外岩石中，提高通风构筑物的质量，加强其严密性，防止通风构筑物漏风。

提高通风机效率。调整主扇转速(将有利于提高主扇的调控能力和调控效率)，改善风机叶片安装角度。

2) 控制井下热源技术

对于巷道岩体散热，可以采用阻热降温技术，将巷道热源阻挡在巷道围岩外部，降低向巷道内部放热。采用玻璃微珠保温砂浆作为巷道阻热层材料，巷道热量散热率降低了36%，隔热效果显著。

3) 个体防护技术

某些矿井巷道内，气候条件相对恶劣，无法采用风流冷却技术，工人可以穿上冷却服，实施个体防护。目前，冷却服有干冰冷却背心、以液体介质和冰水作为制冷介质的阿波罗太空背心、以液体介质和干冰混合的冷却背心。

4) 机械制冷水及制冰降温技术

制冷机产生的冷水通过输水管道送到井下给定位置，通过高低压换热器和空冷器将进风冷却后给各工作面送风降温。

机械制冰降温技术利用制冰机在地面制出泥状冰或粒状冰，用风力或水力送到井下融冰池，融冰后形成的冷水送到各用冷工作面，采取喷雾降温。

针对超过 1000m 的深部矿山的深井热害问题，现阶段很多矿山主要采用加强通风风量，降低新风温升幅度，提高新风质量，增加回风量，增大工作面风速的方法进行降温，但是效果不是很理想，但几种降温技术综合运用后，效果较好。

云南楚雄六苴铜矿，1080m 中段地温即达到 37.5℃，气温达到 32℃。采用的降温措施为：新建进风竖井和回风竖井，减少进风风流与井巷热交换的面积和时间，减少地温升高对风源质量的影响，降低新风温升幅度，提高新风质量，增加回风量，增大工作面风速；将涌出的热水就近排至永久泵站水仓内，使用保温隔热排水管道，使新风尽量避开局部热源，最终巷道附近的气温从 35℃降至 27℃左右。

3.2.2.4 大井深造成的提升困难及相应对策措施

目前我国深部矿山的提升系统大都分为主、副两套独立的系统，主提升系统主要提升矿石、废石，副提升系统主要提升人员和材料，未解决生产过程中遇到的运力不足的问题。矿山主、副提升系统大都采用多级盲井组成的接力提升系统，提升设备大多为单绳单滚筒缠绕式提升机，基本能够满足生产需要。但是在深部开采过程中多级提升也越来越面临提升线路长、系统复杂、管理难度大、能耗高、提升成本增高的问题。

为解决深部矿山开采过程中运力不足的问题，应该加强深部矿井矿石运输调度系统。梅山铁矿建立的“信集闭”井下运输调度指挥系统，由 1 台计算机连锁控制，系统控制着运输线上 29 组道岔电动转辙机、30 架红绿信号灯和 54 条轨道电路的状态监测，通过井下定点信息显示屏、井下电话通信系统与作业区域内的工作人员时刻保持联系。信集闭操作人员接收生产调度指令，按小循环配矿要求和生产计划，组织指挥原矿运输和辅助运输，该系统增强了井下运矿电机车的安全性，顺利实现了两列车编组向三列列车编组运矿的生产组织，使列车在运行时间、区段的控制更直观、精确，提高了运矿时间的利用率，提升了系统运矿能力。

深井提升面临的最大问题是运输能力和经济合理性问题。当深部开采达到 2000～4000m 井深时，往往就需要采用两段提升，那么深井提升的有效载重量将随深度增加而显著下降，提升费用大幅增加。目前，世界上最大直径的多绳提升机——大型四绳落地式提升机(德国制造)，摩擦轮直径达 9m(我国最大是 5m)，箕斗有效载重 30t(我国最大是 22t)，提升高度 1200m，提升速度 20m/s(我国最大是 11.8m/s)，电机功率 2×3710kW。超千米深井的提升速度需要达到 15～20m/s，如何有效提高深井的提升速度及能力是未来提升装置的研发方向。

3.3 我国深部开采与矿业发达国家相比的差距和制约条件

我国地下矿山占矿山总数的 90%，其中 20 世纪 50 年代建成的矿山，有 3/5 因储量枯竭而接近尾声或已闭坑，其余 2/5 的矿山，陆续转入深部开采，我国矿产开发正朝着深部采矿和低品位矿产回收利用的方向发展[35]。据统计，目前我国有 1/3 以上的有色金属矿山已进入深井开采。

随着深度的增加，采矿越来越困难，常规的开拓开挖方式、支护方法以及采矿原理与工艺，均不能完全适应深部开采的要求。在矿床埋藏深、岩温高、岩爆倾向大、品位低、开采强度大的条件下，安全、经济、高效的开采面临许多科学问题和技术难题。我国与国外矿业发达国家相比，存在如下问题：

(1) 缺乏深部高应力、高温条件下的高效采矿技术，采矿成本高，井巷工程推进速度慢。

(2) 矿山机械化装备配套性差，井下大型采掘设备的制造水平低，我国地下矿山普遍采用的仍然是 20 世纪 50 和 60 年代的采矿装备。大多数矿山仍然采用的是气动凿岩机凿岩、电耙出矿、风动或电动铲斗式装岩机装岩、普通矿车运输。在天井掘进机械方面，仍然以常规的吊罐法较为普遍，劳动强度大的普通法也占较大比重。我国地下矿山装备无论在采矿还是掘进方面都比较落后，缺少成熟的、智能化的凿岩钻车、铲运机和矿用汽车等现代装备，以及井下精确定位导航技术；另外，现有矿山的信息化、自动化水平相对较低。

(3) 在采矿生产管控一体化综合信息平台开发方面相对滞后。这导致在资源评价与管理、开采优化设计和生产计划编制等生产技术方面，开采环境监测与安全预警等安全管理方面，以及可视化与智能决策等生产过程管控方面，技术手段落后，信息难以共享，不能为科学决策与管理提供有效的技术支撑。

(4) 深部开采往往开采品位下降，采掘工程量急剧上升，废弃物的处理大幅度增加，但是，目前缺乏有效的贫细杂难选金属矿床高效回收技术。

根据目前国内的情况，有必要在如下几个方面进行提升。

1) 进行深井采矿模式与采矿系统优化

深井采矿存在高温高压、废料处理、矿石提升、深井排水等一系列问题。必须对已有的采矿工艺技术进行根本变革，研究有利于控制高应力与高井温环境的连续采矿方法及回采步序，创造大孔落矿、不留矿柱，以矿段为采矿单元的无废(或少废)开采的高强度连续采矿系统与模式；研究连续采矿过程中采场地压显现的时空分布规律，优化高应力状态下的采场工程结构形式和参数及相邻开采矿段的工程合理衔接；研究深部破裂岩石性质下的连续非爆采掘方法、全水压破岩设备、地下低矮式破碎机、大功率高效矿废分离设备及井下废石回填、矿石粗磨，并借深井排水泵送地表的技术；建立有利于控制岩爆和高井温的厚大矿体深井开采设计理论与采矿模式新体系，以实现安全、高效、经济地回收深部矿产资源。

2) 进行深部矿山采装设备的研发

加快地下采矿装备国产化步伐，大力发展无轨地下采矿装备，发展适合我国国情的地下开采百万吨级的高效大孔穿爆设备、中深孔全液压凿岩台车、铲运机、自卸汽车等地下无轨和辅助配套设备，提高矿山劳动生产率，降低成本；向发达国家学习，建立以铲运机为中心，配以各种辅助车辆的无轨采矿设备及其工艺，并且将这些设备在国内地下矿山中普遍推广并加以应用；加强矿山装备的研制和开发，积极开展深部采矿装备的配套与自动化、“远程控制”、“智能矿山”、无人驾驶自卸卡车和高精度 GPS 钻机定位和挖掘机定位系统等创新研究，以满足矿山企业提高采矿装备水平的愿望。世界上一些采矿发达国家正在极力利用遥控、无线电通信、仿真、计算机管理信息系统、实时监控等先进技术来控制采矿设备和系统，已相继研制出遥控深孔凿岩、遥控装运、遥控装药和爆破及遥控喷锚支护等设备。因此，我国必须抓住机遇、充分借鉴国外成功经验，建立自己的信息化采矿装备产业，赶超发达国家。

3) 开发低品位矿床无废开采回收技术

我国金属矿床贫矿多、富矿少，多金属共生矿多、单一金属矿床少，因此生产工艺复杂，流程长，采选回收率低(铁矿为 65%～70%，有色金属矿为 40%～75%)；废石和尾矿中大量有价元素的利用率也很低，铁矿约 20%，有色金属矿为 30%～35%(国外 50%以上)。这表明我国资源回收利用的潜力还相当大，因此需要开发：

(1) 复杂难处理矿的高效选别技术。

(2) 高选择性低毒(无毒)选矿药剂。

(3) 废石和尾矿中有价元素提取技术。

(4) 高效、节能和大型化选矿设备研制。

(5) 选矿在线检测与过程自动控制技术等。

综上所述，我国绝大部分深部地下矿山，采矿技术较落后，装备水平较低下，采矿生产效率不高，与发达国家之间的水平相差较大或很大。因此，必须加大研发和投入的力度，采用先进的科学技术不断地提高深部地下矿山的采选水平，建立自动化、机械化、智能化的矿山采选系统，实现深部矿产资源的安全、高效、经济回收。

参 考 文 献

[1] 古德生，李夕兵．有色金属深井采矿研究现状与科学前沿[J]．矿业研究与开发，2003，23(S1)：1-5.

[2] 吴爱祥，郭立，张卫锋．深井开采岩体破坏机理及工程控制方法综述[J]．矿业研究与开发，2001，21(2)：4-7.

[3] 李夕兵，姚金蕊，宫凤强．硬岩金属矿山深部开采中的动力学问题[J]．中国有色金属学报，2011，21(10)：2551-2563.

[4] 周宏伟，谢和平，左建平．深部高地应力下岩石力学行为研究进展[J]．力学进展，2005，35(1)：91-99.

[5] 蔡美峰．中国金属矿山 21 世纪的发展前景评述[J]．中国矿业，2001，10(1)：14-16.

[6] 蔡美峰，郝树华，齐宝军，等．露天转地下相互协调安全高效开采关键技术研究[J]．中国冶金，2012，(7)：53.

[7] 毕献武，董少花．我国矿产资源高效清洁利用进展与展望[J]．矿物岩石地球化学通报，2014，33(1)：14-22.

[8] 赵洋，鞠美庭，沈镭．我国矿产资源安全现状及对策[J]．资源与产业，2011，13(6)：79-83.

[9] 刘玉强，乔繁盛．我国矿产资源及矿产品供需形势与建议[J]．矿产与地质，2007，21(1)：1-7.

[10] 中国产业信息．2016-2022 年中国铁矿石原矿行业市场发展现状及未来趋势预测报告[R]. 2015.

[11] 李厚民，王登红，李立兴，等．中国铁矿成矿规律及重点矿集区资源潜力分析[J]．中国地质，2012，39(3)：559-580.
[12] 侯宗林．中国黄金资源潜力与可持续发展[J]．地质找矿论丛，2006，21(3)：151-155.
[13] 中国黄金协会编委会．中国黄金年鉴 2015[M]．北京：中国黄金协会，2015.
[14] 张文钊，卿敏，牛翠祎，等．中国金矿床类型、时空分布规律及找矿方向概述[J]．矿物岩石地球化学通报，2014，33(5)：721-732.
[15] 应立娟，陈毓川，王登红，等．中国铜矿成矿规律概要[J]．地质学报，2014，88(12)：2216-2226.
[16] 国土资源部．全国矿产资源储量通报[R]. 2012.
[17] 罗晓玲．国内外铜矿资源分析[J]．世界有色金属，2000，(4)：4-10.
[18] 王全明．我国铜矿勘查程度及资源潜力预测[D]．中国地质大学(北京)，2005.
[19] 艾凯数据研究中心．2010-2015 年铅锌矿产业市场深度分析及发展前景预测报告[R]. 2015.
[20] 刘晓，张宇，王楠，等．我国铅锌矿资源现状及其发展对策研究[J]．中国矿业，2015，24(S1)：6-9.
[21] 孙涛，王登红，娄德波，等．中国成镍带与找矿方向探讨[J]．中国地质，2014，41(6)：1986-2001.
[22] 朱训．中国矿情[M]．北京：科学出版社，1999.
[23] 宓奎峰，王建平，柳振江，等．我国镍矿资源形势与对策[J]．中国矿业，2013，22(6)：6-10.
[24] 康兴东，夏春才．镍矿资源现状及未来冶金技术发展[J]．科技视界，2015，(36)：273-274.
[25] 路长远，鲁雄刚，邹星礼，等．中国镍矿资源现状及技术进展[J]．自然杂志，2015，37(4)：269-277.
[26] 中华人民共和国国土资源部．2015 中国矿产资源报告发布[R]. 2015.
[27] 李俊萌．中国钨矿资源浅析[J]．中国钨业，2009，24(6)：9-13.
[28] 盛继福，陈郑辉，刘丽君，等．中国钨矿成矿规律概要[J]．地质学报，2015，89(6)：1038-1050.
[29] 祝修盛．中国钨工业现状：2014 年钨产业论坛. 2014.
[30] 侯宗林．我国稀土资源与地质科学发展述评：中国金属学会 2003 中国钢铁年会. 中国北京，2003.
[31] 程建忠，车丽萍．中国稀土资源开采现状及发展趋势[J]．稀土，2010，31(2)：65-69.
[32] 冯兴隆，贾明涛，王李管，等．地下金属矿山开采技术发展趋势[J]．中国钼业，2008，32(2)：9-13.
[33] 何满潮，谢和平，彭苏萍，等．深部开采岩体力学研究[J]．岩石力学与工程学报，2005，24(16)：2803-2813.
[34] 谢和平，高峰，鞠杨．深部岩体力学研究与探索[J]．岩石力学与工程学报，2015，34(11)：2161-2178.
[35] 古德生．地下金属矿采矿科学技术的发展趋势[J]．黄金，2004，25(1)：18-22.

附录　国内典型深部金属矿山简介

铁矿

(1) 杏山铁矿

位于河北省迁安市境内，隶属首钢矿业公司。为鞍山式沉积变质贫铁矿床，矿石平均品位 TFe 为 32.60%，SFe 为 31.27%，保有资源储量 5891 万 t，矿区面积为 0.8849km^2。杏山铁矿原是首钢大石河铁矿一个采区，1966 年露天开采投产，2007 年 2 月露采结束。

2011年7月底转入地下开采，采矿方法为无底柱分段崩落法，设计开采规模320万t/a。

(2) 司家营铁矿

位于河北省滦县境内，隶属河钢集团矿业有限公司。属于鞍山式沉积变质铁矿床，矿石类型主要为赤铁石英岩和磁铁石英岩两大类，其中−100m以上赋存赤铁矿，−100m以下赋存磁铁矿。设计范围内保有铁矿石资源储量2.19亿t，原矿平均品位26.45%，设计采矿规模700万t/a，其中露天开采600万t/a，地下开采100万t/a。

(3) 石人沟铁矿

位于河北省唐山遵化市境内，隶属河钢集团矿业有限公司。矿石类型属于鞍山式沉积变质铁矿床，矿石自然类型为磁铁石英岩，资源储量2.5亿t，平均地质品位31.24%。最初为露天开采，2003年开始转地下开采建设。多数资源赋存于地下，最大埋深1000m以上。地下开采采用全尾砂胶结充填法，设计开采规模200万t/a。

(4) 西石门铁矿

位于河北省武安市境内，原属邯邢冶金矿山管理局，现属五矿集团。矿床为大型隐伏磁铁矿体，矿体形态呈背斜、似透明状或透镜状。矿石储量1.06亿t，平均地质品位43.26%，1985年投产。采矿方法为无底柱分段崩落法以及平底结构法。设计开采规模为220万t/a，经过30多年开采，现生产规模尚存180万t/a。

(5) 北洺河铁矿

位于河北省武安市境内，原属邯邢冶金矿山管理局，现属五矿集团。矿床类型为接触交代型铁矿床，矿石类型为磁铁矿，矿石储量7909.71万t，平均地质品位49.78%。矿山于2002年4月投产，采矿方法为无底柱分段崩落法。一期建设开采规模180万t/a，二期建设从2005年开始，2010年底开始投入生产，设计开采规模220万t/a。

(6) 安徽开发矿业有限公司

位于安徽省六安市霍邱县境内，隶属中国五矿集团矿业公司。探明铁矿石资源储量3.81亿t，矿石主要为镜铁矿和磁铁矿，平均品位31%。目前开发李楼、吴集两个铁矿区，开采规模750万t/a，采用阶段空场嗣后充填采矿法。

(7) 苍山铁矿

位于山东省苍山县境内，隶属山东矿业。设计开采规模为200万t/a，采用分期开采的方式进行开采。一期开采−140m水平以上矿体，矿石储量为3714万t，二期开采−140m水平到−340m水平的矿体，矿石储量为3409万t。采矿方法为盘区点柱上向分层充填法。

(8) 李官集铁矿

位于山东济宁汶上县境内，隶属山东富全矿业公司，矿石工业类型为鞍山式铁角闪岩型贫磁铁矿，保有资源储量5265.29万t。2012年开始投产，采矿方法为点柱式全矿床不分中段上向高分层连续推进充填法，设计开采规模为200万t/a。

(9) 眼前山铁矿

位于辽宁省鞍山市境内，隶属鞍钢集团矿业公司。矿石类型为鞍山式沉积变质型铁矿，保有地质储量3.4亿t，平均品位30.43%。眼前山铁矿始建于1960年8月，设计采用露天方式开采，开采规模为 250 万 t/a。2014 年 12 月转入地下开采，开采方法为无底柱分段崩落法，开采规模为 120 万 t/a。

(10) 弓长岭井下铁矿

位于辽宁省辽阳市弓长岭境内，隶属鞍钢集团矿业公司。弓长岭井下铁矿开采分三个采区，即深井区、下含铁带采区和西北采区。矿区保有资源储量 6.58 亿 t。采矿方法主要为无底柱分段崩落法，局部为浅孔留矿法，开采规模为 220 万 t/a。

(11) 小官庄铁矿

位于山东省莱芜市境内，隶属鲁中矿业有限公司。该矿矿藏以磁铁矿为主，地质储量 8700 万 t，平均地质品位 46.42%，矿石中含少量自然铜、钴，硫、磷含量极低。采矿方法为无底柱分段崩落法和充填法，矿石生产能力达 190 万 t/a。

(12) 张家洼铁矿

位于山东省莱芜市境内，隶属鲁中矿业有限公司。于 1994 年 3 月正式投产，地质储量 4202.99 万 t，地质品位 47.43%，采矿方法为无底柱分段崩落法，开采规模为 195 万 t/a。

(13) 大冶铁矿

位于湖北省大冶市境内，现隶属武钢资源集团。矿床类型为夕卡岩接触交代型矿坑矿床，矿体总长–4300m，最大埋深标高–980m，矿石主要类型为磁铁矿，其次为赤铁矿等，平均品位 53.8%。大冶铁矿具有悠久开采历史，1890～1938 年，以露天方式开采铁矿石 1615 万 t，是中国第一家用机器开采的露天矿山。抗战期间，日本建立“日铁”大冶矿业所，掠夺铁矿资源 420 万 t。1958 年，大冶铁矿露天采场正式恢复生产，是当时我国最大的露天铁矿；2003 年大冶铁矿露天转地下开采，开采方法为无底柱分段崩落法，开采规模为 120 万 t/a，截至 2012 年探明尚存铁矿石资源储量 1.77 亿 t。

(14) 程潮铁矿

位于湖北省鄂州市境内，隶属武钢资源集团。矿床类型为接触交代型(夕卡岩型)铁矿床，矿石主要类型为磁铁矿。铁矿石的化学组分特点是富铁、高硫、低磷。截止到 2015 年底，矿山保有资源储量 1.28 亿 t，平均地质品位 TFe 为 44.22%。采用无底柱分段崩落法开采，西部矿区试验进行充填法采矿。开采规模为 220 万 t/a。

(15) 金山店铁矿

位于湖北省大冶市境内，隶属武钢资源集团。矿床类型为接触交代型(夕卡岩型)铁矿床，矿石主要类型为磁铁矿。铁矿石的化学组分特点是富铁、高硫、低磷，截止到 2015 年底，保有资源储量 6656 万 t，平均地质品位 41.12%。采用无底柱分段崩落法，开采规模为 240 万 t/a。

(16) 梅山铁矿

位于江苏省南京市境内，隶属宝钢集团。矿床是一个大型的盲矿床，呈大透镜状，平面投影似椭圆形，总储量为 2.68 亿 t。矿山 1975 年建成投产，采矿方法为无底柱分段崩落法。现年处理矿石 400 万 t/a，产铁精矿 220 万 t/a。

(17) 莱钢莱芜矿业有限公司

莱钢莱芜矿业有限公司下有三座矿山，分别为谷家台铁矿、马庄铁矿、业庄铁矿。谷家台铁矿保有铁矿石资源储量 4679.8 万 t，平均品位 46.71%；马庄铁矿保有铁矿石资源储量 635.6 万 t，平均品位 43.94%；业庄铁矿床保有铁矿石资源储量 77.9 万 t，平均品位 53.3%。

(18) 罗河铁矿

位于安徽省合肥市庐江县境内，属马钢集团矿业公司。罗河铁矿床探明矿石储量 3.4 亿 t，矿石平均品位 34.80%。设计开采规模为 300 万 t/a，采矿方法以垂直深孔阶段空场嗣后充填法为主。

(19) 龙桥铁矿

位于安徽省庐江县境内，隶属安徽省庐江龙桥矿业有限公司。龙桥铁矿磁铁矿石储量 1.04 亿 t，原矿品位 44%，伴生铜 9.0 万 t、硫 278.6 万 t。首期工程开采规模 100 万 t/a，二期工程为年产矿石 180 万 t。

(20) 大红山铁矿

位于云南省玉溪市境内，隶属昆钢集团玉溪大红山矿业有限公司。矿床类型为沉积变质岩系中的大型铁铜矿床，矿体埋深标高+1137～+1261m，探明铁矿资源量约 4.5 亿 t。浅部熔岩赋存铁矿石量 5671 万 t，铁矿石品位 21.45%，采用露天开采，开采规模为 380 万 t/a。地下铁矿石表内储量 2.45 亿 t，平均品位 43.52%，采用无底柱分段崩落法开采；2006 年建成 400 万 t/a 采、选、管道工程，2016 年二期工程投产后，开采规模增至 520 万 t/a。

(21) 镜铁山铁矿

位于甘肃省嘉峪关市境内，隶属酒钢矿业公司。镜铁山矿由桦树沟和黑沟两个矿区组成，其中桦树沟铁矿为地下开采，黑沟矿为露天开采。桦树沟矿始建于 1965 年，属高海拔大型地下开采矿山，矿石类型为镜铁矿-菱铁矿型混合矿，储量 2.89 亿 t，平均品位 35%～38%，采用无底柱分段崩落法，开采规模为 500 万 t/a。

(22) 思山岭铁矿(在建)

位于辽宁省本溪市思山岭满族乡境内，隶属本溪龙新矿业有限公司。矿床类型属于沉积变质型铁矿床(鞍山式铁矿)。探明资源储量为 24.87 亿 t，平均品位 31.19%。地下开采一期生产规模为 1500 万 t/a，二期生产从第八年开始，新增规模 1500 万 t/a，最终生产规模为 3000 万 t/a。总体(95%)采用大直径深孔空场嗣后充填法，局部(如上盘倾角较缓的矿体边缘部位)采用分段空场嗣后充填法开采。

(23) 大台沟铁矿(在建)

位于辽宁省本溪市平山区境内，属于特大型鞍山式沉积变质贫赤、磁铁矿床，矿体平均水平厚度 870.68m，埋深 1057～1461m。铁矿石资源储量 53 亿 t，平均品位 33.07%。采矿设计开采规模为 3000 万 t/a，采用无底柱分段崩落法开采。

(24) 马城铁矿(在建)

位于河北省唐山市滦南县境内，矿体延长近 6km，埋深 180～1200m，主矿体平均厚度 41～109m，矿石资源储量 12 亿 t，平均品位 35%。采矿设计开采规模为 2200 万 t/a。

(25) 陈台沟铁矿(拟建)

位于辽宁鞍山市境内，隶属五矿集团矿业公司。矿石储量约 12 亿 t，埋深 750～1800m，矿石平均品位 34.38%。设计开采规模 2000 万 t/a，采用大直径深孔空场嗣后充填法和分段空场嗣后充填法生产。计划 2017 年下半年投入建设。

(26) 济宁铁矿(拟建)

位于济宁市的兖州、任城、汶上三县(市，区)交界地带，隶属山钢集团莱芜矿业公司。矿石储量 20 亿 t，矿体埋深 1100～2000m，品位 30%左右。设计开采规模 3000 万 t/a，计划 2017 年内投入建设。

铜、镍矿

(1) 冬瓜山铜矿

位于安徽省铜陵市境内，隶属铜陵有色金属集团股份有限公司。原名狮子山铜矿，筹建于 1958 年，1966 年建成投产，2004 年更名为冬瓜山铜矿。矿床类型为层控夕卡岩型大型铜矿床，矿体主要为含铜磁铁矿、含铜蛇纹石和含铜夕卡岩，矿石储量 1.09 亿 t；平均品位铜 1.0l%，硫 19.7%，金 0.29g/t；铜金属储量 106.12 万 t，硫 l823.8 万 t。采矿方法为大直径深孔阶段空场嗣后充填法和扇形中深孔阶段空场嗣后充填法，采矿规模为 300 万 t/a。目前开采深度为 1100 m。

(2) 沙溪铜矿

位于安徽合肥市庐江县境内，隶属铜陵有色金属集团公司。矿床类型为斑岩型铜矿床，矿体最大埋深 1081m，保有矿石资源储量 8094.65 万 t，矿石平均品位约 0.59%，开采设计规模 330 万 t/a，采矿方法为大直径深孔阶段空场嗣后充填法。

(3) 狮凤山铜矿

位于云南省玉溪市易门县境内，隶属云南达亚有色金属有限公司。包含两个矿床、76 个矿体，其中狮山矿床含 45 个矿体，凤山矿床含 31 个矿体；狮山矿床铜平均品位 1.29%，凤山矿床铜平均品位 0.9%～1.5%，累计探明铜金属储量 58.57 万 t。采矿方法为有底柱分段强制崩落法。

(4) 铜录山铜矿

位于湖北省黄石市大冶境内，现隶属于大冶有色金属股份有限公司。矿床类型为典型的大型夕卡岩型铜铁矿床，主要矿石类型为铜铁矿石和磁铁矿石，铜平均品位 1.71%。考古发现了该矿商朝早期至汉朝的采铜和冶铜遗址，据统计从周代至汉代，铜录山共冶炼了 8 万～10 万 t 铜。现该矿露天和地下联合开采，以地下开采为主。地下开采一期 1970 年投产，二期 1998 年投产，采用阶段深孔崩矿充填采矿法和上向分层胶结充填法，开采规模为 132 万 t/a。

(5) 城门山铜矿

位于江西省九江市境内，隶属江西铜业股份有限公司。矿床一般赋存在碎屑岩、碳酸盐岩和岩浆岩的内外接触部分，矿体主要赋存在斑岩侵入体与碳酸盐岩接触带及其附近；矿石矿物主要是黄铜矿、辉铜矿，平均地质品位 0.765%，矿石储量达 2.2 亿 t，其中含铜 165 万 t、硫 3768 万 t，采用露天开采。

(6) 德兴铜矿

位于江西省德兴市境内，隶属江西铜业股份有限公司。矿床类型为特大型低品位斑岩铜矿床，伴生有钼、硫、金、银等元素。矿体长 2300m，宽 1000～1600m，赋存标高 +367～−600m 以下。主要金属矿物为黄铁矿、黄铜矿，铜矿石平均品位 0.476%，铜矿石总量 4.59 亿 t；铜金属量储量 216.2 万 t，伴生金 111.3t，银 486t。采用露天开采方式，采矿规模 3000 万 t/a，是当前亚洲第一、世界第二采矿规模的露天铜矿。

(7) 铜矿峪铜矿

位于山西省运城市垣曲县境内，隶属于中条山有色金属集团有限公司。矿床类型是一个与变质钠长花岗斑岩有关的大型铜矿床，铜矿储量为 1.85 亿 t。金属矿物以黄铜矿为主，伴生有钴、钼、金。全区铜平均品位为 0.68%，钴 0.0072%，钼 0.0032%，金 0.06g/t；铜金属储量为 283 万 t，伴生金 7.55t、银 48.76t、钼 14319.2t、钴 26263t。采用露天与地下联合开采方式，采矿规模 690 万 t/a，地下采矿方法为自然崩落法。

(8) 多宝山铜矿

位于黑龙江省黑河市嫩江县境内，隶属于黑龙江多宝山铜业股份有限公司。为特大型斑岩铜钼矿床，全矿床由 4 个矿带共 215 个大、小矿体组成，矿石储量 5.08 亿 t；矿石品位为铜 0.47%，钼 0.016%，金 0.144g/t，银 2.059g/t；铜金属量 236.18 万 t。露天方法开采，开采规模 2000 万 t/a 左右。

(9) 金川铜镍矿

位于甘肃省金昌市境内，隶属金川集团股份有限公司。矿床发现于 1958 年，为多金属共生的大型硫化铜镍矿床，是我国排名第一、世界排名第三的大型镍矿，已探明的矿石储量 5.6 亿 t。矿石以磁黄铁矿、镍黄铁矿、黄铁矿、紫硫镍铁矿、黄铜矿为主，镍品位 0.47%～1.64%，铜品位 0.24%～1.66%，最高标高 5485m，最低标高 4570m，露天坑高 915m；探明镍金属储量 603 万 t，铜金属储量 389 万 t，伴生钴、银、铂族等二十余种有价元素。矿床镍金属储量占全国总储量的 79%，钴金属储量居全国第二位，铂族贵金属资源储量占全国储量的 80%以上。矿体走向长 6500m，宽 20～530m，最大延深超过 1100m；矿体被压扭型断层错断为 4 段，形成四个矿区。一矿区最早开采(1964年)，早期为露天开采，后转入地下开采。二矿区为主矿区，镍金属储量占全矿 3/4，采用下向分层进路胶结充填采矿法开采，开采规模 300 万 t/a。

(10) 紫金山金铜矿(铜矿部分)

位于福建省上杭县境内，隶属紫金矿业集团股份有限公司。紫金山金铜矿床是个典型的高硫化浅成低温热液矿床。铜矿体位于紫金山复式岩体的中下部，为隐伏矿体，主要分布于复式岩体中的碎裂中细粒花岗岩和细粒花岗岩中，矿体规模巨大，展布面积 1.40km^2，达大型规模；铜矿石以蓝辉铜矿和硫砷铜矿为主，平均品位 0.72%。已探明的铜金属储量为 200 万 t，采用大直径深孔阶段矿房法开采。

(11) 阿舍勒铜矿

位于新疆阿勒泰地区哈巴河县境内，隶属新疆阿舍勒铜业股份有限公司。铜矿矿体金属矿物主要有黄铁矿、黄铜矿、闪锌矿，铜品位 2.43%，锌品位 1.32%；矿石储量达 3800 万 t，其中铜金属量达 91.94 万 t，锌金属量为 40.83 万 t，伴生金 18t，银 1174t。采用大直径深孔空场嗣后充填采矿法等开采。

(12) 甲玛铜多金属矿

位于西藏拉萨市墨竹工卡县境内，隶属西藏华泰龙矿业开发有限公司。采用露天与地下联合开采方式，设计开采规模为 1260 万 t/a，其中角岩型矿体(露天开采)的生产规模为 600 万 t/a，夕卡岩型矿体(地下开采)的生产规模为 660 万 t/a，地下开采方法为充填法。目前尚未达产。

(13) 玉龙铜矿

位于西藏昌都地区江达县境内，地处三江地区玉龙斑岩铜钼矿带，隶属西藏玉龙铜业股份有限公司。主要金属矿物为黄铜矿、黄铁矿和辉铜矿，铜品位 0.94%；已探明铜金属储量 650 万 t，钼金属储量 35.67 万 t，开采方式为露天开采。2005 年动工建设，2010 年一期工程建成，年产铜 3 万 t，预期 2017 年底二期工程建成，年产铜 5 万～10 万 t。

(14) 普朗铜矿

位于云南省迪庆藏族自治州香格里拉县，隶属中国铝业公司控股的云南铜业(集团)有限公司。采矿范围内有 2 个矿体，埋深在+4300m 至+3100m 标高之间。主矿产铜矿，伴生金、银、钼、硫铁矿，铜矿石平均品位 0.51%，探明保有矿石资源储量 2.795 亿 t，铜金属量 143.76 万 t。一期设计采选规模 1250 万 t/a，采用露天地下联合开采方式，以地下开采为主，露天开采为辅，地下开采采用自然崩落法。2017 年 3 月，完成一期采选工程投料试车后，进入边基建边试生产阶段。

(15) 驱龙铜矿(在建)

位于西藏拉萨市墨竹工卡县境内，隶属于西藏巨龙铜业有限公司。矿床为典型斑岩型铜矿，矿体水平剖面 1800m×1000m，赋存标高+5485m 至 4570m；金属矿物以黄铜矿为主，平均品位 0.383%，矿石资源总量 18.79 亿 t，铜金属储量 719 万 t，是中国第一大铜矿；设计开采规模 3300 万 t/a，开采方式为露天开采，露天坑高 915m。

(16) 喀拉通克镍矿

位于新疆维吾尔自治区阿勒泰地区富蕴县境内，隶属新疆新鑫矿业股份有限公司。矿床类型为铜镍硫化物矿床，保有矿石储量 1721 万 t；主要金属矿物有镍、铜，伴生有钴、金、银、铂及钯等多种贵重金属矿物；矿石平均品位 3.2%；探明铜金属储量 8.7 万 t，镍金属储量 15.6 万 t。采用水平分层进路式胶结充填法开采，开采规模 178 万 t/a。

(17) 煎茶岭镍矿

位于陕西省汉中市略阳县境内，隶属陕西煎茶岭镍业有限公司。矿床类型为硫化镍矿床，探明的镍矿石储量为 3735.3 万 t，平均品位 0.687%，镍金属储量 25.67 万 t。采用下向分层胶结充填法进行回采，开采规模 73 万 t/a。

(18) 元江镍矿

位于云南省玉溪市元江县境内，隶属云锡集团元江镍业有限责任公司。矿床类型为红土镍矿床，探明矿石储量 4700 万 t，平均品位 1.1%，镍金属储量 53 万 t。采用露天开采，年生产镍金属 5000t。

(19) 吉恩镍业

位于吉林磐石市境内，隶属吉林昊融有色金属集团有限公司。矿床类型为硫化镍矿床，探明的镍矿石储量为 700 万～800 万 t，平均品位 0.6%～1.7%，镍金属储量 6 万～7 万 t。采用尾砂胶结充填法进行回采，开采规模约 40 万 t/a。

铅锌矿、锡矿

(1) 栖霞山铅锌矿

位于江苏省南京市境内，隶属南京银茂铅锌矿业有限公司。铅锌矿石储量 1235.67 万 t。矿石矿物主要有闪锌矿、方铅矿、黄铁矿、菱锰矿、黄铜矿；矿石平均品位铅 5.27%，锌 8.11%，硫 27.15%，银 105.01g/t，金 1.06g/t；锌金属储量 100.18 万 t，铅金属储量 65.06 万 t，采选生产能力 35 万 t/a，采用上向分层充填法开采。

(2) 厂坝铅锌矿

位于甘肃省陇南地区成县境内，包括厂坝、李家沟和小厂坝三个矿区。2009 年 11 月三个矿区资源整合后，新成立了甘肃厂坝有色金属有限责任公司。厂坝-李家沟矿床为沉积变质型矿床，主要矿石矿物有闪锌矿、方铅矿、黄铁矿等，铅锌平均品位 6.67%；矿石总量 1.18 亿 t，铅+锌金属总量 788.61 万 t。采矿规模为 300 万 t/a，采用充填采矿法。

(3) 东升庙矿业

位于内蒙古自治区巴彦淖尔市乌拉特后旗境内，隶属内蒙古东升庙矿业有限责任公司。原名内蒙古东升庙硫铁矿，系大型锌多金属硫铁矿床，硫铁矿石储量 2.13 亿 t。铅锌矿含铅 1.3%，含锌 5.5%，含硫 16.2%，铜矿石含铜 0.89%；探明锌金属储量 483 万 t，铅金属储量 96 万 t，铜金属储量 10 万 t。分段凿岩阶段矿房采矿法为主，浅孔留矿采矿法为辅，生产规模为采选铅锌铜矿 80 万 t/a。

(4) 三贵口铅锌矿

位于内蒙古自治区巴彦淖尔市乌拉特后旗境内，隶属紫金矿业集团股份有限公司的控股子公司——乌拉特后旗紫金矿业有限公司。已探明铅锌矿石储量 8805 万 t，其中铅平均品位 0.53%，锌平均品位 2.34%；锌金属储量 205.69 万 t，铅金属储量 46.69 万 t；采用分段出矿中深孔连续回采采矿方法开采，采矿规模为 330 万 t/a。

(5) 凡口铅锌矿

位于广东省仁化县境内，隶属中金岭南有色金属股份有限公司。矿床类型为碳酸盐岩型矿床，主要矿石矿物为黄铁矿、闪锌矿、方铅矿，铅平均品位 4.89%、锌平均品位 9.12%。探明铅金属储量 279 万 t、锌 549 万 t，共生硫铁矿 3000 多万吨(矿石量)以及丰富的铜、银、金和稀散金属矿产。采用以普通上向分层充填采矿法为主的采矿方法，采选生产能力 170 万 t/a。

(6) 云南金鼎锌业

位于云南省怒江州兰坪县境内，隶属云南金鼎锌业有限公司。探明铅锌矿石储量约为 1.35 亿 t；铅锌合计品位达 9.44%；铅+锌金属储量 1547.61 万 t，其中铅 263.54 万 t，锌 1284.06 万 t。采矿方法为露天与地下联合开采，露天采矿规模为 70 万 t/a，地下采矿规模为 60 万 t/a。

(7) 锡铁山铅锌矿

位于青海省海西州天峻县境内，隶属西部矿业股份有限责任公司。矿产类型为特大型变质多金属矿床，主矿体为急倾斜矿体，铅、锌矿品位高，并伴生金、银、铜、锡等。原矿品位：铅 3.65%，锌 4.56%，硫 14.85%，金 0.44g/t，银 44.50g/t；探明铅金属储量 149 万 t、锌金属储量 181 万 t。采用充填采矿法，开采规模为 150 万 t/a。

(8) 康家湾铅锌矿

位于湖南省常宁市境内，隶属湖南水口山有色金属集团公司。矿床为铅锌金银盲矿床，矿石储量 1669 万 t，平均品位：铅+锌 12.97%，金 8.47g/t，银 192.38g/t；探明铅金属储量 65 万 t，锌金属储量 74 万 t，黄金 46t，白银 1652t。采矿方法为上向水平分层胶结充填法，1981 年开工建设，1995 年建成投产。

(9) 会东铅锌矿

位于四川省凉山州会东县境内，隶属四川省会东大梁矿业有限责任公司。主要矿床为大梁子铅锌矿床，金属矿物主要是闪锌矿、方铅矿；矿石储量 1718.6 万 t。矿床由两个矿体组成，Ⅰ号矿体为主矿体，占总储量的 99%；矿体的平均品位锌 10.47%，铅 0.75%；铅金属储量 12.9 万 t，锌金属储量 225.3 万 t，还有银、镉、锗、镓等多种贵金属矿物。采用上向进路充填法回采，生产规模 45 万 t/a。

(10) 大排铅锌矿

位于福建省永定县境内，隶属龙腾地质矿业有限公司。矿石类型主要为氧化铅锌矿和硫化铅锌矿，铅+锌平均品位 5.03%，探明矿石储量 2115 万 t，其中铅金属储量 43.22 万 t，锌金属储量 63.31 万 t。采用浅孔房柱法开采。

(11) 青城子铅锌矿

位于辽宁省凤城市境内，隶属丹东青城子矿业有限公司。属于高家堡子-杨树金银多金属矿化带，为大型铅锌矿床，金属矿物主要有黄铁矿、方铅矿、闪锌矿、磁黄铁矿、辉钼矿、黄铜矿等。锌平均品位近 10%，铅平均品位 4.7%。探明铅锌金属储量 150 万 t，金 200 余吨，银 1100 余吨。采用全面空场法开采。

(12) 个旧锡矿

位于云南省个旧市境内，隶属云锡集团公司。中国最大锡矿，汉代以后就有开采。属特大型锡多金属矿床，锡矿石类型主要有锡石-硫化物型原生锡矿(含硫化矿的氧化矿)和岩溶堆积黏土型砂锡矿；累计探明有色金属储量 476 万 t，其中锡金属储量 172.11 万 t。采用的采矿方法有方框支柱充填法、分层崩落法、分段崩落法和留矿法。

(13) 黄岗铁锡矿

位于内蒙古克什克县境内，隶属内蒙古黄岗矿业有限责任公司。夕卡岩型铁锡矿体，赋矿岩石为夕卡岩化大理岩；矿石中主要金属矿物有磁铁矿、锡石，锡平均品位 0.31%，探明锡金属储量 45.55 万 t。采矿方法有分段空场嗣后充填法、分段空场法、浅孔留矿法。

(14) 大厂锡矿

位于广西南丹县境内，隶属广西华锡集团，包括铜坑和高峰两个矿区。铜坑有三个矿体，即细脉带矿体、91 号和 92 号矿体，总矿石储量 7204.2 万 t。其中，细脉带矿体矿石储量 1527.7 万 t，平均品位 0.55%；91 号矿体矿石储量 1288 万 t，平均品位 1.44%；92 号矿体矿石储量 4388.5 万 t，平均品位 0.71%。高峰矿矿石储量 300 万 t，平均品位 1.44%～2.22%。全矿探明锡金属量 137 万 t。铜坑矿采用无底柱分段崩落法开采，高峰矿采用下向分层空场嗣后充填法开采。

黄金矿

(1) 紫金山金铜矿(金矿部分)

位于福建龙岩县境内，隶属紫金矿业集团股份有限公司，是一个典型的上金下铜、金矿床和铜矿床均达到特大型规模的斑岩型矿床。海拔 600m 之上是金矿、600m 以下是铜矿。截止到 2006 年，探明保有金矿矿石储量 3.33 亿 t，平均矿石品位 0.52g/t，黄金金属储量 173.6t。20 世纪 80～90 年代，采用平峒进路开采，2000 年全面改为露天开采，采用堆浸方法回收金金属，年产黄金 10.55t。

(2) 三山岛金矿

位于山东省莱州市境内，隶属山东黄金集团公司。矿床类型为构造带蚀变岩型金矿床。矿石中的金银系列矿物主要为银金矿，其次是自然金，少量金银矿和自然银，为低硫金矿石。目前，探明的矿石保有储量为 1.34 亿 t，金平均品位 3.84g/t，保有黄金金属储量 513.68t。1984 年建矿，1991 年正式投产。采用脉外采准机械化盘区及宽进路式充填采矿方法开采，采选规模为 8000t/d，年产黄金 7.83t。

(3) 焦家金矿

位于山东省莱州市境内，隶属山东黄金集团公司。矿床类型为构造带蚀变岩型金矿床。矿石中的金银系列矿物主要为银金矿，其次是自然金，少量金银矿和自然银，为低硫金矿石。目前，探明的矿石保有储量为 2632 万 t，金平均品位 3.42g/t，保有黄金金属储量 89.9t。1975 年建矿，采用充填采矿方法开采，采选规模为 6000t/d，年产黄金 7.04t。

(4) 锦丰金矿

位于贵州省黔西南州贞丰县境内，隶属贵州锦丰矿业公司。矿产成因属于典型的

“卡林”型金矿，矿石属于微细粒浸染型难选冶类型，矿石平均品位 3.68g/t，探明矿石储量 2530 万 t，黄金金属储量 110t。2007 年投产，原采用露天地下联合开采，采矿能力 120 万 t/a。2015 年 5 月露天矿成功闭坑，继而全部采用地下开采，生产能力减为 80 万 t/a，采矿方法为充填法，年产黄金 5.23t。

(5) 北衙金矿

位于云南省鹤庆县境内，隶属鹤庆北衙矿业有限公司。矿床类型为与浅成斑岩体有关的斑岩金、铅、锌多金属矿。矿石类型主要有硫化物矿石、氧化物矿石、混合型矿石和红土型矿石。截止到 2010 年，探明保有金矿石储量 2583 万 t，矿石平均品位 2.11g/t，黄金金属储量 54.2t。采矿方法为露天开采，年产黄金 5.04t。

(6) 新城金矿

位于山东省莱州市境内，隶属山东黄金集团公司。矿床成因类型属破碎带蚀变岩型金矿床，矿体赋存在构造断裂带中。金属矿物以可视的黄铁矿占绝对数量，并有极少量见的方铅矿、黄铜矿、闪锌矿等；贵金属矿物有自然金、银金矿、自然银、辉银矿。金矿物以银金矿为主，截止到 2016 年底，探明保有矿石储量 1559 万 t，黄金金属储量 43.435t。采用机械化盘区上向进路式充填采矿法回采，采选规模为 6000t/d，年产黄金 4.27t。正在建设的新城金矿新矿区，设计利用资源量 3680 万 t，金平均品位 3.08g/t，金金属量 113.3t。

(7) 玲珑金矿

位于山东省招远市境内，隶属山东黄金集团公司。矿床成因类型为石英脉型(玲珑式)金矿床，近年来深部陆续发现蚀变岩型金矿。全矿田有 200 余条矿脉。矿石中金属矿物以银金矿、自然金、黄铁矿、黄铜矿为主，化学成分主要为金，其次有铜、银、硫。玲珑金矿田开采历史悠久，自 1007 年起即有朝廷督办采金活动；1962 年成立冶金工业部招远金矿，为新中国最早的国营金矿。目前保有矿石储量 5323.2 万 t，品位 3.14g/t，黄金金属储量 167t。采矿方法最初采用浅孔留矿法，进入深部后采用分段崩落嗣后充填或进路充填法，采选生产规模 4000t/d，年产黄金 3.81t。

(8) 夏甸金矿

位于山东省招远市境内，隶属招金矿业股份有限公司。矿床成因类型属破碎带蚀变岩型金矿床，矿体赋存在构造断裂带中。主要的载金矿物为黄铁矿，其次为黄铜矿、方铅矿和闪锌矿。含金矿物以银金矿为主。现已探明矿石储量 3200 多万吨，黄金金属储量 105t。目前采选生产能力为 4500t/d，年产黄金 3.78t。

(9) 夹皮沟金矿

位于吉林省桦甸市境内，隶属中国黄金集团公司。矿体形态主要为脉状、扁豆状、似脉状和板状，多数自然金呈包裹体赋存于黄铁矿或石英中，少数在黄铜矿、方铅矿、磁黄铁矿之中，呈裂隙与间隙金出现；全矿区金平均品位 25.22g/t，伴生银 52.5g/t，铜 11%，铅 3.324%，锌 12.65%。累计探明黄金金属储量 150t 左右。采用硐室式削壁充填采矿法开采，综合采选能力 5700t/d，年产黄金 2.0t。目前开采深度已达 1500m。

(10) 灵宝黄金矿业

灵宝市是中国第二大产金省河南省的主要产金基地，矿床类型以蚀变岩型和石英脉型为主。区内有隶属中国黄金集团公司的文峪金矿(矿石储量 181 万 t，品位 4.9g/t，年产黄金 1.5t)，秦岭金矿(矿石储量 122 万 t，品位 4.23g/t，年产黄金 0.6t)；隶属灵宝黄金股份有限公司的灵宝南山子公司(矿石储量 833 万 t，品位 5.14g/t，年产黄金 2.36t)，桐柏兴源子公司(矿石储量 547 万 t，品位 4.84g/t，年产黄金 1.69t)，鸿鑫金矿(矿石储量 150 万 t，品位 6.66g/t，年产黄金 0.4t)；灵宝市政府主办的金源矿业有限责任公司，下属鑫灵、鼎立、鼎胜、鑫宝四个分公司，矿石储量 1600 万 t，品位 2.0～4.0g/t，年产黄金约 3.0t。以上合计，灵宝市全区黄金矿石储量 3433 万 t，金属储量 157.3t，年产黄金 9.55t。

第4章 金属矿深部开采动力灾害预测与防控

4.1 开采动力灾害类型和金属矿岩爆研究的主要问题

4.1.1 矿山开采动力灾害类型

矿山开采动力灾害(mining induced dynamic disaster)是由矿山开采动力过程引发的各类矿山灾害的统称，包括冲击地压、岩爆、矿震、塌方、冒顶、突水、煤与瓦斯突出等[1,2]。

冲击地压指在一定条件的高地应力作用下，井巷或工作面周围的岩体由于弹性能的瞬时释放而产生破坏的矿井动力现象，常伴随有巨大的声响、岩体被抛向采掘空间和气浪等现象。岩爆和矿震是矿山冲击地压的两种主要形式，岩爆是应变能型的冲击地压，主要发生在硬岩矿山，如金属矿山；大的矿震基本上都是断层活动(错动)型冲击地压，主要发生在煤矿。

冒顶是指采场或巷道等地下空间上部部分岩体或矿体与原始岩层或矿层脱离，并在重力作用下垮塌、塌落、陷落的过程或现象。

突水是指在掘进或采矿过程中当巷道揭穿导水断裂、富水溶洞、积水老窿，大量地下水突然涌入矿山井巷的现象。

煤与瓦斯突出是指在压力作用下，破碎的煤与瓦斯由煤体内突然向采掘空间大量喷出，是另一种类型的瓦斯特殊涌出的现象。

岩爆和矿震等伴随采矿过程发生的动力灾害，因其发生地点具有“随机性”、孕育过程具有“缓慢性”、发生过程具有“突变性”，对矿山开采安全威胁极大。在金属矿深部开采过程中，随着地层中应力水平的增高，地层岩体处于强压缩状态，岩体对工程扰动更加敏感，开挖或开采扰动作用引起的动力学响应更加剧烈，诱发各种动力灾害的危险性显著增加，其中岩爆灾害威胁尤为突出。因此，开采动力灾害(岩爆)的有效预测和防控对深部金属矿资源安全高效开采具有重要意义。

4.1.2 金属矿岩爆研究的主要问题

4.1.2.1 岩爆研究的历史概述

尽管从 20 世纪初开始就有人研究岩爆，但直到 20 世纪 70 年代第二次工业革命爆发之后，各种地下工程开始大量出现，与高地应力紧密相关的岩爆活动出现的频率也逐渐增高，岩爆作为岩石力学的一个研究方向才受到广泛的关注。1977 年，国际岩石力学机构专门成立了一个岩爆研究小组，成员包括德国、印度、波兰、苏联、捷克斯洛伐克和法国等国的专家。该研究组收集整理了当时世界各国有关岩爆事件的详细资料和数据，并且以此为基础，编写了《1900～1977 年岩爆注释资料》。与此同时，国际岩爆与微震活动学术研讨会自 1982 年第 1 次在南非发起，先后召开了 7 次会议并出版了会议论文集。目前，国际上在岩爆方面的研究工作开展得较好的国家主要有南非、俄罗斯(苏联)和挪威等欧洲国家。南非的岩爆研究工作开展得较早，早在 1908 年就成立了专门委员会研究深部岩爆问题，研究工作的很大一部分重点被置于施工现场的监测。在 1953 年，由南非科学和工业研究委员会组成的一个专家组，开始对岩爆问题进行全面系统的研究。数年后，在东兰德矿业公司的矿山建立了一个井下地震监测网，深入研究岩爆发生的机制。苏联在 70～80 年代在岩爆研究方面取得了比较丰富工程经验，国内在 80 年代初期的很多岩爆文献，都是从苏联的各种刊物中摘取翻译过来的。在预测和工程防护方面都有很多值得借鉴的成果，并且也曾经对有岩爆危险的工程施工进行了一些技术上的总结。近年来德国、俄罗斯、波兰、加拿大等国的最大开采深度早已超过 1000m，考虑到采矿工程中岩爆的危险性，有学者针对有岩爆危险的矿山开采技术和结构参数优化方法、支护措施等展开研究[3-9]。

在国内，1980～1988 年这一段时间是国内岩爆研究的萌芽阶段，该阶段研究文献以介绍岩爆现象、施工措施为主。对具体的灾源机理等问题，由于受到各种条件的制约，尚未有深入的认识。与此同时，以《采矿技术》为代表的一些刊物开始翻译一些国外相关论文，将外国技术和科研成果引入中国。1989～2002 年是我国岩爆研究的早期发展阶段，在这一时期研究文献的数量得到了很快的增长，所探讨的问题涉及判据、施工技术和机理等方面，其中蔡美峰等针对深部开采动力灾害提出了以地应力为主导的基于能量聚集和演化进行矿震、岩爆等开采动力灾害预测和防控研究的方法；谭以安[5]等提出了分层渐近破坏理论，对后来研究有重要影响。2003～2009 年是国内岩爆研究的中期发展阶段，有学者提出对冲击地压、岩爆和矿震这 3 个术语区别使用[10]，确定了岩爆研究对象，并开始从动力学角度对岩爆问题进行探讨[11]。自此，岩爆研究文献的角度和各种方法开始逐渐清晰。2010 年至今是岩爆研究的后期快速发展阶段，2011 年 7 月 8～9 日，中国科协在北京举行“岩爆机理探索”学术沙龙，把岩爆的机理及其预测预警作为我国岩石力学领域必须解决的关键科学问题。这一时期的国外翻译文献逐步减少，国内综述性文章逐步增多。国内大批学者对这一领域的探索研究，为岩爆灾害预测防控方面积累了大量数据资料。

4.1.2.2　岩爆研究的主要问题

通过梳理国内外有关岩爆研究的文献，总结出国内外岩爆研究的主要问题和方向集中体现在以下几个方面。

1) 岩爆孕育诱发机理

岩爆机理研究是揭露岩爆发生的内在规律，确定岩爆发生的原因、条件和作用，是预测预报和控制岩爆发生的理论基础，是国内外学术界和工程界的重要研究内容。

2) 岩爆的预测预报

岩爆预测预报是为岩爆防治工作确定岩爆发生的时间、地点、烈度等信息。目前岩爆预测的方法主要有两种，一种是根据先验信息和某种判据(强度、能量、综合指标等)，判断工程围岩的岩爆倾向性和可能性，这一方法注重岩爆判据和准则的研究；另一种是通过现场监测采矿过程中围岩的某种参数和先兆现象(应力应变、微震、声发射、电磁辐射等)，为岩爆发生的可能性和烈度进行预警和评估。

3) 岩爆的防控技术

岩爆防控技术，一方面研究如何通过改变岩爆发生的内因和外因条件来防止和控制岩爆的发生；另一方面对于无法避免的岩爆，研究采取何种防护措施来保证生产安全。

4.2 国内外金属矿岩爆发生的概况和特征

4.2.1 工程岩爆的总体特征

根据国内外各种对工程现场描述的记录，岩爆发生时，洞壁处岩体会突然产生爆裂响声，碎石有时会随响声而突然崩裂，有时开裂和脱落中间会有一定滞后性，会间隔数十分钟至几小时不等，最长可达近一年。爆裂的岩石有时会以很大的初速度弹射爆裂出来，弹射距离可达数米。碎石的尺度多为厘米级，但某些情况下也会弹射或脱落出尺寸超过 1m 的较大岩块；破坏程度最小的可以是很小岩块的剥落，较严重情况下的会出现拱顶岩石的坍塌，有时甚至可导致整个巷道的完全闭合。某些岩爆具有持续性，同一地点在发生岩爆之后会反复产生岩石劈裂的声响和岩块的弹落，有时时间可长达一年之久，不同的工程中岩爆的表现形式也各有不同。

4.2.2 国外金属矿山岩爆概况

近百年来岩爆危害几乎遍布世界各采矿国家，德国、南非、苏联、美国、波兰、印度、加拿大、日本、澳大利亚、意大利、捷克、匈牙利、保加利亚、瑞典、挪威、新西兰、法国、比利时、荷兰、南斯拉夫、土耳其和中国等二十多个国家和地区都记录有岩爆现象(表 4-1)。随着开采深度的增加和采掘规模的日益扩大，岩爆的频度和强度也日益增大[12-20]。

在亚洲，印度的 Kolar 曾发生过多次灾难性岩爆，目前记录最早的金属矿深井岩爆即于 1900 年发生在该矿山，该矿 1962 年数天记录显示岩爆破坏区高度 500m，走向长度 300m，并引起里氏 5.0 级地震。印度的其他几个金矿，如 Uundydroog 金矿、Championreef 金矿和 Mysore 金矿也在开采过程中出现了岩爆灾害。此外，澳大利亚卡尔古利(Kalgoorlie)地区矿山岩爆灾害也比较频繁，20 世纪 80 年代之后，Mount Charlotte 矿发生过六次重大岩爆灾害，震级(里氏)在 2.5～4.3。

表 4-1　国外金属矿山部分岩爆实例

矿山	岩爆发生位置及时间	矿山类型	备注(资料来源)
南非 Welkom	1976 年 12 月	金矿	M_L=5.1
印度科拉尔矿区	1962 年，爆破坏区高度 500m，走向长度 300m	金矿	M_L=5.0 Karekal，2005[15]
加拿大安大略省波丘潘金矿区	1200～1800m(1963 年)	金矿	徐曾和等，1996[11]
加拿大安大略省萨德伯里矿区	1200m(1965 年)	镍、铜矿	徐曾和等，1996[11]
加拿大 Brunswick 矿	326 联络巷，距地表 892m(2000 年)	锌、银、铜矿	杨志国等，1996[9]
加拿大安大略基尔兰德湖区 Lake Shore Gold 矿	断层型岩爆，深度 630m (1939 年)		M_L=4.4 杨志国等，2016[9]
加拿大 Saskatchewan 矿区	开采 1000m 以下(1985 年)	钾矿	M_L=2.3～3.6 Hasegawa，1989[16]
美国幸运星期五矿区	北部控制断层(1991 年 9 月 17 日)	银铅矿	M_L=2.5～4.1 李爱兵等，1999[18]
美国爱达荷州克达伦矿区	斯塔尔矿区 1200m 附近 (1967 年) 加里纳银矿区 1800m 附近 (1967 年)	铅、锌、铜矿	徐曾和等[11]
苏联塔什塔戈尔铁矿	岩爆频发区：1000m 附近 (1978 年)	铁矿	郭树林等，2009[10]
苏联 Kirovsk 矿区	1989 年 4 月 16 日	磷灰石矿	M_L=4.2 Gibowicz，1998[17]
波兰 Lubin 矿区	1977 年 3 月 24 日	铜矿	M_L=4.5 Gibowicz，1979[17]
瑞典 Garpenberg 矿区	1974 年 8 月 30 日	铁矿	M_L=3.2 Bath，1984[20]

注：表中 M_L 为岩爆震级。

在北美，首次金属矿山岩爆于 1904 年发生在美国密歇根州区的亚特兰铜矿，1906 年发生的岩爆曾引起里氏 3.6 级的地震，造成铁轨弯曲，矿山停工；美国爱达荷州的加里纳银矿区发生多次岩爆灾害，该矿区从 1984 年之后的 4 年中，因为岩爆受伤 23 人，死亡 6 人。另外，美国的幸运星期五矿和 Galena 矿也曾发生过较大规模的岩爆。加拿大安大略省的萨德伯里(Sudbury)和柯克兰湖(Kirkland Lake)均发生过严重的岩爆灾害，部分矿山因此而关闭，其中萨德伯里矿区铜镍矿发生的最大岩爆震级 M_L=3.8，加拿大布伦瑞克(Brunswick)锌银铜矿 2000 年 10 月 13 日在距地表 892m 中段发生岩爆，造成支护锚杆和铁丝网产生破坏，巷道上部的岩体塌落，破碎成块状，破坏的高度达 6m。

在南美，20 世纪 90 年代开始矿山岩爆灾害频频发生，智利的 El Teniente 铜矿 1989～1992 年先后 4 次因强烈岩爆而停产，其中最强烈的一次是 1992 年 3 月发生的岩爆，造成了上百米巷道垮落，停产时间长达 22 个月。另外，南美最深的 Morro Velho 金矿由于岩爆灾害严重已经停止开采。

在非洲，南非是世界上地下开采最深的国家，南非的 Klerksdorp 矿区、Western Deep Levels 矿区、Welkom 矿区、Verdefort 矿区和 Carletonville 矿区等开采深度都在 2000m 以上，最大开采深度已超过 4000m。自 1908 年开始其金矿开采深度进入 1000m 以下以来，岩爆一直伴随其开采活动不断发生，各矿区均产生了严重的岩爆，南非金矿是世界上发生岩爆最多的地方，仅在 1975 年，南非的 31 个金矿就发生了 680 次岩爆，造成 73 人死亡和 4800 个工班的损失。1976 年 12 月发生在南非 Welkom 城的岩爆地震震级 M_L=5.1，造成地面一栋 6 层楼房倒塌。另外记录显示赞比亚的谦比西铜矿岩爆灾害也很严重。

在欧洲，苏联塔什塔戈尔铁矿自 1959 年记录岩爆 530 次，严重时爆能达 100～1000MJ，1978 年岩爆造成长 40m 的巷道内轨道翘起的幅度达到 0.7～0.8m；苏联的北乌拉尔铝土矿在 1983～1992 年 10 年间，全矿区各地下矿出现了 155 次破坏生产巷道的岩爆，其中三次释放的能量超过了 10^8J，震中震级按 MSK-64 等级表示大约为 5 级。另外还有德国鲁尔矿区、波兰卢宾铜矿、英国的 Boulby 矿都发生过剧烈岩爆灾害。

4.2.3 我国金属矿山岩爆现状

从国内外矿山关于开采动力灾害的统计资料看，围岩弹性能释放引起的动力灾害事故，更多发生在煤矿中。我国的首次岩石动力灾害记录发生在辽宁抚顺胜利煤矿，当时开采深度为 200m，矿床埋深较浅。与煤矿冲击地压相比，硬岩金属矿山只有当采深足够大时才具有发生岩爆，特别是灾害性岩爆的可能(表 4-2)。

1) 冬瓜山铜矿岩爆

冬瓜山铜矿矿床位于地表以下 1000m 处的夕卡岩层中，该矿不仅埋深大，而且原岩应力高，矿体结构好，矿岩坚硬，具备了岩爆发生的基本条件。在该矿深部矿井开拓过程中，岩爆灾害时有发生。以下是部分记录到的岩爆事件[21,22]：1997 年 1 月，–730m 中段盲措施井施工中首次出现弱岩爆现象；1999 年 3～5 月，–790m 向上斜坡道与运输巷交汇处施工期间发生岩爆，采用锚杆网支护后，锚杆被切断；1999 年 3 月，–850m 水平巷道侧帮顶板发生岩爆，有明显爆裂声，历时 20 余天，造成大量锚杆网支护被破坏；1999 年 5 月，–875m 水仓施工过程中，巷道直角拐弯处，顶板发生岩爆，面积为 10～15m^2。

2) 红透山铜矿岩爆

红透山铜矿发生的中等岩爆产生的破坏性较大，在国内硬岩金属矿山中最具代表性。该矿岩爆的表现形式主要为岩块弹射、坑道片帮、顶板冒落等[23,24]。岩爆现象从采深 400m(+13m 中段)开始出现，开采深度达到 700m(–287m 中段)以后岩爆逐渐频繁起来，几乎每年都有岩爆发生。近 10 年来矿山岩爆的统计资料显示，开采深度为 1077m 的–647m 中段是红透山铜矿岩爆发生的主要地段，有记录的岩爆约有 90%发生在该中段，采场和采矿设备曾多次遭到破坏。如 2002 年 1 月 24 日在–647m 中段 3 采区发生的岩爆，巷道出现小面积的落盘现象，崩落的岩石将铲车电缆砸断，致使装矿工作无法进行。2002年8月10日在647m中段9采区发生的岩爆，巷道顶板发生落盘，面积达10多平方米，采矿工作被迫停止。

3) 玲珑金矿岩爆

玲珑金矿目前开采深度约1150m。前期的岩石力学研究表明，该矿属于高地应力地区，开采地压活动频繁。实际在–620m、–670m、–694m中段的开拓过程中，已出现了显著的岩爆现象，尤其在–694m中段最为严重。在巷道施工过程中，围岩内部发出清脆的爆裂撕裂声，爆裂岩块多呈薄片、透镜、棱板状或板状等，均具有新鲜的弧形、楔形断口和贝壳状断口，并有弹射现象。施工结束后，巷道两帮的围岩又出现片状剥落现象，剥片的延伸大致与巷道壁面平行，破裂面的岩块厚度为0.4～9cm，剥片为中间厚度大致相等的板状岩片，向巷道侧帮内延伸约0.2～1m。现场调查发现，岩爆发生多位于掌子面附近以及工程交汇处[25]。

4) 会泽铅锌矿岩爆

云南驰宏锌锗股份有限公司会泽铅锌矿是我国一个千米深井矿山，8#矿体目前已开采至1261m水平，采深超过1000m，其高地应力、构造发育，上部的1331～1391m等中段具有中等到强烈岩爆倾向性，已在局部地段发生过小规模的岩爆事件，出现了岩芯饼化和巷道肩部剥离现象。记录显示2015年9月该矿深部井巷掘进过程中发生了多次岩爆，巷道出现小面积的落盘现象，有大块岩石崩落[26]。

5) 灵宝崟鑫金矿岩爆

灵宝黄金股份有限公司的崟鑫金矿随竖井井筒不断下掘，竖井施工深度距地表已达1500m，自井筒深360m(标高880m)开始，井壁开始出现不同程度的岩爆，且随着深度增加，岩爆事件逐渐加剧，岩壁片状剥落，属张裂松脱性岩爆[27]。

表4-2　我国部分金属矿山岩爆实例

矿山名称	目前采深/m	岩爆状况
红透山铜矿	1300	发生较强岩爆
会泽铅锌矿	1500	发生较强岩爆
冬瓜山铜矿	1100	发生中等岩爆
灵宝崟鑫金矿	1600	发生中等岩爆
二道沟金矿(夹皮沟金矿)	1500	发生中等岩爆
玲珑金矿	1150	发生中等岩爆
三山岛金矿	1050	发生轻微岩爆
玲南金矿	800	发生轻微岩爆

从上述岩爆发生的实况可以看出，随着金属矿开采深度的增大，高应力地压问题日益严重，岩爆频度和强度亦明显增大。目前我国金属矿山的深井开采工作刚刚起步，随着一大批矿山进入深部开采，发生岩爆的矿井数量将越来越多，岩爆规模和强度及其破坏性也将越来越大。

4.3 国内外岩爆预测与防控研究现状

4.3.1 岩爆理论预测与防控

理论分析法是对地下工程中的岩体取样进行分析，利用已建立的各种岩爆判据或指标进行岩爆预测。国内外学者根据各自观测到的岩爆现象，提出了若干种岩爆机理假设，尤其是近 30 年来，利用神经网络、系统工程科学、非线性科学、分形学、突变和混沌等理论方法，为岩爆发生机理的研究开辟了新途径，并取得了丰富的成果。目前岩爆的机理理论主要有刚度理论、强度理论、能量理论、失稳理论、岩爆倾向性理论、断裂理论、损伤理论、分形理论、突变理论、动力学理论等。学者根据不同的机理理论，建立了一系列岩爆判别准则，如强度准则(Russenes 判据、陶振宇判据等)、深度准则(临界埋深判据)、刚度准则、能量准则、失稳准则、结构准则、节理方向准则、岩性准则、完整性准则和综合准则等。除了这些准则外还有岩爆综合判别方法，即将某几类影响岩爆发生的指标列出，通过某一类可以进行模式识别的算法进行分析，得出一个单一的关于岩爆发生与否及烈度的指标；这些方法采用的理论方法有模糊数学理论、灰色理论、人工神经网络、支持向量机、可拓学、集对分析法、距离判别法、数据挖掘方法 AdaBoost 算法、AE 时间序列、属性数学理论以及模型试验法等，为岩爆预测提供了理论依据。在诸多文献中对上述理论都有较详细的阐述[2,3,6,10]，但由于岩爆灾害发生形式、地点的复杂性，相关预测的理论和方法尚无统一的认识，多数还停留在理论假设或经验的阶段。

近 20 年来北京科技大学蔡美峰院士及其团队一直致力于矿山开采动力灾害研究，在岩爆诱发机理及其预测理论和技术研究方面已经取得重要突破。早在 1995 年蔡美峰等便进行了山东新城金矿深部岩石力学与岩爆预测研究，在国内首次提出了开采动力灾害概念，以抚顺老虎台矿、山东玲珑金矿和吉林海沟金矿为依托工程的“深部开采动力灾害预测及其危害性评价与防治研究”获 2003 年度国家科学技术进步二等奖。近年来，蔡美峰等在大量工程实践基础上总结提出了以地应力为主导基于开采扰动能量的矿山冲击地压(岩爆、矿震)机理及其预测与防控技术[28-35]。该理论认为冲击地压是一种由采矿引发的动力灾害，是采矿开挖形成的扰动能量在岩体中聚集、演化和在一定诱因下突然释放的过程，这一过程是在地应力的主导下完成的。在采矿开挖活动之前，地层处于一种自然平衡的状态。采矿开挖活动打破了这种平衡状态，引起地应力向采矿开挖形成的自由空间的释放，形成“释放荷载”。正是这种“释放荷载”，才是引起采矿工程围岩变形和破坏的根本作用力(图 4-1)。具体到岩爆机理来分析，“释放荷载”导致围岩变形和应力重分布，形成应力集中，产生扰动能量。当岩体中聚集的扰动能量达到很高水平，并且在岩体由于高应力条件造成破裂或遇到断层等情况下，能量突然释放，就产生冲击地压，岩爆和矿震正是矿山冲击地压的两种主要形式。蔡美峰提出岩爆发生的两个必要条件：一是采矿岩体必须具有储存高应变能的能力并且在发生破坏时具有较强的冲击性；

二是采场围岩必须具有形成高应力集中和高应变能聚集的应力环境。

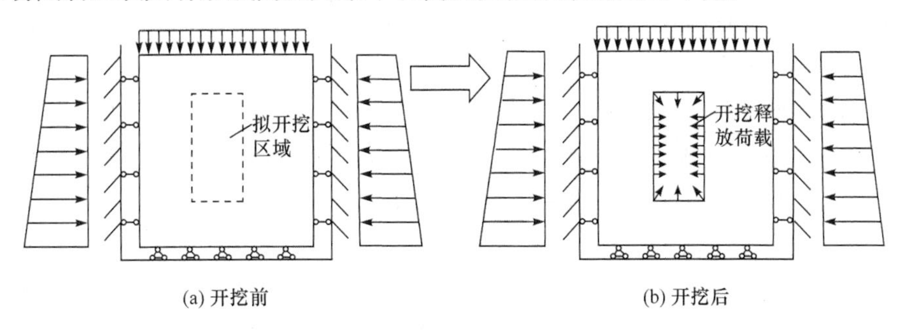

图 4-1　开挖释放荷载示意图

针对金属矿岩爆，根据矿山未来的开采计划，可以定量计算出未来开采诱发扰动能量的大小、时间(开采时间)和在岩体中的空间分布状况及其随开采过程的变化规律，就可以借助地震学的知识(地震能量与震级的关系式)，对未来开采诱发岩爆的发展趋势及其“时间-空间-强度”规律作出预测。在该理论指导下进行三山岛金矿未来开采诱发岩爆的趋势及其“时间-空间-强度”规律预测，现场情况与理论预测结果基本一致。

矿震由于受断层等构造影响，其开采扰动能量计算相比应变型岩爆要更加复杂，2000 年在“抚顺老虎台矿开采引发矿震研究”过程中，蔡美峰、纪洪广等通过对矿震灾害孕育的外围环境和力-能机理研究，提出了矿震震源体模型，将矿震震源体分为核心破裂体(岩爆体)、释能体以及周边“相关区域”[36]，并分析了矿震灾源体与区域构造、应力环境以及矿井开采深度、开采量、开采强度等多因素之间的定量关系，建立了矿震能量释放预测的“开采扰动势”模型。开采扰动势(G)大小与开采深度(H)和开采量(ΔV, 体积或重量)成正比，与开采位置到邻近控制性构造的垂直距离(L)成反比。通过老虎台历年矿震记录及其与之在时间上相对应的采矿数据记录(H, ΔV, L)的系统分析，采用回归等方法建立矿震能量和开采扰动势之间的定量关系，为矿震发展趋势和震级预测提供依据。2001 年初，根据老虎台矿未来开采到最终水平约 10 年的开采规划，得出未来开采扰动能量的定量分布，预测可得采矿诱发的最大震级为 3.8～4.0 级，不久即发生该矿历史上最大的 3.7 级矿震，后来由于采取项目组提出的防控措施，没有再发生更大震级的矿震。

根据上述岩爆发生机理，提出岩爆防控的核心在于减少采矿岩体中的高应力集中和高扰动能量的聚集，可以通过选择合理的采矿方法、优化开采布局和开采顺序、改善围岩应力分布，并采取适当的支护措施，避免采矿岩体中的应力集中和过量位移，从而减小和控制开采扰动能量的聚集及其对岩层和断层的扰动作用，减轻和控制岩爆的发生。

4.3.2　岩爆现场监测预测

目前，国内外对岩爆监测常用的方法有电测法、地震法、统计法、光弹法、回弹法、水分法、岩芯饼化率法、钻屑法、流变法、气体测定法、微重力法、微震法、声发射法和电磁辐射法等。此外还有学者提出大地层析成像法，地质雷达、红外线观测法等，但目前在国内尚未见到明确的应用实例。目前国内外对岩爆的预测主要是根据微震监测数据的采集和分析进行的。

1) 国外微震监测技术概况

自 20 世纪 60 年代起大规模的矿山微震研究在南非各主要金矿山展开，随后在波兰、美国、苏联、加拿大等采矿大国都先后开展了矿山地震研究，相继布设了微震监测系统，微震事件定位精度已达米级，且随着电子技术和信号处理技术的发展，多通道的微地震监测技术也开始得到应用。在微震的定位方法方面，国外学者发展了非线性算法，发明了牛顿法、Powell 法、Broyden 法、模拟退火法、遗传算法等。2000 年 Waldhauser 和 Ellsworth 提出了双差分定位法，使得定位结果比常规方法提高一个数量级，在国内外微震定位研究中得到了广泛的应用。目前国外主要的矿山微震监测系统产品有南非的 ISS 地震监测系统、澳大利亚的 IMS 系统、波兰的 SOS 系统、加拿大的 ESG 系统。微震监测系统已成为目前广泛应用的深井金属矿山安全监测的基本手段，据不完全统计，目前全球 20 多个主要矿业国家已安装约 150 套微震监测系统。微震技术、数字通信技术的不断升级，为地压活动研究和岩爆监测与预防提供了坚强的技术支撑。现在，南非的深部开采金矿基本上都建立了完善的岩爆监测系统，可以及时观测岩爆情况，采集岩爆数据，以便技术人员对岩体地压活动进行分析判断，并且定期提出分析报告，提出采取地压管理措施的建议。

2) 国内微震监测技术概况

目前我国矿山应用较成熟的主要是微震监测系统，冬瓜山铜矿引进了南非 ISSI 公司的 ISS 地震监测系统建立冬瓜山铜矿微震监测系统，采用微震监测作为岩爆与地压监测的主要手段，实现了对冬瓜山深井开采地震活动的连续监测，目前已累积了一定的监测数据，并利用取得的监测数据对矿山地震活动及岩爆与地压活动进行了初步研究。

凡口铅锌矿 2004 年引进加拿大 ESG 微震监测系统，该套微震监测系统为我国矿山行业第一套多通道、全数字型微震监测系统，它的投入使用也标志着我国矿山地压灾害的监测实现了全天候、数字化和信息化。

2007 年 8 月，云南驰宏锌锗股份有限公司会泽采选厂依托会泽矿区深部 8 号矿体建立了目前我国金属矿山的第三套全天候、全数字化 24 通道微震监测系统，实现了对深井矿山微震活动 24 小时连续的监测。

此外，2008 年，在湖南柿竹园地下金属矿山也引进了加拿大 ESG 公司的微震监测系统，监测深部高地应力集中区进行开采作业过程中的岩爆现象。2010 年玲珑金矿针对深部开采岩爆等动力灾害问题安装了南非的 ISS 微震监测系统。红透山铜矿针对岩爆等地压灾害频发现状，建立了深部地压微震监测系统。

4.3.3 岩爆防控技术现状

在岩爆防控方面，加拿大岩爆支护研究中心经过多年的努力设计的岩爆支护分析设计软件 MMO(Mine Map Overlay)，采用计算机来分析、计算并帮助现场工作人员做出决策，证明具有很大的优越性。挪威的研究结果对于支护措施曾给出如下建议：有的放矢地将喷锚支护重点放在最大主应力与洞室周边相切的部位，但锚杆必须与洞室周边相垂直；为避免地下洞室周边形状与最大主应力的不利组合，应使地下洞室的长轴方向与最大主应力的水平投影相平行，最多调整到 15°～30°夹角，则可得到最稳定的方位；调整地下洞室断面的几何形状以求洞室周边的最大长度处于应力均匀状态，使最小长度与最大主应力相切，从而把喷锚支护减少到最小范围。南非姆波尼格金矿采深达到 4350m，为应对深部开采动力灾害，采取以下防控技术措施：开采不再集中于一个地点，而是在各个区域均匀进行；留下了更多的岩石柱作为支撑，同时还进行大规模的回填；所有深井都安装了先进的监控系统——在井下岩石上钻孔安装的大量电池大小的传感器构成了庞大的监控网络，对监测到的高危险状态的矿区进行封闭。Kloof 金矿开采深度为 3500m，随着井下开采地压的增大，深井动力灾害发生也就越频繁。在灾害控制方面，其支护系统改为机械支柱、液压支柱和预应力组合木垛，同时采用充填支护。赞比亚的谦比西矿采矿深度为 900m，地质条件复杂，动力灾害严重。因此采取了一系列的措施，如采取凿岩支护：砂浆锚杆，锚杆间距 1m，然后采用长锚索挂网支护(长锚索间距 2m)，最后湿喷 10mm 厚的塑料纤维混凝土，还有采用预切顶技术措施，消除最上一分段上向炮孔爆破时顶板和侧帮夹制力的影响。智利的埃尔特尼恩特采矿深度为 1200m，是世界上最大的地下铜矿山，为应对动力灾害设置两条地下平行隧道，每条长度为 9km，直径为 8m，并通过 22 个导洞连接，建立纵向通风井和运输通道。英国的 Boulby 钾矿采用了采空区及矿柱应力数字微震实时检测系统和 CPL 公司的应力消除挖掘技术，为了解决 1200m 以下的高应力，将连续采矿机改造成遥控操作。加拿大安大略省 Brunswick 矿，Lake Shore 矿，萨德伯里地区 Crgeighton 矿，美国爱达荷州幸运星期五矿，南非 Mponeng 矿等典型的岩爆矿山在进入深部开采水平时均采用了胶结充填，极大改善了顶板和巷道的稳定性，消除了底柱的岩爆问题。美国白松铜矿埋藏深度 915m，采用盘区房柱采矿法降低开采处压力[37-41]。

国内矿山在岩爆灾害防控方面也取得较显著成果，主要有以下措施：

(1) 改变岩爆发生的内因条件。通过改变采掘工作面周围岩体的力学性质，使其降低或丧失岩石固有的岩爆倾向性。工作面岩层注水和岩层预处理爆破以及钻孔措施是目前应用效果较好的技术措施。

(2) 改变岩爆发生的外因条件。减小工作面周围岩体的应力集中，达到保持岩体稳定的目的。主要措施有选取合适的采矿方法，如充填和崩落采矿方法对减小岩爆发生的可能性相对有利，巷道形状和方位优化、巷道或采场的推进顺序优化、矿山井巷的总体合理布局以及控制爆破减少局部地段发生突变，从而改善围岩的应力条件。

(3) 当岩爆无法避免时，采取加强支护、对采场充填以及调整工作制度使岩爆发生高危期间无人作业和进行岩爆预报及时疏散处于危险工作面的人员等措施来减小灾害损失。

4.4 岩爆预测与防控研究的关键技术难题及其对策思路

4.4.1 岩爆预测与防控的关键技术难题

岩爆的预测、预报与防控是一项世界级的难题，目前在岩爆诱发机理及其预测理论和技术研究方面已经取得重要突破。通过开采动力学与地震学的紧密结合，基于开采扰动能量分析，已经能够实现对金属矿开采诱发岩爆的“时-空-强”规律作出理论上定量化的预测；在岩爆的防控方面，无论是理论、技术，还是设备，也都取得了实质性的进展。当前的主要问题是岩爆的实时监测和预报还缺少成熟的技术，准确的岩爆短期和临震预报还做不到。具体体现在以下几个方面：

(1) 岩爆监测的基础理论和技术设备还不完善，比如微震震源定位等基础理论方面还缺乏系统深入的研究。

(2) 岩爆灾害的监测信息(包括应力、应变、微震、电磁辐射等)与孕灾环境和诱发条件的相关性及其临界判别准则还不是很清楚，对监测信息的分析以及基于监测信息对灾害的预测预报方面还缺乏理论依据，准确的岩爆短期和临震预报还做不到。

(3) 岩爆灾害的防控技术手段单一，没有系统地建立起与高应力环境相适应的、有利于控制岩爆等动力灾害的采矿方法和工艺措施。

总的来说，岩爆的有效预测、控制与安全防护问题依旧是我国深部金属矿安全开发的关键性技术瓶颈。尽快破解金属矿深部开采岩爆预测、控制和综合防范等方面的科学与技术难题，实现对这类动力灾害的安全防护和有效控制迫在眉睫。

4.4.2 岩爆预测与防控的关键技术前瞻

岩爆能不能预报，关键在于能不能“看到”岩爆活动从孕育到发生的整个过程。一方面需要进一步深化研究岩爆孕育诱发的机理；另一方面需要依据岩爆诱发的机理，进行具有开拓性的更加深入的试验研究，开发出智能化可视化的岩爆精准探测与预报技术及设备，构建适宜的防控技术体系。

4.4.2.1 研发深部矿床地应力精确测量装备和技术

从本质上来讲，岩爆、矿震等动力灾害都是采矿开挖形成的扰动能量在岩体中聚集、演化和在一定诱因下突然释放的过程，这一过程是在地应力的主导下完成的，对岩爆准确的理论预测离不开对现场地应力的精确测量，因此首先需要解决的关键技术之一就是现场地应力精确测量与反演建模技术。

基于对深部地应力场与浅部地应力场分布特征的差异性的基本认识，深入探索随深度增加地应力场从线性岩层向非线性岩层过渡的发展规律和原位特征。由于岩体线弹性假设为前提的当前地应力测量理论在深部岩体地应力测量中将产生较大偏差，因此有必要在现有地应力测量理论基础上发展基于岩体非线性特征的地应力测量理论；并在此理论指导下考虑深部岩体高应力、高温度条件下应力-应变非线性和强度非线性特征及应力损伤发展规律，对现有空心包体应变计地应力测量法进行改进，使应变仪在测量的精确性、便捷性、稳定性、长期性方面的性能有极大提高，实现空心包体应变计数字化，从而对深部岩体应力进行实时、准确、长期监测，发展适合深部岩体地应力测量的新理论、新方法。

4.4.2.2 发展大规模高效高精度的地应力计算技术

现场实测法是提供初始地应力数据最直接、有效的途径，但由于场地和经费等的限制，不可能进行大量的测量；而地应力成因复杂，影响因素众多，各测点的测量成果往往仅能反映局部的应力状况，所以，必须在地应力实测的基础上，结合现场地质构造条件，采用有效的数值计算方法，对地应力场进行精细反演分析，以获得较大范围的区域地应力场。

通过多点地应力现场实测，获得深部三维地应力状态的空间分布规律，研究确定包括构造运动、自重引力、岩层构造、温度变化等影响地应力分布的主要因素以及地应力场与岩体结构的关系等。在此基础上，基于数字全景钻孔探测系统和大地磁法连续剖面成像系统等对区域地质构造环境的精细探测成果，结合最新的大规模并行计算技术，综合采用人工智能、数理统计、数值模拟、位移反演、边界荷载反演等方法，考虑深部岩体的非线性条件，探索构建矿区三维地应力场的反演算法，并依据现场多点地应力实测数据，反演重构建立矿区三维地应力场模型。

4.4.2.3 探索深部开采扰动能量聚集和演化的动力学过程与规律

岩爆、矿震等动力灾害都是开采扰动能量大量聚集、突然释放的过程，因此需要对开采扰动能量在岩体中聚集和演化的动力学过程进行深入研究。针对深部矿山高地应力、高地温、高渗透压、强开挖扰动等特性对能量场孕育过程和聚集条件的影响开展研究，分析并确定不同地质条件及不同工程环境下的能量场分布特性，探索地应力场与能量场之间的转化机制，揭示开采扰动的动力学过程和能量场演化规律，建立开采扰动能量场的时空四维动态分布模型。

尤其是对于构造型岩爆，其孕育、诱发与区域地质条件、构造条件密切相关，应从开采扰动作用与区域应力场的耦合效应及其演化分析入手，通过对开采扰动作用下区域应力效应及其主导下的多场因素的变化过程监测和分析，获得开采扰动作用下不同尺度区域内地层应力-应变及相关场参数的变化，获取采动作用与区域应力场耦合作用下不同尺度范围内地层岩体“力链结构”机制以及应力、能量、孔隙水压力等因素的变化特征与协同机制，揭示岩爆等动力灾害灾源孕育过程的力-能传递机制、聚集机理和诱发机理，从而寻求“事前”征兆和预警特征，提供岩爆预测。

4.4.2.4 构建智能化可视化的岩爆精准监测与预警体系

准确的岩爆短期和临震预报离不开现场监测，现有的监测体系尚不能满足岩爆的精准预报。需要在上述理论研究基础上，探索对开采扰动能量聚集、演化和释放动力过程进行测量的方法，监测深部开采过程中岩体能量聚集、演化、岩体破裂、损伤和能量动力释放的过程，为岩爆的实时预测预报提供依据。

现有的应力、应变、微震、声发射、电磁辐射、3GSM(三维数字图像扫描)不接触测量等监测方式都是反映开采扰动能量积聚和释放的一种手段，因此要对现有监测理论技术进行更深入的研究，同时还要结合当前科学技术发展的前沿，应用多学科交叉思维，创造性地将当前新的技术和理论应用于岩爆预测，具体来讲主要体现在以下几个方面：

1) 高精度微震监测和定位技术

在矿震、岩爆等动力灾害的监测技术方面，采用的方法有多种。其中，基于震动效应监测的方法，包括微震法、声发射法等被认为是最有效的方法。该方法监测由岩体内部发生的破裂、破坏等动力过程的能量释放效应而导致的地震动，不仅可以测定岩爆、矿震事件的位置和出现的时间，而且可以测定所释放的能量和相关震动参量。其中微震监测已成为国外矿山动力地压灾害监测和安全生产管理的主要手段。尽管微震技术已逐渐被广泛地应用于矿山动力灾害的预报预测，但至今能够成功预测岩爆灾害的实例却不多见，仍然存在定位精度低和预报可靠性差的问题，对微震时空分布的精确考察，是研究岩爆灾害的瓶颈，因此岩爆高精度观测和定位技术是今后研究的基础和关键。

2) 应力-应变高精度动态监测技术

近年来，在地震研究方面，在提高深部地层地应力测试精度的同时，研究和开发高精度的相对应力监测技术在世界范围内都被列入地震学研究的前沿课题。目前，钻孔应变监测方法的精度已经达到了 10^{-10} 级别，可以实现岩体应变固体潮汐的准确测量。在地震前兆监测方面，我国学者通过钻孔应变观测，已经观测到汶川地震前期，区域性地应力所呈现出的明显变化和超前异常特征[42,43]。

因此，现代地应力测量和相对应力监测技术的发展，使得通过区域应力-应变观测来获得开采过程中，开采扰动区域及周边区域内地层岩体中的应力-应变及相关物理场的变化成为可能。针对岩爆灾害的预测和预警问题，可以通过开采扰动区域内深部岩体的应力-应变动态监测，获得开采扰动作用下不同尺度区域内地层应力-应变及相关场参数的变化，通过分析开采扰动对采场范围及其以外更大“相关区域”内的应力-应变效应及其控制下的多场效应，探求开采扰动作用下冲击地压灾源体状态变化与周边区域钻孔应变效应、孔隙水压力效应、地温等变化之间的相关性，揭示岩爆孕育过程和诱发前的异常响应特征及超前响应模式。

3) 多级、多维信息联合监测技术

微震、声发射、压力等岩爆监测手段的统一力学基础在于开采扰动能量的积聚与释放，微震观测的尺度为千米级，即能实现对整个矿区的大尺度监测，但由于金属采空区多，地层不连续等诸多因素影响，其灾源定位精度不够；而压力、位移以及声发射监测由于人力物力及自身技术的限制，一般只在采场尺度(10～20m)的范围内发挥作用，且在此范围内定位精度相对较高。基于以上各种监测方式的技术特点，可以在矿山构建微震、声发射和压力等监测方式的多级、多维联合监测网络，将采场结构分析、开采过程分析和监测结果分析相结合，克服了定位不准、测试误差大、信号解释不清等难题，实现从矿区级监测、采场尺度监测、巷道尺度及灾源目标的多尺度监测的统一。

4) 大数据分析预测技术及平台

岩爆监测数据是科学数据，科学数据也是大数据的内容之一，互联网时代对岩爆等地质动力灾害的监测发生了巨大变化，相关监测呈网络化、信息化趋势，大量的监测数据得以远程传递、集中与共享。大数据思维将改变我们对岩爆监测数据的认识和理解[44]。

(1) 大数据让岩爆预测不再热衷于寻找因果关系，大数据时代预测将以密集观测和多样本分析为基础，极有可能发现哪些岩爆前兆与岩爆有真正的关系，因此，在大数据的背景下，岩爆预测水平和预测的可靠性得到显著提高。

(2) 大数据促进部门间、地区间、国际间观测数据融合，加速数据实时分析，提升短临预测价值。

(3) 大数据时代更需要高密度综合观测，让我们看到更多以前无法被关注到的细节，提高我们的洞察力。

(4) 大数据改变岩爆监测预报方式方法，以往的有些数据模型、参数计算方法、前兆异常认识需重新修正，从而获得更精准的答案。

目前大数据战略思维在开采动力灾害预测领域还未有得到充分应用，缺少有效汇集、存储海量数据的大数据技术，来实现数据集中分析和深度挖掘，未来需要为岩爆等动力灾害监测预报大数据实现做好准备：

(1) 决策管理层推动大数据平台建设，培养数据分析科学家。

(2) 发展低成本高密度监测网络。岩爆的准确预测要建立在空间和时间的高密度观测基础上，因此需要加密现有的监测网，构建高密集度的监测网络体系，拓展数据资源；要想空间大密度布设观测仪器，必须成本低，免维护，因此低成本高密度监测体系是未来一个重要研究方向；为了获得更广泛的数据，考虑到经济成本，甚至可以牺牲一定的观测精度，从而可以看到更多以前无法被关注到的细节。当然，提升仪器时间密度，获得高采样率数据也同样重要，可以观察到一些本可能被错过的变化。

(3) 运用大规模科学计算技术来分析复杂应力场的分布，整合开采过程中应力、应变、微震、声发射、电磁辐射、热辐射等所有数据，实现数据共享，进行多信息综合分析，并加强不同矿山、甚至不同行业间的数据交换和新技术应用。

(4) 挖掘与岩爆有关的现象，研究高密度观测下岩爆参数计算方法，创建大数据下岩爆预测新理论，结合最新的矿山数字化技术，实现岩爆预测的精细化、智能化、可视化。

4.4.2.5　研究有利于控制岩爆等动力灾害的采矿方法和工艺措施

深部高地应力引起的岩爆严重威胁人员和设备安全，岩爆发生机理在于开采扰动能量积聚和释放，因此一方面可以通过传统的采矿方法和工艺的变革，研究和采用与高应力环境相适应的、有利于减小和控制开采扰动能量积聚和释放的采矿方法和工艺措施，从而实现深井矿床安全、经济、高效开采。另一方面，传统的采矿方法和工艺对深部岩体扰动强烈，不利于岩爆等动力灾害防控，未来应该发展非传统的采矿方法和工艺，本着少扰动的原则，着重智能化、精细化开采。例如，诱导致裂落矿连续采矿技术、精细化溶浸采矿技术、智能机器人采矿技术等。

4.4.2.6 研发能够有效吸收能量、抵抗冲击的支护技术

现有的支护对巷道掘进和服务期间发生的岩爆没有很好的防治作用，根本原因在于支护材料不能有效吸收围岩变形能，抵抗冲击荷载。应该研究能够在围岩冲击下快速吸收冲击能并稳定地变形的支护体系，从而防止支护体系失效与巷道破坏。一方面研发快速吸能抗冲击的材料，另一方面结合地下采矿实际构建能有效吸能的工程结构体系。

参考文献

[1] 蔡美峰．金属矿山采矿设计优化与地压控制：理论与实践[M]．北京：科学出版社，2001.

[2] 李铁，郝相龙．深部开采动力灾害机理与超前辨识[M]．徐州：中国矿业大学出版社，2009.

[3] 王春来，吴爱祥，刘晓辉．深井开采岩爆灾害微震监测预警及控制技术[M]．北京：冶金工业出版社，2013.

[4] 赵福垚．岩爆灾源识别与一种新的风险评估体系[D]．北京科技大学，2011.

[5] 徐曾和，李宏，徐曙明．矿井岩爆及其失稳理论[J]．中国安全科学学报，1996，(05)：12-17.

[6] 谭以安．岩爆形成机理研究[J]．水文地质工程地质，1989，(1)：34-38，54.

[7] 齐庆新，陈尚本，王怀新，等．冲击地压、岩爆、矿震的关系及其数值模拟研究[J]．岩石力学与工程学报，2003，22(11)：1852-1858.

[8] 谢勇谋，李天斌．爆破对岩爆产生作用的初步探讨[J]．中国地质灾害与防治学报，2004，15(1)：61-64.

[9] 郭然，潘长良，于润沧．有岩爆倾向硬岩矿床采矿理论与技术[M]．北京：冶金工业出版社，2003.

[10] 杨志国，王鹏飞．深井矿山岩爆发生的类型及控制策略研究[J]．世界有色金属，2016，(8)：25-28.

[11] 郭树林，姚香，严鹏，等．中国深井岩爆研究现状评述[J]．黄金，2009，30(1)：18-21.

[12] Fairhurst．Rockburst and Seiscimity in Mines[M]．Rotterdam: Balkema Press，1990.

[13] Blake W，Hedley D G F．Rockbursts Case Studies from North American Hard-Rock Mines[M]．Society for Mining，Metallurgy and Exploration，2003：44-46.

[14] Dunlop R，Gaete S．Controlling induced seismicity at EI Teniente Mine：The Sub6 sector case history[A]．Gibowicz and Lasocki eds. Rockbursts and Seismicity in Mines[C]．Rotterdam：Balkema，1997：233-236.

[15] Karekal S，Rao M V M S，Chinnappa S．Mining-Associated Seismicity in Kolar Gold Mines-Some Case Strudies Using Multifractals[A]．Yves Potvin and Martin Hudyma eds. Controlling Seismic Risk-RaSiM6[C]．Australian：Australian Centre for Geomechanics，2005：635-639.

[16] Hasegawa H S，Wetmiller R J，Gendzwill D J．Induced seismicity in mines in Canada-An overview // Seismicity in Mines. Gibowicz S J，ed. Pure & Appl. Geophys.，1989，129(129)：423-453.

[17] Gibowicz S J．Space and time variations of the frequency magnitude relation for mining tremors in the Szombierki coal mine in Upper Silesia，Poland[J]．Acta Geophys. Pol.，1979，27(1)：39-49.

[18] 李爱兵，姚必鸿．幸运星期五采矿诱发地震事件的分类[J]．世界采矿快报，1999，(5)：17-22.

[19] 胡爱华，湘源译．北乌拉尔铝土矿的岩爆问题[J]．采矿技术，1994，(26)：7-9.

[20] Bath M．Rockburst seismology // Rockbursts and Seismicity in Mines. Gay N C，Wainwright E H，eds.J. S. Afr. Inst. Min. Metal，1984，84(6)：7-15.

[21] 唐礼忠，潘长良，谢学斌，等．冬瓜山铜矿深井开采岩爆危险区分析与预测[J]．中南工业大学学

报(自然科学版), 2002，33(4)：335-338.
[22] 吴良松．冬瓜山铜矿床岩爆特性分析[J]．湖南轻工业高等专科学校学报，2003，15(4)：7-9.
[23] 石长岩．红透山铜矿深部地压及岩爆问题探讨[J]．有色矿冶，2000，(1)：4-8.
[24] 王旭昭，王洪勇，曲金洪．红透山铜矿岩爆灾害特征及其地质条件分析[J]．地质与勘探，2005，41(6)：105-109.
[25] 蔡美峰，王金安，王双红．玲珑金矿深部开采岩体能量分析与岩爆综合预测[J]．2001，20(1)：38-42.
[26] 刘晓辉，吴爱祥，王春来，等．云南会泽铅锌矿微震监测系统应用研究[J]．金属矿山，2010，(1)：151-154.
[27] 王军强．崟鑫金矿岩爆与发生机理初探[J]．采矿与安全工程学报，2005，22(4)：121-122，124.
[28] 蔡美峰．地应力测量原理与技术[M]．北京：科学出版社，2000.
[29] Cai M F，Ji H G，Wang J．Study of the time-space-strength relation for mining seismicity at Laohutai coal mine and its prediction[J]．International Journal of Rock Mechanics and Mining Sciences，2005，42(1)：145-151.
[30] 蔡美峰，冀东，郭奇峰．基于地应力现场实测与开采扰动能量积聚理论的岩爆预测研究[J]．岩石力学与工程学报，2013，32(10)：1973-1980.
[31] 纪洪广，王金安，蔡美峰．冲击地压事件物理特征与几何特征的相关性与统一性[J]．煤炭学报，2003，28(1)：31-36.
[32] 李铁，蔡美峰，纪洪广．抚顺煤田深部开采临界深度的定量判别[J]．煤炭学报，2010，35(3)：363-367.
[33] 李铁，蔡美峰，蔡明．分层开采煤矿的矿震能量释放模型与能量释放谱[J]．煤炭学报，2007，32(12)：1258-1263.
[34] 李铁，蔡美峰，纪洪广，等．强矿震预测的研究[J]．北京科技大学学报，2005，27(3)：260-263.
[35] 李铁，蔡美峰，孙丽娟，等．强矿震地球物理过程及短临阶段预测的研究[J]．地球物理学进展，2004，20(4)：961-967.
[36] 向鹏．深部高应力矿床岩体开采扰动响应特征研究[D]．北京科技大学，2015.
[37] 花岗岩声发射特征及其主破裂前兆信息研究[J]. 岩石力学与工程学报, 2015, 04: 694-702.
[38] 张钦礼. 南非金矿岩爆危险定量评估系统[J]. 世界采矿快报，1998, (11): 15-19.
[39] Spottiswoode S M. 1983—1987年南非金矿开采业中矿震活动与岩爆研究的远景[J]. 国际地震动态，1995,(10): 10.
[40] Morrison D M. 加拿大萨德伯里州Strathcona矿的岩爆研究[J]. 国际地震动态，1995, (10): 12-13.
[41] 奥特利普 W D,连志升. 对岩爆的了解与控制:过去、现在及将来[J]. 采矿技术，1987, (8): 5-7.
[42] 彭华，马秀敏，姜景捷．山丹地应力监测站体应变仪的地震效应[J]．地质力学学报，2008，14(2)：97-108.
[43] Cai M F，Peng H，Ma X，et al. Evolution of the in situ rock strain observed at Shandan monitoring station during the M8.0 earthquake in Wenchuan, China[J]．International Journal of Rock Mechanics and Mining Sciences，2009，46(5)：952-955.
[44] 张晁军，陈会忠，李卫东，等．大数据时代对地震监测预报问题的思考[J]．地球物理学进展，2015，30(4)：1561-1568.

第5章　深井高温环境与热害控制及治理

随着开采深度的增加，矿井高温热害问题越来越突出，其中严重者远远超过我国《地下矿山安全规程》规定的“采掘工作面空气温度不得超过 28℃”的标准，给设备的安全运行、生产效率、工人的健康等带来严重影响[1-5]。

高温、高湿的井下作业环境，不仅影响围岩的力学性质，而且直接影响井下作业人员的身体健康，使作业人员注意力判断力以及协调反应能力下降，进而影响工人工作效率，严重的将导致事故的发生[6,7]。据苏联和德国的调查资料介绍，矿内作业环境气温超标 1℃，劳动生产率下降 6%～8%。日本北海道 7 个矿井的调查结果表明，30～37℃工作面比 30℃以下工作面的事故率增加 1.15～2.13 倍[8,9]。因此，为了保证深部的安全高效开采，研究和开发高效率、可推广的深井降温与热害控制和处理技术及装备是非常迫切和必要的。

5.1　我国金属矿山高温环境、热害类型、热源分析与高温深井分布

5.1.1　国内深部金属矿山的高温环境

随着矿产资源持续开采，我国越来越多的金属矿山进入深部开采，如红透山铜矿(开采深度超过 1100m)、冬瓜山铜矿(建成两条超 1000m 竖井进行深部开采)、寿王坟铜矿、凡口铅锌矿等。随着矿井向更深部开拓，矿区相继出现了诸多热害问题。

地球是一个热体，不断把热量散发到空间，同时接收太阳辐射热量，决定了地壳存在一定的温度场。20 世纪 80 年代，中国科学院地质研究所的王钧等[10] 测量了 680 个地质钻孔，研究了中国南部地区的温度分布，结果表明：埋深分别为 1000m、2000m 和 3000m 情况下，地温分别达到了 30℃、40℃和 70℃，在东南沿海地区和云南西部地区，温度甚至高达 60℃、80℃和 120℃；地温升高梯度达到 1.5℃/100m，东部局部地区达到 2.0～3.0℃/100m，甚至高达 4.0℃/100m。

5.1.2　我国高温深井金属矿山的主要热害类型

根据当前出现的具有热害的矿井情况，矿井热害可初步分为四种类型：正常地热增温型、岩温地热异常型、热水地热异常型和硫化矿物氧化热型[11]。

5.1.2.1　正常地热增温型

这种类型位于地热正常区，也就是热流值或地温梯度值等于或接近于地壳热流或地温梯度平均值的地区，平均热流值为 1.4～1.5 热流单位，平均地温梯度为 3.0℃/100m。这种类型的矿井一般在采掘深度小于 500～600m 时无热害出现，采掘达 600m 以下时，平均岩温达到 35℃以上，矿井热害必然会随之出现。例如，俄罗斯的矿井开采深度达到 1000m 时，井下的平均温度达到 30～40℃，其中个别的甚至达到 52℃。南非和印度的金矿在 3000m 深度时，地温超过 70℃。

5.1.2.2　岩温地热异常型

这种类型热害矿井的特点，除在区域热害异常区出现外，在地热正常区内部也会出现局部地热异常区。我国当前出现的这种类型的热害矿井多数是在局部地热异常区，尤其在我国东南、西南部地区更为显著。局部地热异常区形成的原因很多，如地球表层的地质构造、地层岩性、古气候条件及有局部热源等，如安徽罗河铁矿矿区地温不仅较北部火山岩盆地之外的沙溪矿区的温度高 7～8℃，就罗河铁矿矿区本身而言，由于岩层产状和矿体埋藏条件对地温状况的直接影响，在同一标高下，矿区东西两端温差为 4～6℃(表 5-1)，原因是矿床东部矿体埋藏较浅，处于岩层的翘起部位，有利于热扩散，故地温稍低；而西部则矿体埋藏较深，位于岩层倾末端，盖层厚，储热条件较好，故能保持比东部略高的温度。

表 5-1　安徽罗河铁矿地温

深度/m	东部地温/℃	西部地温/℃
400	29	35
500	31	37
600	34	40
700	38	42

5.1.2.3　热水地热异常型

这种类型的矿井热害，主要由深循环地热水造成。处于深循环的地热水温度高、流量大，以致于地温梯度值大大超过了正常的地温梯度值。例如，湖南郴州铀矿的地温梯度为 5.1～9.8℃/100m，巷道内相对湿度为 90%～100%。

5.1.2.4　硫化矿物氧化热型

这种类型的矿井热害主要是由硫化物矿体和开采过程中被打碎的矿体粉末与空气接触发生氧化放热反应，聚集热量产生高温造成的。

硫化矿物氧化造成的危害主要有：采掘工人作业环境和劳动条件严重恶化；对围岩及围岩锚固系统产生热效应；易产生高温有毒热浪及硫尘爆等严重事故。这种类型的矿井热害在我国的金属矿山已普遍存在，如铜陵有色金属公司所属的松树山铜矿、向山硫铁矿、湘潭锰矿和甘肃金川镍矿等，这些矿山的矿石中一般都含有大量的易被氧化的黄铁矿、磁硫铁矿。

5.1.3 深部高温金属矿山的热源分析

金属矿山深部开采热源大致可分为四类：开采工艺放热热源、围岩放热、空气自压缩温升、矿物氧化放热、井下爆炸放热。具体如下所述。

5.1.3.1 开采工艺放热热源

在井下生产过程中，提升机械、机电设备、采掘机械、运输设备、通风设备、排水设备等运行时，会将部分电能或机械能转化为热能使井下空气温度升高。金属矿山多采用爆破法落矿，爆破过程中炸药爆炸释放的热量是深采过程中的重要热源之一。此外，采用充填法开采，充填材料的散热现象则是金属矿山另一重要热源。

1) 爆破放热

炸药爆炸释放的能量一部分消耗于矿岩的破坏、运动及邻近岩体的变形和震动，另一部分热量则以热传导和热辐射的形式向周围释放，从而使井下空气和围岩的温度上升。井下炸药爆炸具有两重放热性[12]：一方面在爆破时期内迅速向空气及围岩放热，形成较高的局部热源；另一方面，炸药爆炸时传向围岩中的热以围岩放热的形式，在一个较长的时期内缓慢地向矿内大气释放出来。所以，井下爆破构成了深部开采的局部热源之一。

2) 充填凝固放热

国内矿山常用充填材料有：废石或专门开采的块石；选矿尾砂或自热堆积的细岩；戈壁积料和破碎加工的山岩；各种工业废料及各种胶结充填材料。在上述充填材料中，除胶结充填材料外其他充填材料的放热可以忽略。而目前我国的金属矿山一般都采用胶结充填开采，胶结充填材料的放热主要为水泥的凝固放热。

5.1.3.2 围岩放热

地球是一个热能系统，且地球岩体不会冷却。深井条件下围岩原始温度高，往往是造成矿井高温的最主要因素。

在井上大气温度和井下地温场的共同影响下，原岩温度沿垂直方向上大概可划分为三个带。在矿区地表浅部由于受井上大气温度的影响，岩层原始温度随井上大气温度的变化而呈周期性地变化，这一层带称为变温带。随着深度的增加，岩层原始温度受地表大气的影响逐渐减弱，而受大地热流场的影响逐渐增强，当到达某一深度处时，二者趋于平衡，岩温基本常年保持不变，这一层带称为恒温带，恒温带的温度比矿区年平均气温高 1～2℃。在恒温带以下，由于受矿区地温场的影响，在一定的区域范围内，岩层原始温度随深度的增加而增加，一般呈线性的变化规律，也有非线性或异常变化的，这一层带称为增温带。在增温带内，岩层原始温度随深度的变化规律可用地温率或地温梯度

来表示。地温率是指恒温带以下岩层温度每增加 1℃，所增加的垂直深度，即

$$g_r = \frac{Z - Z_0}{t_r - t_{r_0}} \tag{5-1}$$

式中，Z、Z_0 为恒温带深度和岩层温度测算处的深度，m；t_r、t_{r_0} 为恒温带温度和岩层原始温度，℃。地温梯度是指恒温带以下，垂直深度每增加 100m 时，原始岩温的升高值，它与地温率之间的关系为

$$G_r = 100 / g_r \tag{5-2}$$

式中，G_r 为地温梯度，℃/100m；g_r 为地温率，m/℃。

另外，矿物运输过程中也可放热，这也是围岩散热的另一种形式。矿物运输放热量可依下式进行计算：

$$Q = mc\Delta t \tag{5-3}$$

式中，Q 为运输中矿物的放热量，kW；m 为矿物的运输量，kg；c 为运输矿物的比热容，kJ/(kg · K)；Δt 为运输始、终点矿物的平均温差，℃。

运输中矿石的放热效应极易被忽视，但很多热害的产生往往正是源自这种热源。特别是在矿石运输线路长的情况下，这种热源的影响更不能被忽略。

5.1.3.3 空气自压缩温升

地面空气经井筒进入矿井，受到井筒空气柱的压力被压缩，到达井筒底部时，其具有的势能转化为热能。根据能量守恒定律，风流在压缩过程中焓增与前后状态的高差成正比。

从上述理论分析可以看出，空气压缩所引起温升只与两点标高有关，即风流在自压缩状态下温升为 0.976℃/100m。但实际上，风流在自压缩过程中与风筒岩壁及渗出水发生热湿交换，实际温升没有理论值那么大，试验研究表明：气流温升为 0.4～0.5℃/100m。

5.1.3.4 矿物氧化放热

在含硫量很高的金属矿山中，由于矿石含有大量硫化物，在开采过程中与空气接触发生氧化放热反应，聚集热量，产生高温。当矿石中含有黄铁矿、磁硫铁矿等易被氧化的硫化物矿物时，易造成矿物氧化热害。根据测定，黄铁矿氧化时，每吸收 1cm^3 的氧，会产生 14.65～18J 热量。

5.1.3.5 井下爆炸放热

岩石爆破常见于矿山掘进开采，虽然爆破的目的旨在破坏岩石，开拓巷道，但是还是会产生大量的热量，迅速扩散到空气中，而且爆破瞬间产生大量热量，使得爆破掌子面的岩石温度极高，直接影响了围岩的温度；“爆炸本身”也作为一个小的热源，同时大部分热量并没有随着爆破活动结束而消散，而是储存在岩石中，需要通过一个较为长的时间慢慢地将这些热量向巷道空气中释放，“由此可知”岩石爆破产生的所有热量都会作用于巷道及巷道内的空气，而且需要注意的是单位质量的炸药爆炸时产生的热量数值极高，所以在考虑井下热源时必须考虑井下爆炸对空气温度的影响。

5.1.4 我国深部高温矿井分布

随着我国矿井开采深度不断扩大，原岩温度升高，导致了矿井热害。目前开采深度超过 1000m 的矿井已达数十个，开采深度超过 700m 的矿井近 100 处。开采深度超过700m 的矿井其原岩温度大都超过 35℃，有的接近 40℃，最高的达到 50℃，地温梯度接近或超过 3℃/100m，最大的达到 5℃/100m。目前国内进入深部开采的矿山有：夹皮沟金矿采至井下 1600m、会泽铅锌矿采深达 1360m、红透山铜矿超过 1300m、冬瓜山铜矿采至地表以下 1100m、寿王坟铜矿和弓长岭铁矿开采深度均超过 1000m。凡口铅锌矿、金川镍矿、高峰锡矿、湘西金矿等重点矿山也都已进入深部开采。我国部分金属矿井热害基本情况调查统计如表 5-2 所示。

表 5-2 我国部分金属矿井原岩温度测量结果

名称	地理位置	测点深度/m	原岩温度/℃
安徽罗河铁矿	安徽罗河	700	38～42
冬瓜山铜矿	安徽铜陵	1100	40
高峰锡矿	广西河池	690	39
板溪锑矿	湖南桃江	750	32
锡矿山锑矿	湖南冷水江	855	35.3
大红山铜矿	云南玉溪	660	32
红透山铜矿	辽宁抚顺	1257	38
二道沟金矿	辽宁北票	1300	30～32
夏甸金矿	山东招远	850	35.2
曹家洼金矿	山东招远	800	47.3
湘西金矿	湖南怀化	1100	36
新城金矿	山东莱州	380	35
三山岛金矿	山东莱州	825	35.4
夹皮沟金矿	吉林桦甸	1600	38
旧店金矿	吉林磐石	560	42
思山岭铁矿	辽宁本溪	1455	30～35
泥河铁矿	安徽庐江	870	40.87

5.2 国外深井矿山降温和热害处理的技术和方法

5.2.1 国外深井矿山高温及热害情况

据不完全统计，国际上开采深度超过 1000m 的金属矿山已达 80 多座[13]。深井矿山普遍存在各种高温热害问题，如秘鲁的卡萨帕尔卡(Casapalca)铜铅锌银矿原岩温度高达

61.1℃；印度科拉金矿区阿勒左姆矿矿井深 2500，原岩温度达到 55℃，工作面气温 48℃；南非西部矿井在深度 3300m 处气温达到 50℃；日本丰羽铅锌矿由于受热水影响，在采深 500m 处，原岩温度高达 69℃，局部气温高达 80℃[14]。随着开采深度的不断增加，原岩温度不断升高，开采与掘进工作面的高温热害日益严重。国外主要深部矿井原岩温度见表 5-3。

表 5-3　国外主要深部矿井统计表

矿山名称(位置)	采深/m	原岩温度/℃
南非姆波尼格金矿	4350	65.56
南非卡里顿维尔金矿	3800	68.3
南非斯坦总统金矿	3000	63
南非普列登斯汀金矿	3892	36～58(局部最高 63℃)
南非 West Driefovten 金矿	3700	50
南非瓦尔里费斯金矿	2200	45
南非帕拉博金矿	1200	45
南非伊万达金矿	1500	43
德国雷德尔钾矿	1100	49～50
德国孔腊德铁矿	1200	40
俄罗斯克里沃罗格铁矿	1050	33
印度乌列古木金矿	1800	38
印度阿勒左姆金矿	2500	55
日本别子山铜矿	2060	54
日本丰羽铅锌矿	500	69
澳大利亚芒特·艾萨铜铅锌矿	1200	50
美国圣曼纽尔铜矿	1250	49

5.2.2　国外矿井降温技术

5.2.2.1　优化通风系统

美国比尤铜矿通过改善通风系统，改善了井下环境，该矿采用混合通风方式，单路进风。后来把单路进风改为平行双路进风，并对有支护的进风巷道壁贴塑料胶合板降阻。同时把地表原有的低压风机全部更换为高压风机，总功率高达 7355kW。采取该技术措施后，风巷阻力减少，风机送风能力增加，达到很好的降温效果。

日本别子山铜矿矿岩温度高达 54℃，原来采用抽出式通风方式，利用 28 中段的探矿平巷作为回风平巷，由于探矿巷道断面小，以致通风阻力太大而消耗大部分风机风压。在这种情况下，该矿将主扇风机加大一倍到 441.3kW，并安装在 14 中段，使进风量由原来的 46.7m³/s 提高到 67.3m³/s，气温下降到 28℃，采矿工作效率提高了 78%。

澳大利亚北部罗肯希尔铅锌矿采用天井钻机打通风井，由于风壁光滑而使通风阻力大大降低，从而提高通风效率，达到给工作面降温的目的。

南非 Anglo 公司所属的 Amandabult 铂金矿，井田深部岩温为 45℃，深部的一号井和二号井均设置了地面集中式制冷站，采用地面冷却空气直接送入井筒的方法对井下工作地点进行降温。为二号井共设置三台氨冷媒制冷机，氨的温度为–1.5℃，冷冻水出水温度 0.5℃，进水温度 24℃。将冷冻水送到换冷房，采用喷淋水的方式在换冷房将四台压风机压入的空气冷却到 9℃，最后进入井筒到达井底，并对井底所有地点进行冷却。冷却塔三台，紧靠制冷机房布置。

这种方式只是在地面对空气进行冷却，不需要将冷冻水送到井下后再降压并送到工作地点，井下没有任何制冷设备，系统非常简单，也便于维修。但这种方式对井下所有进风地点降温，漏风量大时能源损耗也随之增加。

另一个例子是南非的库萨萨力图金矿，该矿通风降温系统主要利用矿井主通风系统，对入井空气进行预冷，通过制冷机—热交换器—压入式风机将进入井下的空气冷却至 4℃。局部降温主要是工作面的降温，采用水+风冷方式，供水系统为一密闭循环系统，自井下返回的热水首先在地表采用散热塔进行预冷，而后通过制冷机将水冷却至 4℃送入井下，再通过局扇输送至采场工作面，以达到降温通风的目的。

5.2.2.2 人工制冷水降温技术

世界上最早将人工制冷技术应用于矿井降温的国家是英国，英国的彭德尔顿煤矿 1923 年就在采区安设制冷机冷却采区风流；巴西的莫罗维罗金矿及南非的鲁滨逊铜矿采用集中冷却井筒入风的方法降温；南非 20 世纪 60 年代开始使用大型矿井集中空调。进入 70 年代后，人工制冷降温技术开始迅速发展，使用越来越广，已经成为矿井降温的主要手段。其他研究只是对该项降温技术的完善，不会使矿井降温成本有较大的降低，也不会使该项降温技术有质的飞跃。

根据制冷机组布置方式，可以将水冷却系统分为以下三种：

(1) 地面集中式。在地面集中布置制冷机组，制出冷水输送到井下，通过井下高低压换热器和空冷器进行工作面降温。对超过 1000m 的矿井，由于沿途输冷管线长、压力大、冷损大，目前此类降温系统已基本被淘汰。

(2) 地面排热井下集中式。在井下集中布置制冷机组，制出冷水输送到工作面，通过高低压换热器和空冷器进行工作面降温。井下热空气经封闭管路送至地表，通过地面冷却塔进行散热。该方式的优点是井下制冷、冷能输送距离短、冷损小。

(3) 回风排热井下集中式。在井下布置制冷机组，冷冻水经空冷器与巷道进风完成换热，冷却风流由鼓风机送至工作面降温。主要缺点是井下热空气通过回风散热，冷凝热排放困难，降温效果较差。

在以上三种布置方式中，第(2)种是降温效果最好的。但地面排热需要封闭长距离管路，深部使用时，管路设备承压大，需要研究好的解决方法。

5.2.2.3　人工制冰降温技术

制冰降温技术通常利用地面制冰场制取的粒状冰或泥状冰，通过风力或水力输送至井下的融冰池，然后利用工作面回水进行喷淋融冰，融冰后形成的冷水送至工作面，采取喷雾降温在同样冷负荷的条件下，向井下的输冰量仅为输水量的 1/4～1/5，使管道投资费用和运行能耗降低，且不存在过高静水压力和冷凝热排放困难等问题，主要电动设备均在井上，不需要防爆，能较好适应矿井的安全要求，但制冰降温系统在系统运行管理和控制方面有较高的要求。

冰降温技术的研究与应用主要以南非为主，南非在深井环境控制方面积累了大量经验，其主要经验为：在井下开拓时最大限度地优化通风系统；研制各种新型高效的粉尘、炮烟和废气净化装置，以供井下进行循环通风时利用；采取各种手段尽量隔绝井下热源向井下通风风流的热流流动，以求降低井下风温，在特别困难的情况下，采用制冷空调技术降低风温。如 1976 年南非环境工程实验室提出了向井下输冰供冷的方式，1986 年南非 Harmony 金矿首次采用冰冷却系统进行井下降温，取得了很好的降温效果。

实践表明，冰冷却系统存在一个重要问题，就是输冰管道的机械设计及管道堵塞问题，这是系统运行管理和控制中需要重视和解决的重要问题。

南非姆波尼格金矿的地下岩石温度高达 65.56℃。为了减少降温过程消耗的水量，在 20 世纪 90 年代初期，他们引入了 IDE 技术，由一家以色列水处理公司帮助建造了一处实验工厂，利用真空迫使水变成冰浆。姆波尼格矿井已建成了 9 座巨大的制冰厂，每座工厂每小时能制造出 33t 冰浆，所有这些冰浆都被送入地下 3 个巨大的冰坝，冰浆被加入到水中，一起在管道中循环，为整座矿井降温，从地面鼓入的冷冰浆可将温度降低至 29.5℃。有的矿采用冷却塔和冷却大坝、空气调节设备，如南非的 Tau Tona 金矿，位于几千米深地下的空调系统管道每秒钟会循环 550L 水。

冰降温系统与制冷水降温系统相比，可以充分利用耗费低、能效高的预冷却塔，可以把降温装置安装在地表取得更高的降温效率，地面安装维修较容易等。

图 5-1 为南非瓦尔里费斯金矿地面整体制冷站，该系统由四个环节组成：①对生产用水进行冷却；②采用回收能量的斗式水轮机；③采用预冷冷却塔；④为了减少井下的需冷量及抵消风流在进风井筒里的自压缩的影响，在地面上对进风进行冷却。

目前，国外矿井降温技术发展的特点和趋势是：①建立了系统的矿山热力学理论体系，并应用于确定矿床的开采深度、开拓系统、开采程序、矿井通风系统和供风量等。②应用高科技手段开发矿井降温技术，如板式蒸发器、可调速水泵以及隔热保冷管道等；应用智能化控制技术建立控制矿井降温系统，实现矿井降温系统运行的优化。③发展先进的矿井传冷技术，提高传冷效率，降低传输过程的热量交换。

需要指出的是，随着深部矿山降温系统的使用，能量消耗量也不断增加，如南非矿山占用了全国电力使用量的 15%，其中矿用制冷系统占据矿山用电总量的 25%。为此，一些深部矿山已经开始重视制冷系统的节能研究。Plessis 等[15,16]系统介绍了深部矿井制冷系统的节能措施，研究中介绍，节能系统主要包含蒸发器(evaporator)、冷凝器(condenser)和 BAC 水流控制器(BAC water flow control)。典型的深井制冷节能系统

(REMS-CA^{TM}系统)的布局形式如图 5-2 所示。

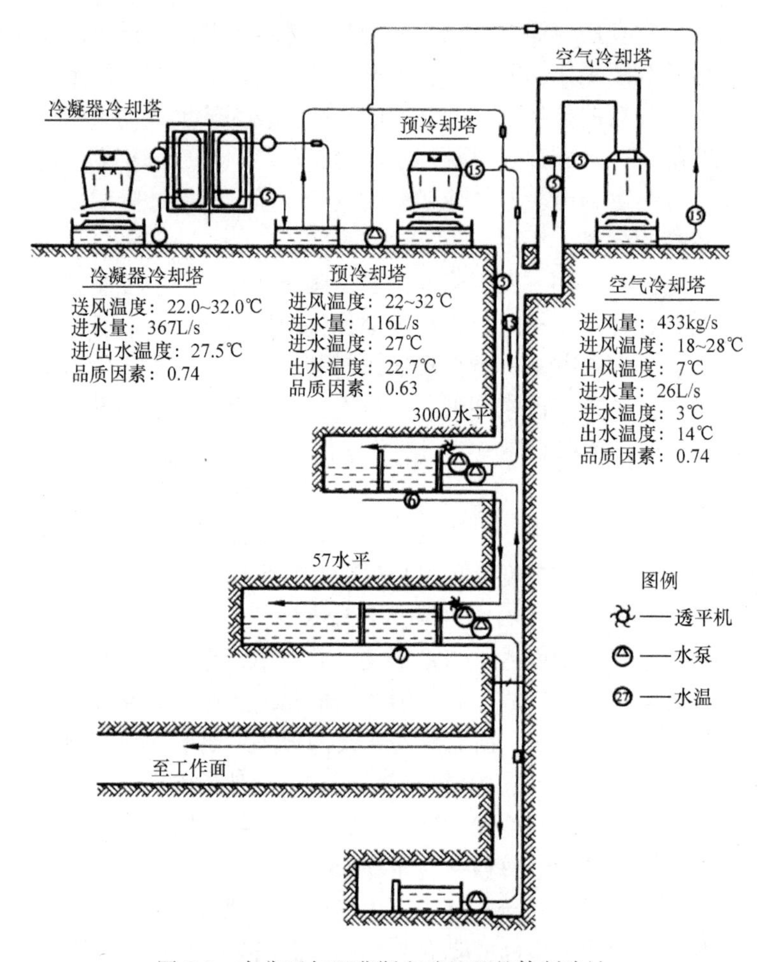

图 5-1 南非瓦尔里费斯金矿地面整体制冷站

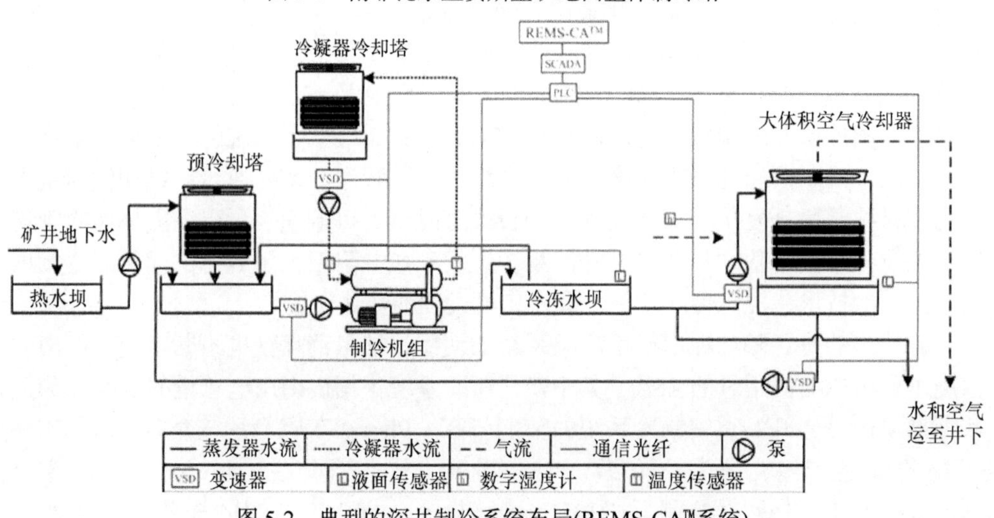

图 5-2 典型的深井制冷系统布局(REMS-CA™系统)

长期以来，由于我国金属矿山开采深度相对较浅，矿井热害现象并不严重，所以针对矿井热环境评价体系及其技术的研究并不多，但随着矿山向深部发展，热害问题必将凸显。随着地温的升高，作业环境更加恶化，工人身心健康受到损害，劳动生产率大大降低，甚至无法正常工作。工作环境的温度会影响事故发生率，有关资料表明[17-21]：工作面温度达到 26～30℃时，劳动效率系数为 0.8，工作面温度高于 30℃时，劳动效率系数为 0.7，并且事故发生率也大大增加；加之空气潮湿、污浊，工人在高温环境下作业，频繁出现中暑、昏厥、休克现象，甚至因低级失误酿成工伤事故。据统计资料介绍，在井下作业地点气温超过 30℃，事故发生率比低于 30℃高 1～1.5 倍。为此，不同国家针对深井工作温度作出了限制性的规定，如表 5-4 所示。

表 5-4　部分国家井下热环境评价指标[18]

国名	最高允许温度/℃	备注
南非	$T<31.5$	风速＞1.5m/s，金矿
德国	$T>32$	禁止作业
美国	$T>32$	禁止作业
英国	$T<29.4$	—
波兰	$26<T\leqslant 33$	超下限时劳动定额减 4%，超上限时禁止作业
日本	$T<31.5$	—
荷兰	$30<T\leqslant 35$	超下限时工作 6h，超上限时禁止作业
印度	$T<32.5$	限工作 5h
赞比亚	$T\leqslant 32.5$	—
比利时	$T<31$	超过时禁止作业
法国	$T<31$	超过时禁止作业
苏联	$T\leqslant 26$，相对湿度 $\varphi<90\%$	

同时，矿井热害对机电设备的正常运转也会产生较大的负面影响，如致使机电设备故障频发。井下任何机电设备、电缆均是通过与环境的对流来散发本身所产生的热量。因此，设备所处在的工作环境(温度、湿度等)一旦超过限值或长期处于限值附近，必将导致设备散热难，以致发生设备故障。在这种情况下，采取常规的方法进行事故原因调查是难以查明的。例如，平顶山煤业集团公司五矿 1997 年 6 月，某采区回风巷气温达到 35℃，相对湿度达到 96%，电缆由于环境高温高湿，绝缘性能降低，甚至出现漏电情况。日本曾进行过统计调查，结果表明：机电设备在相对湿度 90%以上、气温为 30～34℃环境下，事故率较低于 30℃的作业地点高 3.6 倍。因此，开展深部矿山高温环境和热害研究，采取合适的降温措施是十分必要的。

5.2.3 国内深井矿山热环境研究概况和主要采用的降温措施

我国在新中国成立后才逐步开展深井地温研究[3]，20 世纪 50 年代开始对矿井热环境进行初步研究，进行了地温考察和气象参数的观测，煤炭科学研究总院抚顺分院最先对矿内风流的热力状态进行了观测分析。60 年代初开始采用局部制冷空调，中国科学院地质与地球物理研究所对平顶山矿区的地热问题进行过研究。“九五”期间，由长沙矿山研究院承担“九五”攻关课题“深井矿山环境控制研究”，为解决我国深井开采的环境问题提供了一定的理论基础。1976 年杨德源提出了矿井内风流热力计算方法。80 年代，我国的矿山地热研究得到了进一步发展，如 1981 年《矿山地热概论》一书出版，有关研究院所高校开始重视热环境工程的研究内容，80 年代末，国内外对矿井风温的预测精度达到 1.5℃水平。1995 年，山东矿业学院陈平等提出用压气引射器和制冷机结合进行矿井降温；2002 年，新汶孙村矿–1100m 水平完成冰冷却系统降温工程初步设计，并于 2004 年予以实施。

目前，我国在矿山热力学的研究及应用、矿井输冷、保冷、矿井排热以及矿井制冷技术等方面的研究工作取得了一些积极的进展。但由于我国矿井降温工作起步较晚，高温矿井的热环境控制技术从总体上远未能达到满足实际要求的水平。资料统计表明，目前深井高温环境和热害处理措施主要有以下两类：①非人工制冷措施：只适用于浅部开采或热害不严重的矿井；②人工制冷措施：非人工空调措施只适用于浅部开采或热害不严重的矿井，但随着地下矿井开采深度的加大，仅仅采用非人工空调措施已经达不到经济性、安全性以及降温要求，只能采用人工制冷空调措施，即矿井空调系统。

矿井在热害不是十分严重的情况下，通过加大风量通风，优化通风系统，利用调热风道等措施一般均能改善井下热环境；在热害比较严重的局部地段，如掘进工作面，可采用局部降温和隔绝热源的方法；在热害较重又无法采用制冷措施降温时，可用冷却服对部分接触热害时间较长的作业工人进行个体防护。

我国目前高温矿井数量虽多，但热害程度不一，根据实际工况选择合理的降温技术及其设备，是适应降温需要的前提。在深部采矿过程中，矿井热害及其治理被国内外采矿界认为是两大科技难题之一。未来矿山的极限开采深度也将很大程度上取决于矿井降温技术和装备的发展水平。因此，矿井热害及其治理方面的研究已经成为当今世界采矿工业中亟待解决的问题，也是采矿科技工作者的一项重要而迫切的任务。

5.2.4 典型矿山深井降温与热害控制技术

我国的《金属非金属矿山安全规程》规定，井下的温度不得超过 28℃。下面以国内几个典型矿山为例，对目前深井矿山降温技术的现状及降温对策措施进行简要介绍。

1) 湖南省湘西金矿

湘西金矿是一座已有 120 多年开采历史的老矿山。各种井巷纵横交错，形成了一个十分庞杂的通风系统。2001 年，湖南省湘西金矿开展的国家“九五”重点科技攻关项目“湘西深井通风系统优化及降温技术研究”通过鉴定。该专题的研究，就是针对一个多中段、多采场、多风路的深井高温复杂通风系统，解决其通风网络优化、除尘、降温等技术问题。在研究过程中，先后开展了原有通风系统的优化、深井多级机站设计、深部通风网络优化设计、深部循环净化技术研究、深井降温技术研究等多项试验研究工作，取得了一定的研究成果，最终为湘西金矿建立了“深井子域分区”结合“低温岩层预冷入风流”新技术的新型通风方式，解决了湘西金矿井下通风问题。经测试，所建系统的综合评价指标为 84.78%，深部作业环境温度由 32℃降至 24℃，井下各作业环境均达到了国家规定标准。

2) 铜陵冬瓜山铜矿

铜陵冬瓜山铜矿是安徽铜都铜业股份有限公司狮子山铜矿的深部矿床，目前开采深度已超过 1000m。该矿床属于深埋高温高硫矿床，平均地温梯度 2.1℃/100m。据调查，造成冬瓜山深井高温热害的主要因素包括：地热散热、机电设备运转散热、矿石氧化放热、热水散热、空气自压缩生热及其他热源散热等[22,23]。高温热害不但使井下生产效率下降，安全性变差，而且严重影响井下工人的身体健康，成为影响井下生产的一个难题。为了解决高温热害问题，矿山开展的国家“九五”科技攻关项目“冬瓜山千米深井 300 万 t 级矿山强化开采综合技术研究”，针对深井矿山环境控制开展了研究，包括高温矿床热源调查及地温规律研究，高温高硫矿床矿石自燃性研究等。

冬瓜山矿床属地热型热害矿井，热源主要来自高温岩层，并通过井巷岩壁散发热量，因此，主要采取了隔绝热源的措施，主要采用隔热材料喷涂岩壁，防止围岩传热。为改善矿井湿热条件，在矿井热害不太严重的情况下，适当加大风量，提高风速(采掘工作面的风速以 1～0.5m/s 为宜)，以调节人体的散热条件。对于局部高温区域，采用了空气膨胀制冷、蒸气压缩制冷等局部制冷方法达到降温的目的。另外，工人在分散的井下高温地点，不便采取集中降温措施时，采用个体防护措施，安排工人穿上冷却服(如干冰冷却服)等达到降温效果。

3) 思山岭铁矿

思山岭铁矿区位于辽宁省本溪市东南郊 16km，南芬区北 9km 处，是一座在建矿山。思山岭铁矿所处东北松辽盆地，地温梯度一般在 3.5～4.0℃/100m，最高可达 6.0℃/100m。资料表明，思山岭铁矿所处位置 1000m 地温大概为 30～35℃，2000m 地温大概为 50～60℃。

为控制深井热害问题，思山岭铁矿根据“按需通风”的原则，初步设计通风系统采用多级机站通风方式，两条竖井进风，两条竖井回风，同时主井承担部分回风，形成对角式通风系统。风机站内设一台 ANN4240/2000B 型动叶可调轴流风机，风机具有叶片动态可调功能，能根据井下负压变化对风量进行调节。

矿区为保障生产中段的合理分风和节能降耗，实现中段内主要用风点的风量控制，按照“按需通风”的设计原则，在主要生产中段的穿脉回风侧安设辅助风机站，进行抽出式通风，风机选用变频调控，设定盘区风机全风量、正常风流、部分风流、微风流、风机关闭五种工况，满足思山岭铁矿通风系统的要求。除此之外，为有效提高通风效率，思山岭铁矿还构建了“智能通风”系统，通过井下传感器、井下分站采集的参数来确定风量多少，避免了局部通风机供风“一风吹”现象。

4) 夏甸金矿

通风降温是国内外矿山常见的降温方法，这类方法适用于浅部开采或热害不严重的矿井，随着开采深度不断增加，该类降温方法将不能很好地满足降温的需要，这时就需要采用人工降温(也即矿井制冷空调降温)的方法。在我国，一些煤矿较早采用了人工制冷降温系统，例如，淮南九龙岗矿区设计并投资制造了我国第一个矿井局部制冷空调降温系统，金属矿山采用人工制冷降温的工程案例较少，目前首例公开报道的金属矿山应用案例仅见于山东招金矿业夏甸金矿[24,25]。

夏甸金矿位于山东省招远市南 20km 处，隶属山东招金矿业股份有限公司。目前矿井已经开拓至−1320m 水平，回采水平达到−800m，矿山正常生产已经受到井下高温干扰，实测数据表明：矿山−700m、−740m 水平掘进风筒出口处温度已经达到了 33.8℃，相对湿度均达到 100%。通过分析井下热源，可知岩温、机电设备散热是两个重要热源，其中，夏甸金矿地温梯度为 2℃/100m，−700m 水平及其以下的工作面属于一级热害区，通风系统已无法满足通风降温的需要。

为解决深井热害问题，夏甸金矿采用了矿井空调制冷系统进行井下降温除热。该系统选用 KM1000 型井下集中式制冷机组，采用井下集中制冷、井下排热的方式，利用井下涌水换热，换热后的热水通过矿井原有排水系统排到地面；同时，该系统使用的四代空冷器采用了双螺旋盘管结构，热交换效率比普通三代空冷器高 20%。根据现场需要和制冷系统设备的要求，矿山选择将风冷机组放置在−740m 水平，水冷机组放置在−652m 水平，机组于 2014 年 5 月完成了现场安装调试，并开展了井下应用试验，试验结果显示，100kW 空冷器的独头掘进工作面温度由 39℃下降至 27.5℃，200kW 空冷器的独头掘进工作面温度由 40℃下降至 27.3℃，−652m 水平的各个测点的温度基本达到安全生产要求，可见制冷机组可以有效地解决深部高温热害问题。

2015 年 8 月 13 日，该深井集中式制冷降温系统作为国内首个非煤矿山应用的井下降温系统通过验收，为我国金属矿山深部开采的高温问题提供了有益的借鉴和参考。

5.3 降温与热害处理存在的问题及其新型创新技术研究与发展方向

5.3.1 深井降温与热害处理技术研究存在的问题

国内深部矿井的热环境问题研究工作起步较晚，且没有成熟的技术和经验可借鉴，同时对比国外金属矿山，我国金属矿深井降温和热害处理存在如下几个方面的困难和问题。

1) 矿井通风网络复杂

我国矿山机械化程度较低，阻碍了矿山规模的扩大，而矿石品位不高，又要求有一定的生产规模才能保证矿山的经济效益，维持矿山的简单再生产，这就形成了我国矿山作业面多，井下作业工人多的现状。所以，我国的矿井通风网络远比国外复杂，且没有一套完整的资料能准确反映实际的矿井通风网络。因此，调查通风系统、优化通风网络、建立通风计算机管理系统等，相比国外更为重要。

2) 循环通风技术研究

由于深井开采中开凿井筒成本太高，矿山通风系统的回风井个数不会太多。风井数量少，断面小，必然导致各进回风井筒的风速超标。如欲在井下考虑采用加大风量通风的措施解决排热通风问题，势必加大这一矛盾。为解决这一矛盾，深井矿山井下必须采用循环通风技术。循环通风的关键技术在于空气的净化和循环风量的控制。

3) 井下环境调查与预测

通过井下环境调查，掌握井下气候参数随时间和深度的变化规律、测定矿岩热物理参数、查明井下原岩温度的变化规律，运用计算机预测井下环境，确定矿山热害程度，为确定热害治理对策提供可靠依据。

4) 井下降温措施研究与应用

通过对掘进巷道局部通风系统的改进，改善掘进作业面的作业环境，特别是开拓时期的排热通风问题。应用个体防护技术为井下高温作业人员提供有效的劳动保护；研究深部采场排热通风规律，确定其合理的排热风量；研究抑制井下热源，利用天然冷源的综合通风降温措施。

5.3.2 新型降温与热害处理技术研究及发展方向

传统的非人工制冷和人工制冷降温技术主要对热空气、热岩等进行被动降温，热量被驱散排出或减小，从而使环境温度降低。这都是被动式降温技术，技术复杂、成本高、成效有限。为了从根本上解决深井高温和热害治理问题，必须开展主动式的降温技术，开展深部岩层热源隔离、深部热交换，以及深部热量吸收、收集、储存的研究，达到最终主动降温的目的。

5.3.2.1 深井高温岩层隔热

深部高温矿山的热源有岩壁散热、热水及管道散热、机械热、爆破热等，当开采至千米以上时，岩壁散热将成为主要热源，进行岩壁隔热将能够较大程度上控制深井高温环境。研发新型高效的隔热新材料、新技术，对岩层高温热源进行隔离，在此基础上再采用人工制冷降温技术等，就会使井下巷道和采矿工作面取得良好的降温效果。近年来，国内有不少人进行了隔热技术和材料的研究，但多数还在实验室小规模的样品和模型试验阶段，没有见到在矿山现场进行实际应用的报道；而且试验的材料也多数是传统材料的组合，未见有特殊隔离功能和效果的可大规模用于岩层隔离的材料问世。因此，还需要进行这方面新型实用技术和材料的试验研究。

5.3.2.2 矿山地热储能及转化

深井地热是导致矿山热害的主要热源，但是，在一定条件下，地热还可以作为能源加以利用。地热能蕴藏在地球内部，深度在 3～10km、温度达到 150～650℃的结晶质岩石热，是天然热能的一种，国际上对增强型地热系统 EGS 开展了大量研究[26]，并且投入巨资，美国、德国、法国、澳大利亚、日本等国家建设了一批试验性 EGS 系统。EGS 系统首先在干热岩技术基础上提出来，就是通过介质循环(水或二氧化碳)来提取深部低渗、高温岩体中的地热资源，并将其用来发电、供暖的工程技术集成。这一思路和方法将会是将来深井降温的主要发展方向，而 EGS 系统及相关技术在深部矿山的推广应用需要开展进一步的系统和深入的研究。

5.3.2.3 新型降温介质

1) 流化冰制冰冷媒介质

煤炭工业济南设计研究院[27] 提出应用新型冷媒流化冰作为降温介质，开展矿井降温。流化冰一方面具有冰的载冷量，另一方面具有液体的流动性，是比较理想的空调降温冷媒。目前流化冰制冰技术已在我国获得国家专利。

流化冰的制冰采取的是溶液结晶萃取法，其原理是将无机盐溶液冷却到一定的温度，使水从溶液结晶析出为细小的球状冰晶，冰晶的直径通常为 0.25～0.8mm，是一项集盐溶液的物理化学特性、物体表面特性(传热、传质)、流体流动传输动力学及过程控制等的高科技术。流化冰可以和水液体混合而成为具有流动性的冰浆，也可和液体分离，形成纯固体晶粒的冰晶。这些冰晶被搅拌器搅拌，使溶液变成均匀的冰-溶液二相混合物即流化冰。

该方式的优点是：输送过程冷量损失少、流动通畅，可以有效地解决结冰堵塞问题；表面积更大，达到 6545m^2/t；载冷量高，且可以实现 0℃恒温输送。

2) 低温高寒环境下尾砂胶结充填体

目前的深井降温主要以空气和水作为媒介，而尚未利用固体材料。进入深井开采，由于高应力等条件，充填采矿方法将成为深采中主要采用的采矿方法，充填体就成为由地表大量输入地下空区的材料。开发利用低温充填材料，有效控制深井高温，将成为一种有效的措施。开展这方面研究的关键问题包括：①采用吸热凝结的充填材料，或者采用在低温条件下即可凝结的材料，在该前提条件下，可以将低温充填材料大量充填采空区，实现采空区的降温。②可靠的低温条件下的固体输送系统。

参 考 文 献

[1] 常心坦，刘剑，王德明. 矿井通风及热害防治[M]. 北京：中国矿业大学出版社，2007.
[2] 中国科学院地质研究所. 矿山地热概论[M]. 北京： 煤炭工业出版社，1981.
[3] 谭海文. 金属矿山深井热源分析与矿井通风[J]. 中国矿业，2006，15(11)：59-62.
[4] 陈国山，孙文武. 矿井通风与环保[M]. 北京：冶金工业出版社，2008.
[5] 刘卫东. 高温环境对煤矿井下作业人员影响的调查研究[J]. 中国安全生产科学技术，2007，03：43-45.
[6] 张景钢，杨诗涵，索诚宇. 高温高湿环境对矿工生理心理影响试验研究[J]. 中国安全科学学报，2015，01：23-28.

[7] 庄严. 深井高温对矿工健康的影响及防治措施[J]. 煤矿安全，2014，10：214-217.

[8] Biuhm S J, Biffi M, Wilson R B. Optimized cooling systems for mining at extreme depths[J]. CIM Bulletin, 2000, 93(1): 146-150.

[9] Ramsden R, Sheer T J, Buttrworth M D. Design and simulation of ultra-deep mine cooling systems[C]. Proceedings of the 7th International Mine Ventilation Congress.Krakow, Poland; [s. n.], 2001: 755-760.

[10] Wang J, Huang SY, Huang G S, et al. Basic characteristics of the Earth's temperature distribution in Southern China[J]. Acta Geologica Sinica, 1986, 60(3): 91-106.

[11] 程永伟，訾从光，王敏. 金属矿山深部开采热害分析[J]. 矿山机械，2009,37(3)：29-32.

[12] 郝秀强. 深井矿山热源分析及降温技术探讨[J]. 中国矿山工程，2010，39(3)：52-55.

[13] 古德生，李夕兵. 有色金属深井采矿研究现状与科学前沿[A]. 中国有色金属学会第五届学术年会论文集，2003，08.

[14] 何满潮，郭平业.深部岩体热力学效应及温控对策[J]. 岩石力学与工程学报，2013，32(12)：2377-2392.

[15] Andrault D, Monteux J, Bars M L, et al. The deep Earth may not be cooling down[J]. Earth and Planetary Science Letters, 2016, 443: 195-203.

[16] Plessis G E D, Liebenberg L, Mathews E H. The use of variable speed drives for cost-effective energy savings in South African mine cooling systems[J]. Applied Energy, 2013, 111: 16-27.

[17] 辛嵩，王振平，苗素军，等. 矿井热害防治[M]. 北京：煤炭工业出版社，2011.

[18] 訾从光. 矿井深部开采地热预测与降温技术研究[M]. 徐州：中国矿业大学出版社，2013.

[19] 余恒昌. 矿山地热与热害治理[M]. 北京：煤炭工业出版社，1991.

[20] 胡汉华. 深热矿井环境控制[M]. “十一五”国家重点图书出版规划项目，中南大学出版社，2009.

[21] 杨德源，杨天鸿. 矿井热环境及其控制[M]. 北京：冶金工业出版社，2009.

[22] 杨承祥，袁世伦，胡国斌. 冬瓜山铜矿深井热害的防治对策[J]. 矿业工程，2004，2(2)：29-31.

[23] 姚道春，汪令辉. 冬瓜山铜矿机械制冷降温技术的应用研究[J]. 采矿技术，2012，12(4)：36-38.

[24] 宝海忠，姜云，居伟伟，等. 夏甸金矿深部开采制冷机组应用实践[J]. 现代矿业，2015，5：196-198.

[25] 宝海忠，姜云，居伟伟. 金属矿山深部开采水冷集中降温实践[J]. 现代矿业，2015，10：180-182+186.

[26] Gérard A, Genter A, Kohl T, et al. The deep EGS (Enhanced Geothermal System) project at Soultz-sous- Forêts (Alsace, France)[J]. Geothermics, 2006, 35: 473-483.

[27] 朱杰，宋立谦，王飞波. 矿井降温新型冷媒流化冰[J]. 建筑热能通风空调，2009，157-159.

第6章 深部非传统采矿模式与开采方法和工艺研究

6.1 非传统爆破连续破岩切割采矿方法

6.1.1 机械切割破岩掘进与采矿技术

我国金属矿山井巷掘进主要采用钻爆法破岩，适用性较强，但施工工序多，工人作业环境差，效率较低。从长远目标出发，采用机械掘进、机械凿岩的方法，以连续切割设备取代传统爆破采矿工艺进行开采是一个重要方向。机械连续采矿机，是一种能够集掘进、出渣、支护等全部工序于一体的高效机械化作业设备，可实现复杂地质条件下不同断面形状的连续掘进。采矿机主要由破岩设备、驱动装置、行走推进装置和矿岩装运装置四大部分构成，具有掘进速度快、利于环保、综合效益高等优点[1,2]。

6.1.1.1 机械化采矿机的研究现状

20世纪40年代，德国Wirtgen公司开始研究以截齿滚筒破岩的悬臂式掘进机进行不同断面的巷道开挖，起初主要用于煤巷、软岩巷道和节理发育的硬岩巷道的开挖，现在已经能进行中等硬度岩石的切割。该公司近年来发展很快，已有系列产品，切割宽度为500～4200mm，最大切割深度600mm，截割生产率最高可达1500m^3/h。滚筒的切割深度以及高度均可由液压缸调节，特别适于薄矿层的选择性开采[3]。

20世纪60年代，美国Robbins公司研制了靠履带行走的移动式采矿机。该机利用周边装有盘形滚刀的大直径刀盘径向切割破岩。首台移动式采矿机分别在80%为石英岩、20%为粗玄武岩的岩层中及以石英岩和辉绿岩为主的岩层中切割了巷道。切割中发现，在石英岩中刀具的寿命明显低于在辉绿岩中刀具的寿命。在首台采矿机的基础上，Robbins公司在刀具刚度、刀盘结构、机体重量等方面做了很多改进，形成的第二台采矿机掘进效率得到了明显改善，并且能在较高强度的岩层中开展作业。

20世纪70年代，瑞典Atlas Copco公司和Boliden采矿公司等联合研制掘进采矿机。这种采矿机可在高强度的岩层中掘进马蹄形大断面巷道，掘进速度可高达6km/a。该机优化了支臂摆动角、刀盘旋转轴线等参数，具有较好的切割效果。

1995年，德国Wirth公司与加拿大HDRK采矿研究中心联合研制由计算机程序控制的CM连续采矿机，可在强度较高的岩层中开挖带圆角的方形大断面巷道。

2012年，挪威阿科尔沃斯公司成功研制出一种新型采矿机，这种移动式采矿机(mobile tunnel miner，MTM)主要是针对硬岩掘进而设计的，并且已经被阿科尔沃斯公司成功地应用于一些工程实践中。MTM 集合了灵活的巷道掘进机的优点和硬岩切割技术于一体，适于硬岩掘进。MTM 能够掘进各种断面形状(矩形、马蹄形和圆形的巷道)，与传统的钻爆法相比，MTM 具有更高的效率和安全性，并且在切割时围岩受到的扰动少，从而节约切割后的支护费用。

6.1.1.2　机械破岩的优势

(1) 切割空间不需施爆而明显提高围岩稳固性，无爆破地震、空气冲击波、飞石等危害；

(2) 扩大开采境界，不受爆破安全境界的限制；

(3) 连续作业，不受爆破干扰；

(4) 能准确地开采目标矿石，根据矿层和矿石不同品级，可选别回采、分采分运，使矿石贫化率降到最低；

(5) 连续切割的矿石块度，适用于带式运输机连续运输，不需粗碎，可实现切割落矿、装载、运输工艺平行连续进行。

6.1.1.3　面临的关键问题

机械掘进施工不如常规法灵活，在超千米深井开挖巷道，由于巷道埋深大、地应力高、岩性复杂多变、掘进断面围岩往往软硬不均，因此机械连续采矿机面临两个关键问题[4,5]：

(1) 采矿机作业受金属矿床形态多变及复杂地质条件的限制；

(2) 切割钻头寿命及费用。

有必要研究金属矿深部围岩挤压大变形导致卡机的孕育发生机理、预测及防治理论；解决在复杂多变地质条件下采矿机的刀盘破岩机理，给出合理的滚刀参数和滚刀布置方式。通过统筹地质条件、围岩技术、工艺装备、管理组织和系统能力，突破顶板安全和围岩控制技术，实现主要工序的全机械化和连续化，提高掘进效率、效益和速度，最终达到高效掘进破岩。

6.1.1.4　发展趋势

机械连续采矿机与现有的巷道掘进、支护技术相比具有显著优点，且满足超千米深井巷道建设的需求，因此在解决所涉及的关键岩石力学和机械制造等问题的基础上，将机械连续采矿机加以改进引入到金属矿深部巷道建设，从而满足矿井开拓和开采的施工要求。机械切割破岩技术将成为超千米深井巷道建设的首选和重要发展方向。

6.1.2　高压水射流破岩掘进与采矿技术

高压水射流技术是 20 世纪 70 年代发展起来的一种可清洗、切割、除垢、破岩的新技术。从高压喷嘴射出的高速水射流具有很大的动量，在目标靶上可产生巨大的冲击力，被用来切割岩石、破碎岩石等。高压水射流技术在近十年期间得到了重大发展，广泛地应用于煤炭、石油、化工、冶金、船舶、航空、交通、市政建设等领域。该技术的应用，显著提高了工效，降低了成本，减轻了劳动强度[6]。

6.1.2.1 高压水射流的工作原理

高压水射流可分为连续射流和脉冲射流两种类型。连续射流是连续喷射且压力稳定的射流；脉冲射流是间断发射，压力随时间而变化的射流。

连续射流发生装置基本上由油泵站、水泵站、增压器、喷嘴和控制系统等部件组成。它通常是由油泵站提供动力，经增压器或高压泵把水压升高至数千个大气压力，然后从喷嘴连续射出去，形成连续射流。脉冲射流可以采用诸如压缩气体、水中放电或者爆炸等方法产生。利用水中放电产生脉冲射流的装置，需要一套高压电器设备。这种设备复杂、昂贵、效率低、可靠性差，实际应用受到限制。爆炸法的原理是利用炸药爆炸的能量推动活塞，再由活塞对水进行挤压而产生脉冲射流。此法的缺点是安全性较差，难以实现机械化和自动化。产生高压脉冲射流是比较切实可行的，其方法是用油泵提供动力，用氮气蓄能，在激发后，活塞以很高的速度挤压或冲击高压腔里的水柱，使之形成高压。

高压连续水射流增压器的工作原理如图 6-1 所示。当 b 口进油，a 口排油时活塞向左运动,这时右边高压腔进水。当 a 口进油，b 口排油时，活塞向右运动，把高压腔里的水挤压成高压。这种单作用增压器产生的射流是间断的。要获得连续水射流，可采用双作用增压器，或用两单作用增压器并联即可[7,8]。

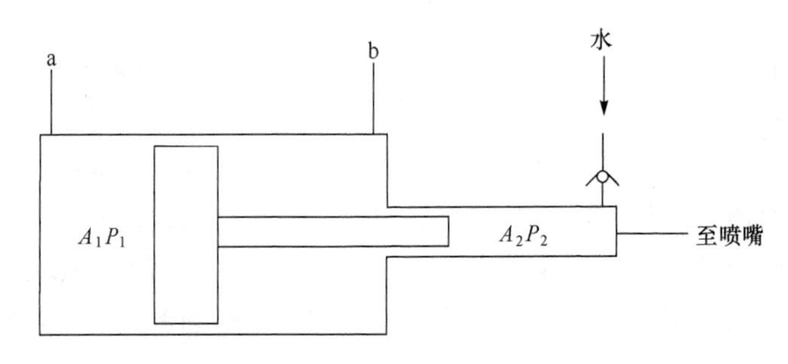

图 6-1 单作用增压器工作原理图

6.1.2.2 高压水射流破岩的研究现状

20 世纪 50 年代中期，苏联、美国、加拿大、德国和中国等国也相继对水力采煤开展了大量的研究和试验。70 年代初，是高压水射流设备的研制阶段，在压力源设备的研制上取得了突破，日本研制出了 1700MPa 的水射流增压器，而苏联和美国则生产出 5600MPa 的脉冲射流发生器。高压水射流设备系统初具雏形，高压泵、增压器和高压管件也相继研制成功，并进入工业化生产阶段。80 年代初，是高压水射流技术的工业试验和工业应用阶段，大量应用水射流技术研制的采煤机、切割机和清洗机相继问世，并进行了工业试验和推广应用。高压水射流首先被应用于水力采煤。开滦矿务局唐庄矿，成功地使用水枪落煤，同时在邢台矿务局成功地进行了软煤层的摆振射流煤巷掘进[9,10]。

6.1.2.3　高压水射流破岩的优势

高压水射流技术的优点主要有以下几个方面[11]：

(1) 高压水射流技术的工作介质是水。水资源丰富且容易获取，使用成本低廉；在破碎和切割过程中，不会产生弧光、灰尘和有毒气体等污染物，同环境的相容性好；而且在使用过程中，只需要对使用后的水进行简单的物理净化，就能实现对水的循环利用。

(2) 高压水射流技术是一种冷加工方式，在破碎和切割过程中，不会产生热量，这一点对于深部采矿中使用高压水射流技术尤为重要。

(3) 水射流的能量集中，横向分力很小，切割面光滑而整齐，围岩扰动小，减小支护工作量。

(4) 由于水的输运作用，高压水射流在工作过程中，能自动排出废料，不需要另行设计排渣装置，这样能大大降低整个设备系统的复杂性。

(5) 高压水射流的工作机构具有喷头体积小、后坐力小、移动方便等优点，易于实现光控、数控、机械手或自动化控制。

(6) 高压水射流技术在矿产采掘方面，能够配合机械掘进提高采掘能力，冷却采掘机械，提高采掘机械的使用寿命。同时，利用水的降尘作用，还能明显降低工作面的粉尘，实现无火花切割，有利于改善现场的施工条件，为安全高效生产提供良好的作业条件。

6.1.2.4　面临的关键问题

(1) 高压水射流破岩过程涉及流体、固体、气体等众多学科，由于作用机理复杂、影响因素众多以及研究手段的限制，没有建立起完善的理论基础，各种破岩钻孔设备也还处于试验研究阶段。因此，到目前为止，投入生产使用的水射流破碎岩石机械很少。

(2) 不论破碎硬岩还是软岩，高压水射流技术需要的功率大，能效比较低。目前高压水射流破岩技术在软岩和中等硬度的矿岩已实现，但在破碎坚硬的矿岩时，如果使用的水射流压力过高，会使射流发射装置、旋转接头、管路系统、喷嘴等构件的可靠性和寿命降低，也会导致破岩比能增大。因此，用水射流对坚硬岩石破碎时，研究解决应使用多大的射流压力及如何延长喷嘴的寿命等重要问题，才能有效推进这种新技术的实际应用。

(3) 高压水射流装备系统中，需要加强对水射流机械器件的研发，并研究最佳配合参数，进一步发展和完善水射流部件和设备，如超高压泵、旋转密封、耐磨喷嘴和高压管件等。

6.1.2.5　发展趋势

目前高压水射流破岩技术在煤矿中广泛应用，金属矿山鲜有应用。但是高压水射流能适应金属矿深部复杂的地质环境，在破岩过程中不产生热量，能够提高采掘效率，在金属矿山深部破碎矿体开采方面具有广泛的应用前景。

高压水射流技术的发展趋势为超高压、大功率化。高压水射流破岩涉及岩石力学、损伤破坏理论以及流体固体耦合作用等领域中诸多热点难点问题。目前虽开展了一些工作，取得了一些突破，但是不论从破岩机理、试验研究还是数值计算方面都存在模型简化过多、基础理论支持不充分等诸多问题，导致研究结论与实际有较大差异。因此要建立和完善高压水射流破岩理论体系，指导工程技术研发，仍须进行以下几方面更深入的研究：

(1) 高应变率、大变形的条件下，岩石和射流流体、岩石内孔隙流体之间的耦合作用机理；

(2) 岩石类材料以细观物理背景为基础的损伤理论以及考虑细观机制的唯象动态损伤破碎理论及应用；

(3) 高压水射流作用下，岩石非均质性的表现及其对岩石破碎的影响；

(4) 极端高压情况下，水射流流场的演化机制对岩石破碎的影响；

(5) 宏、微观的破岩过程及效果的试验方法和手段。

6.1.3 激光破岩掘进与采矿技术

6.1.3.1 激光破岩的工作原理

激光破岩的基本原理是利用高能激光束产生的热量对岩石局部进行迅速加热，高能激光作用于岩石表面时，岩石局部迅速受热膨胀，导致局部热应力升高。当热应力高于岩石极限强度时，岩石会发生热破碎，实现矿岩切割。岩石表面的微裂缝和孔隙等使其极限强度降低，进而加剧这种热破碎作用。

激光与岩石直接作用时，一部分能量被岩石吸收，其余都被反射和散射损失。当岩石内的能量积累到一定程度、温度足够高时，就会发生一系列复杂的物理化学反应，使岩石从固体状态瞬间相变到熔化以及汽化状态，进而形成气、液、固多相混合物，并随温度升高依次实现破碎、分解、熔化和汽化等破岩形式，最后借助高速辅助气流或者其他方式将其携走和排出，是一种非机械接触式的物理破岩方法[12,13]，如图 6-2 所示。

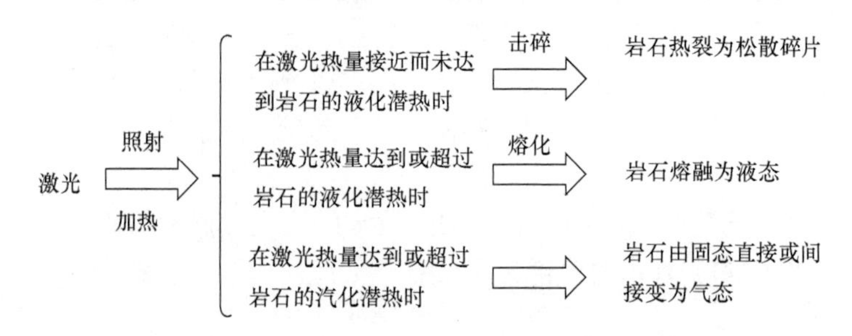

图 6-2 激光破岩的主要物理化学现象

6.1.3.2 激光破岩的研究现状

20 世纪 60 年代开始，许多国家开展了利用激光破岩的研究工作。1998～1999 年，俄罗斯 Lebedev 物理研究所参与了美国 GRI 负责的第一轮激光钻井破岩可行性方面的合作研究，于 2000 年完成了高能激光钻井破岩的室内可行性试验工作[14,15]，其研究成果和结论是：国防工业中的兆瓦级激光器能满足 4500m 井深破岩的能量要求；激光破岩的速度与传统的转盘-牙轮钻头或者转盘—金刚石钻头相比，根据地层岩性的不同，平均提高 10～100 倍；激光光束可在透明的洗井介质中工作，空气和惰性气体(如氮气和二氧化碳等)是携带岩石碎屑和冷却井下激光元件的良好循环介质，激光钻井的排屑方法将类似于现行的高压气体钻井工艺。日本加大了对高功率等级激光元器件的研发力度，正拟建造 50kW 可移动氧碘激光器[16]。2000 年以来，加拿大自然科学及工程研究委员会和能源部联合支持 Dalhousie 大学开展激光破岩的岩石传热学和热力学方面的研究[17]。

目前，国内对激光破岩的研究还处于起步阶段，与国外的差距相当大。1998～2007 年，长江大学易先中教授分别开展了“激光破岩与射孔技术研究”“激光射孔破岩的储层物性研究”以及“激光破岩排屑机理与温度场特性的研究”。2008 年，中国工程物理研究院的李密等依据非定常传热学的基本原理研究了均匀激光光束与高斯激光光束在照射砂岩表面时的温度场分布情况。2010 年，中国石油大学(华东)的徐依吉教授等对激光破岩试验过程中形成的岩石热破裂、液体汽化等现象进行了深入研究，得到了激光钻井过程中导致岩石热破裂和激光汽化钻井液的主要原因。2012 年，中石化工程技术研究院在调研现代激光破岩技术研究的基础上，依据弹性力学的一些相关理论，构建了激光破岩时的温度应力模型，认为激光破岩过程中形成的温度应力对岩石的强度会产生影响[18]。

我国的激光破岩技术研究成熟度较低，但高功率激光的研究已经取得了巨大进展。在建的“神光-Ⅲ”激光装置是一台输出 48 束、三倍频激光能量达到 60kJ/1ns 和 180kJ/3ns 的巨型高功率固体激光驱动器，其于 2011 年 7 月 14 日在光束口径为 360mm×360mm、脉冲宽度为 3ns 条件下，获得了单束输出激光波长为 1053nm、脉冲调制度为 1.5∶1、激光能量为 7988J 的实验结果。

6.1.3.3　激光破岩的优势

利用激光发出的高能聚焦辐射，可在各种坚硬岩石上切割出深而细的切缝，在掘进金属矿山深部硬岩时，用激光切割器比用机械法在经济上具有优越性 [19,20]。

1) 缩短破岩周期

2003 年，美国 Phillipse 公司激光破岩试验表明，常规钻井需要钻井 10 天的进尺，激光钻井仅 10 小时就可完成。减少非钻进时间，激光钻井不存在更换钻头、打捞、下套管和固井等作业，更易实现全井一趟钻。

2) 降低破岩综合成本

周期缩短，作业费用及设备材料消耗费用降低；所需设备少，井场占地需求小，土地租用及购置费大幅度降低；激光破岩装备特殊，不需要大量传统钻头、套管等常规破岩必需的装备及材料，成本大幅度降低。

3) 增加安全系数

在激光破岩过程中，激光作用于岩石后，受高温能量影响，井眼附近岩石的胶结强度会增加，甚至会在井壁上形成一层光滑的陶质保护层，保护层可以有效地防止地层流体流入井内以及井内流体渗入地层，降低了井喷、井漏和井塌事故的发生风险。

4) 井下实时监控手段更先进

激光监测系统包括井下电视和井下传感器，通过光纤电缆把地层和钻进的实时信息迅速、详细、可靠地传递到地面。

5) 利于轨迹控制

由于激光是直线传播的，从而能有效地控制井眼轨迹。

6.1.3.4 面临的关键问题

(1) 大功率激光能量远距离传输能力有限；

(2) 包括岩石基体材料重熔、井下矿物分解和裂缝形成等在内的激光二次作用严重，能量损失较大；

(3) 井下复杂条件下，超大功率激光器能量输出稳定性较差；

(4) 激光直接破岩安全性与环保性研究尚未开展。

6.1.3.5 发展趋势

激光破岩技术是一种全新的概念，为我国钻探和采矿破岩技术战略上的跨越式发展提供了新的契机，将为我国的石油天然气钻井、地质钻探、深部矿山工程带来一个崭新的发展空间。目前激光破岩技术已经成功应用于油气井下钻孔作业。激光破岩研究是钻探和采矿领域具有先导性和前瞻性的应用基础理论课题，涉及多学科的交叉渗透与协同配合，存在着一系列的难题亟待解决，如大功率激光器的小型化、井喷控制和井漏防治、井壁岩石强度与井眼坍塌、激光束在井下环境传输性能、每米钻井成本的经济性等，这些问题是制约激光钻井工业化应用的瓶颈。因此，重视激光破岩基础科学理论的超前研究，对促进我国钻探和采矿破岩技术的发展具有十分重要的意义。应分阶段、分步骤地进行如下基础理论研究：

(1) 激光-岩石-流体相互作用原理(即微观物理过程和岩石热破坏理论)；

(2) 岩石快速相变的热力学与传热学；

(3) 强激光的传输变换与微型化原理；

(4) 激光破岩岩屑运移的多相流动理论；

(5) 激光钻井的安全与环境保护科学。

6.1.4 诱导致裂破岩采矿技术

随着采矿深度的增加，深地高应力将成为矿山掘进、回采中不可避免的因素。硬岩在高地应力作用下具有储能特征，开挖卸荷之后，释放的能量可作为诱导致裂破岩的动力源。该技术通过进行深部岩体能量调控，充分利用地压对矿岩的致裂破碎作用，把诱导致裂的采矿设计理念融入实际工程中，使岩体内部储能变成有效破岩的有用动力源[21]。

高地应力可以诱导硬岩内裂隙萌生及扩展，岩石内部原有的错位、裂隙及不连续面在高应力下发生扩展，导致岩石发生弱化流变破坏；高地应力还会弱化岩石材料力学属性，如降低强度、弹性模量等，为诱导破裂创造条件。开挖扰动下的高应力重分布会造成岩体稳定性下降，不稳定块体的增加和地下水渗流条件的改善，为进一步致裂破岩提供了有利条件。

6.1.4.1 诱导致裂破岩的研究现状

20 世纪 70 年代后期，瑞典、美国、南非、加拿大等采矿大国已经开始探索地下硬岩矿山非爆开采的方式与方法，为深部高地应力条件下硬岩开挖诱导致裂连续开采奠定了技术基础。

20 世纪 90 年代初，东北大学提出通过研究地压活动规律实现利用地压破碎矿石的思路，首次提出了诱导岩体自然冒落的概念，此后先后成功在西石门铁矿、北洺河铁矿、桃冲铁矿、夏甸金矿、和睦山铁矿、小汪沟铁矿等矿区进行了应用，效果显著。

21 世纪以来，随着深部矿山高地应力显现，学者开始研究利用高应力硬岩开挖释放能量进行诱导破岩。中南大学李夕兵等以开阳磷矿马路坪矿作为工程背景，提出了基于能量调控的深部地压作用诱导致裂硬岩方法，实现了利用矿体周围高地应力进行致裂破岩的目的。

6.1.4.2 面临的关键问题

高应力条件由传统的地质灾害转变为工程有用因素，是一种挑战，目前在深部岩体应力转移控制、诱导致裂的采矿工程布置等方面仍不成熟，需要研究人工诱导致裂的实用化技术、规范和操作程序。

诱导致裂的效果如预裂缝形成的形态、规模等，难以直接观察，可靠性难以确定。为此，需要采用有效的监测方法，选择科学合理的评价指标，对诱导致裂的裂纹规模、可靠程度进行有效地监测和效果评估。

诱导致裂破岩涉及的条件复杂，工程实践中缺少对原位测试结果的分析，且理论研究与工程实践研究仍存在一定差距，需要进行有效的大规模相似模拟试验，提供可靠的相关工程案例。

6.1.4.3 发展趋势

针对金属矿山深部硬岩矿体，高地应力条件下硬岩储存了大量能量，岩体开挖扰动引起地应力和储存能量的变化、转移和重新分布，研究高应力条件下不同钻孔布置和钻凿间歇对原岩破裂效果和破坏形式的影响规律。建立通过人工诱导实现将诱导岩爆的高储能转化为采矿破岩动能的采矿新理论，实现灾害能量的可控转化与良性利用[22]，进而建立高应力矿岩诱导致裂落矿非爆连续采矿技术，以更好地实现安全、高效、经济回收深部矿产资源。

6.1.5 等离子爆破破岩采矿技术

6.1.5.1 等离子爆破破岩的研究现状

加拿大 Noranda 矿业公司技术中心(NTC)经过多年的研究，成功开发了一种实用的、经济的、很有发展前途的、可以代替一般爆破工艺的新爆破方法，即等离子爆破技术。这项已获得专利权的技术是一种利用电能将炮孔中的电解液转变成高压、高温等离子体，通过等离子体快速膨胀形成冲击波，破碎岩石的方法[23-27]，如图 6-3 所示。

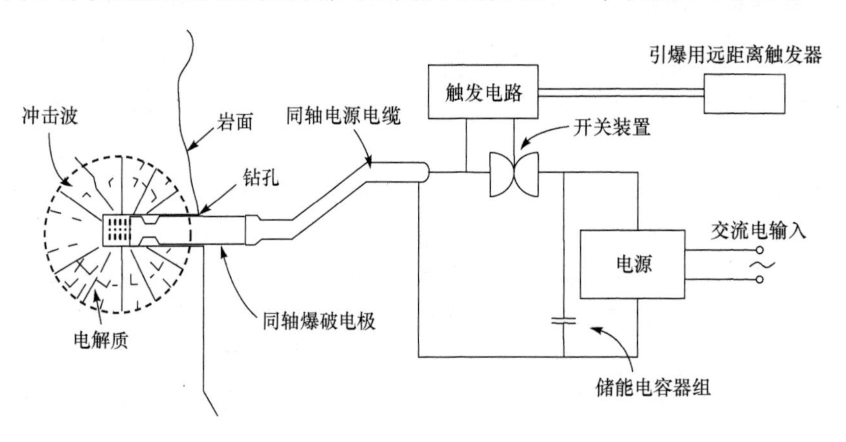

图 6-3 等离子爆破破岩示意图

爆破所使用的设备和材料包括钻机、电容器、电解质、同轴电缆和同轴电极等。钻孔后，将同轴电极紧密地装入炮孔中，并在电极前端充满电解质溶液，接通连接同轴电极的电容器组，电子便冲向同轴爆破电极的尖端。电量向电解液释放的速率一般要超过 200MW/μs，最高功率可达 3.5MW。在此条件下，电解质很快地转变成高温高压的等离子体。测量结果表明，爆破产生的压力可超过 2GPa，这样高的压力足以破裂坚硬岩石[28]。

等离子爆破技术在起爆瞬间所形成的高温、高压的离子气体迅速膨胀形成强大的冲击波，从而在岩体内产生应力场，导致类似于化学炸药产生的爆破效果，但没有生成有害气体，因而对采矿作业环境的改善起到了积极的作用。1993 年，Noranda NTC 技术中心在完成了实验室的实验之后，在东魁北克的 Gaspe 矿成功地进行了现场试验，在强度为 140～350MPa 的大块和硬岩工作面的爆破中，证明了此种爆破技术的可行性[29]。

国内核工业南方某矿山围岩主要成分为石英岩、花岗岩，应用等离子破岩技术，进行巷道掘进和岩石破碎[30,31]，试验效果见表 6-1。

表 6-1 不同岩石凿岩进度表

岩石名称	空气压力/MPa	空气流量/(m^3/min)	电流强度/A	凿岩进度/(m/h)
石英岩	0.25～0.4	0.8～1	150～200	5.5～6
花岗岩	0.25～0.4	0.8～1	120～200	3～5
辉长岩	0.25～0.4	0.8～1.2	150～200	3～4
玄武岩	0.25～0.4	0.8～1.2	150～200	3～4
石灰岩	0.25～0.6	0.8～1.2	100～150	1～1.5

6.1.5.2 面临的关键问题与发展趋势

目前，等离子爆破破岩技术尚处于研究阶段。此外，等离子体产生与控制机理、性质、其中的各种粒子之间以及与固体表面的相互作用关系等，仍有许多不明之处。因此，应加强基础理论研究，提高和扩大现有应用领域的成效。研究者们正在积极研制一种可重复使用的电极，这种电极不仅能承受较大的爆破作用力，而且可重复使用400次，这对降低爆破成本，提高爆破作用效率都起到了重要的作用。长远的目标是研制一种连续的挖掘机械，它可在井下硬岩的矿山进行钻孔、爆破和装运作业。该技术在金属矿山的推广应用，不仅可使开采成本降低，极大改善作业环境，而且由于爆破对围岩损伤较少，能节省大量的支护费用。

6.2 深部膏体连续充填采矿技术

以支护方法分类，金属矿常用的采矿方法主要有空场法、崩落法、充填法三种。充填法成本高，通常只有比较大的金矿和部分价值高的有色金属矿山才有条件采用。其他金属矿山，特别是铁矿，因为矿石价值低，一般都不采用，否则获得的效益有可能还抵不上充填的成本。但是，当开采深度超过1500m甚至2000m后，为了有效控制深部开采的地压活动，保证开采安全，充填法将是多数矿山包括铁矿不得不选用的方法。这是传统支护工艺的重大变革。

我国胶结充填工艺技术应用已有30多年，为了从经济上提高充填采矿法的可行性，在充填材料和充填工艺方面必须进行重大改革。只有大幅度地降低充填成本，才能为在深部大规模广泛推广应用传统采矿技术创造条件。

目前广泛采用的尾砂胶结充填技术面临充填成本高、尾砂脱水速度慢、充填料浆制备质量差、管道输送中磨损与堵塞严重等关键问题。全尾砂膏体充填工艺，可在低水泥耗量条件下获得高质量的充填体，代表了充填技术的发展方向。膏体充填与传统的尾砂胶结充填相比，具有“三不”特性，即浆体不分层、不离析、不脱水。膏体强度均匀、接顶率高，能有效控制地压活动和岩层移动，保证金属矿深部开采的安全，代表了充填技术的发展方向[32-34]。

6.2.1 膏体充填技术的发展历史

将一种或者多种矿山固体废料与水制备成具有一定稳定性、流动性、可塑性的牙膏状浆体，在外加力(泵压)或者重力作用下以结构流的形态，通过管道输送到地下采空区，这就是井下膏体充填作业工艺。膏体充填料浆采用粗骨料分级尾砂、河砂等与细骨料溢流尾砂、黏土、淤泥等，按一定的比例混合搅拌而成，由于一定量的细粒级存在料浆外观像牙膏，所以才称为膏体。由于膏体的塑性黏度和屈服切应力大，必须采用加压输送膏体料浆，像塑性结构体一样在管道中作整体运动，膏体中的固体颗粒一般不发生沉淀，层间也不出现交流，膏体在管路中呈柱塞状流动，膏体充填料的内摩擦角较大，凝固时间短，能迅速对围岩和矿柱产生作用，减缓空区闭合[35]。

膏体充填技术于1979年首先由德国格隆德铅锌矿开发成功[36,37]。随后在国内外日益引起重视，如澳大利亚的大型矿山卡宁顿(Cannington)矿、芒特、艾萨(Mount Isa)矿业公司开采深部的3500号矿体，加拿大萨德伯里地区的克莱顿(Creighton)矿等都使用膏体充填技术，并取得了良好的效果[38]。20世纪80年代南非开展了膏体充填的研究和应用工作。随着矿体开采深度逐年加大，南非许多深部矿山开采广泛采用胶结充填，特别是膏体充填开采对围岩进行地压控制，并逐渐成为最主要的支护方法。德国PM公司采用膏体泵送充填工艺，将尾砂浆浓缩到78%左右浓度，用泵送到井下，在工作面加水泥(3%)充填采场。这种工艺采场内不需要脱水、接顶好，充填体强度高，可以有效维护空区，有利于降温和控制岩爆。

我国也非常重视膏体充填技术的研究。金川有色公司1991年引进德国PM公司的技术，建成了正式膏体充填生产系统，采用戈壁碎石集料与全尾砂等量比例配置，并加水泥制备成浓度为81%～83%的膏体，充填体抗压强度达到40MPa以上[39]。其他如武山铜矿、大冶铜绿山铜矿、云南会泽铅锌矿等，也积极筹建膏体充填系统[40,41]。其中，云南会泽铅锌矿膏体充填系统是我国最先进、最成功的膏体充填系统。它的主要优点是可以利用全尾砂充填，且充填后不用脱水，充填体强度高，同时通过对全尾砂水淬渣的利用，可实现矿山废弃物的零排放。表6-2汇总了国内外典型矿山膏体充填工程的主要参数。

表6-2 国内外膏体充填采矿法应用矿山实例

国家	矿山	充填材料	灰砂比或水泥耗量	输送方式	充填浓度/%	充填能力
加拿大	Williams	脱泥尾砂、粉煤灰	2%～3%	自流	73	110m³/h
智利	El Teniente	尾砂膏体	1%～7%	泵送	72	80t/h
德国	Bad Grund	分级尾砂	6%	泵送	75～88	30m³/h
坦桑尼亚	Bulyanhulu	尾砂、废石	—	自流	74	—
瑞典	Garpenberg	尾砂	5%～10%	自流	76～80	90～140t/h
澳大利亚	Mount Isa	块石胶结	1%	皮带	—	—
澳大利亚	Cannington	尾砂	2%～4%	自流	79	158t/h
赞比亚	谦比希铜矿	尾砂	1:16	泵送	71	60m³/h
中国	金川镍矿	棒磨砂、尾砂	1:8	泵送	77～79	70～80 m³/h
中国	会泽铅锌矿	水淬渣、尾砂	1:8	泵送	78～81	60m³/h
中国	云南某铜矿	尾砂	1:8～1:4	泵送	70～73	110m³/h
中国	新疆某铜矿	戈壁砂、尾砂	1:16～1:6	泵送	75～78	90m³/h

近年来，金属矿山逐渐进入深部矿产资源开发，膏体充填技术逐渐在铁矿具有广阔的应用。与有色金属矿床相比，铁矿床矿体厚度大、储量大，具有大规模开采条件，实现规模效益。随着膏体充填工艺的不断简化、效率的提高、自流输送技术的开发，

充填系统的投资和充填成本已大幅度降低。膏体充填在铁矿山的应用越来越多，目前有大红山铁矿、周油坊铁矿、司家营铁矿、张马屯铁矿、会宝岭铁矿、郑家坡铁矿、莱新铁矿、马庄铁矿、石人沟铁矿等。

6.2.2　深部膏体连续充填采矿模式

为在深部广泛推广应用膏体充填采矿技术，首先必须优化充填工艺、充填材料和充填过程，从而有效降低传统的充填采矿成本。为了显著提高采矿效率，进一步降低采矿成本，采矿全工艺过程连续化是重要方向。

采矿全工艺过程的连续化是指掘进、支护、落矿、出矿、运输、充填等采矿全过程的连续化作业，在开采方向上的不间断连续推进，如图 6-4 所示。

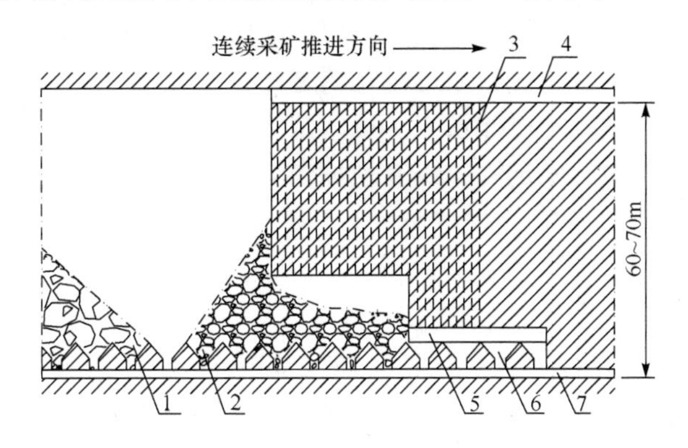

图 6-4　全阶段一步骤连续采矿

1. 充填空区；2. 崩落矿石；3. 垂直深孔；4. 凿岩水平；5. 拉底水平；6. 受矿水平；7. 出矿运输平巷

采矿全过程连续作业包括如下四个部分的内容：

1) 矿房的连续回采

矿房的连续回采是指在采场的回采过程中落矿、出矿、矿石运搬工艺的连续作业。研究的主要内容有适合于连续回采的采矿方法及采场结构，高效率、低大块率的凿岩、落矿技术；安全简便实用的底部结构，高效耐用的采场连续出矿和连续运搬设备。其目的是实现高效率、高能力、高强度的落矿、出矿、运矿的采场连续回采。

2) 矿体(床) 的连续开采

矿体(床) 的连续开采是指在矿体(床) 的开采过程中，不留或少留矿柱，尽可能采用一步骤回采的开采模式。研究的主要内容有：开采方式(上行或下行) 、采场回采推进顺序(前进式或后退式)、开拓、采准形式以及有利于采场安全的地压管理和控制技术。目的是实现矿体(床)一步骤回采，避免或减少二步骤回采矿柱的矿量，从而提高了矿石的回收率，减少矿石资源的损失和浪费。

3) 矿石的连续运送

矿石的连续运送，是指井下矿石的转载、运输提升等环节。研究的主要内容有：连续运送矿石的方式、运送设备及配套设备的研制等。该层次为地下开采矿石的后处理工艺，其工作效率直接影响到前工艺作业的效率。近几年来，该层次的研究无重大突破，国外很多矿山用特殊的胶带运输机实现了地下开采矿石的连续运送。

4) 全工艺过程的连续化

全工艺过程的连续化是指掘进、落矿、出矿、运搬、运输等矿石开采过程的连续化作业，研究的目的是实现地下金属矿山名副其实的连续开采。研究的主要内容是达到上述目标的工艺技术和设备。目前，这个层次在软岩矿中的研究和应用发展迅猛，已实现大规模工业开采全工艺过程的连续化。在硬岩开采中的研究难度较大，但连续采矿机、冲击式采矿机、钻孔射流采矿等已开始投入试验阶段。这一领域具有广阔的前景，它对于硬岩中实现非爆破采矿具有重大的意义。

为了实现深部膏体连续充填采矿模式，必须研究采用高效率设备和精密仪表实现上述目标的各工序的连续化作业。通过改进深部采场结构，结合大型的无轨采掘设备，实现采区连续化回采。其中，膏体充填工艺包括尾砂浓密、粗骨料制备、水泥添加、膏体搅拌以及管道输送五个子流程。通过对充填过程中各流程的自动化控制，采用智能控制系统的配料机、多点监测的搅拌系统、自动调节的泵送能力等控制技术，从而实现充填物料在计量控制过程中的稳定性、快速的响应能力和精度，最大限度地保证膏体连续充填能力[42,43]。

6.2.3 废石膏体充填技术

深部开采中，废石胶结充填是以矿山掘进的废石或破碎废石作为充填集料，以水泥砂浆作为胶结介质，经自淋混合后充入采空区的工艺与技术。其特点是在内部充分利用矿山固体废料，实现井下废石量的零排放。金属矿床进入深部开采后，利用尾砂和废石充填采场的充填采矿法得到广泛的应用，为处置和利用矿山固体废料奠定了良好的基础。为了提高充填体的强度和刚度，对一步矿房采空区进行废石胶结连续充填。为此，专门建立井下破碎站、废石不出坑的充填运输系统，将井下各中段掘进产出的废石，经该系统集中运至待充填的采空区上部，和充填料浆同时充入采空区。废石不出坑的充填运输系统，对于深部开采的优越性尤为突出，主要表现在以下五个方面：

(1) 废石充填本身是一个投资较小、经营费用较低的充填工艺，主要表现在进入采场之后充填料浆的浓度高，因此水泥等胶结剂的耗量较小。由于废石在地下与其他充填材料混合后即进入采场，故充填骨料的加工费用较低。

(2) 进入采场的料浆浓度高(可以达到 90%)，致使形成的充填体强度高、整体稳定性好，因此充填体质量较高。料浆进入采场之后脱水量小，对巷道的污染轻微，矿山的排水排泥费用也大大降低。

(3) 可以在地下对废石进行破碎加工，节省了矿山的提升费用，同时减轻了矿山的提升负担，有助于提高矿山产量。由于废石不提升出地表，因此可以杜绝矿山废石带来的地表环境污染。

(4) 由于部分骨料在井下添加，可以缓解充填管道的压力，减轻管道的高压和磨损，有助于提高充填系统的寿命。

(5) 充填体强度能较快形成，可缩短回采作业循环时间，提高矿山的劳动生产率。

同时，充填系统能力大，充填效率高，不易发生采充失调现象，不影响采矿进度。

国外使用废石膏体充填技术的矿山很多，技术发展已很成熟，如澳大利亚的芒特·艾萨矿，加拿大的 Kidd Greek 和 Coko 等。我国在 20 世纪 80 年代末期，由长沙矿山研究院与大厂矿务局在铜坑锡矿 91 号矿体进行了废石膏体充填试验研究，取得成功经验。90 年代初，由中南大学和新桥硫铁矿合作进行了“框架式大跨度矿房采后块石充填新技术试验研究”项目，取得了很好效果。

6.2.4　膏体充填采矿技术的发展趋势

目前，膏体充填技术虽然在国内外得到了广泛的应用，但是为了有效地、成功地在深部开采中广泛地、大规模地推广应用这种技术，仍然需要对以下一些关键问题进行系统深入的研究。

6.2.4.1　充填材料

在矿山膏体充填成本中，胶凝材料占很大比重，所以研究超细、高强、价廉、速凝的充填新材料可有效降低充填成本，进一步发挥膏体充填工艺的特色和优势。其中，充填外加剂(泵送剂、絮凝剂、早强剂等)的研究开发也是下一步研究的重要内容。

6.2.4.2　尾砂浓密

通过多年的发展，尾砂浓密技术已从过滤分离发展到沉降分离，再到大型连续絮凝沉降。目前，以膏体浓密机为代表的高效絮凝沉降发展迅猛，因此，重力浓密理论成为尾砂脱水研究的主要方向，可进一步完善自重浓密的基础理论体系。同时，有必要对一些新型脱水设备，如离心脱水机、振动脱水筛等开展研究，探讨其在膏体充填中的适应性。

6.2.4.3　长距离管道输送

随着开采深度的加大，长距离管道输送成为膏体充填的重点研究内容。目前泵压输送是膏体管道输送的主要方式，随着输送距离的增加，泵送级数增加，其自动化控制技术需要进一步研究。进入深部开采后，充填料浆依靠重力势能实现浆体的自流输送。管道自流输送大部分是非满管流状态，在深井膏体充填中，对流动状态变化剧烈的弯管或者管道底部磨损严重，管道容易发生破裂，服务年限短，所以膏体自流输送相关基础理论需要重点研究[44]。

膏体充填综合运用了现代工业的多项高新技术，如微细颗粒材料浓缩脱水技术与设备、高浓度浆体泵送设备、活化搅拌设备、计算机在线控制技术等，是现代采矿工业中一项技术含量高的新技术之一。由于膏体充填料浆具有可使用全尾砂、充填料浆无需脱水、减少井下充填污染与排水费用、充填体强度高且水泥耗量小、充填成本低、凝固时间短、充填体易于接顶等优点[45,46]，因此膏体充填技术是金属矿山深部充填采矿发展的主方向。

6.3 深井提升技术

6.3.1 金属矿山竖井提升技术装备的国内外现状

6.3.1.1 国内现状

我国绝大多数金属矿山都依靠竖井提升。深井提升多采用单绳缠绕式提升机(单筒和双筒)和多绳摩擦式提升机[47]。根据国家标准 GB/T20961-2007《单绳缠绕式矿井提升机》以及 GB/T10599-2010《多绳摩擦式矿井提升机》，最大规格的单筒缠绕式提升机为 JK-4.5×3 型，其提升高度为 1207m；最大规格的双筒缠绕式提升机为 2 JK-6×2.5 型，其提升高度为 920m。国内多绳摩擦式提升机一般不推荐在深度超过 1200m 的情况下使用，否则会因钢丝绳张力变化过大而影响钢丝绳的使用寿命。如在提升高度为 1100m 的冬瓜山铜矿使用的 JKM-4.5×6(Ⅲ)-(DGS)型多绳摩擦式提升机，其钢丝绳寿命只有 3 个月左右。目前国内中信重工股份有限公司开展了用于 1500m 提升高度的多绳摩擦式提升机和用于 2000m 以上提升高度的多绳缠绕式提升机的研发工作[48]。

6.3.1.2 国外现状

国外提升机的发展已有 150 多年的历史。为了适应矿井向深部发展(深井) 以及年产量日益增大的需求，多绳摩擦式提升机被研发出来。截至 1974 年，全世界已有 600 多台多绳摩擦式提升机在运转。根据资料统计，国外使用有代表性的多绳摩擦式提升机最大技术参数如表 6-3 所示[49,50]。

表 6-3 国外多绳摩擦式提升机的技术指标

技术指标	参数	生产国
摩擦轮直径/m	8	德国
钢丝绳数量/根	10	德国、瑞典
钢丝绳直径/mm	68	瑞典
提升高度/m	2000	德国
提升速度/(m/s)	20	瑞典、德国
有效载荷/t	60	瑞典、德国
单电动机功率/kW	9900	瑞典

目前国外深部金属矿山集中地南非，广泛采用布雷尔提升机[51]，单次升降机钢缆最深抵达 3000m。布雷尔提升机具有提升能力大、卷筒直径较小、多水平提升、不需要尾绳装置等优点，解决了多绳摩擦式提升机在深井提升中存在的钢丝绳问题，改变了深井开采的提升模式。

6.3.2 深井提升的关键技术难题

通过分析国内外深井提升系统，在目前国内安全规程规定下，设计和制造提升高度达到2000m的提升机面临巨大的困难，困难主要来自于钢丝绳的安全系数以及提升机的缠绕层数限制。安全系数的限制使得在2000m深度提升时，提升钢丝绳的总质量已远大于提升容器与载荷的质量，而缠绕层数的限制使得卷筒宽度很大，增大了机器本身的重量与机器的占地面积。深井提升机金属耗量大，制造较困难，成本昂贵以及在超大直径的钢丝绳制造、使用及运输方面也都存在问题。

因此从提升机械的设计角度考虑，影响深井提升机械发展的因素主要有钢丝绳的安全系数、缠绕层数、公称抗拉强度等[52]。

6.3.2.1 钢丝绳的安全系数

1) 国内对钢丝绳的安全系数规定

钢丝绳的安全系数定义为：实测的合格钢丝绳拉断力的总和与其所承受的最大静拉力(包括绳端载荷和钢丝绳自重所引起的静拉力)之比。我国单绳缠绕式提升机的钢丝绳安全系数规定如表6-4所示。

表6-4 常用单绳缠绕式提升机的安全系数

用途分类		安全系数最低值
升降人员专用		9
升降人员和物料	升降人员	9
	混合提升	9
	升降物料	7.5
升降物料专用		6.5

上述安全系数规定在我国已经采用了多年，在矿井开采深度不深的情况下取得了很好的效果，但是对于2000m左右的深井提升，6.5的安全系数限制使得提升机械的设计单位在设计和使用单绳缠绕式提升机时不得不选用超大规格的钢丝绳。倘若钢丝绳的安全系数能适当减小，则可选择更细的钢丝绳，单绳缠绕式提升机的规格也将相应减小。

2) 国外对钢丝绳的安全系数规定

国外(如加拿大和南非等国) 钢丝绳的安全系数定义为：钢丝绳的破断拉力与其所受的最大静拉力(包括绳端载荷和钢丝绳自重所引起的静拉力) 之比。

国外如加拿大的 *Ontario Occupational Health and Safety Act* 规定，在竖井提升中采用如下钢丝绳安全系数：在与提升容器或平衡物结合处，钢丝绳安全系数不得小于8.5；在载荷精确的情况下，钢丝绳与提升容器或平衡物结合处，钢丝绳安全系数不得小于7.5。当提升容器或者平衡物在其正常行程中的最低处时，在钢丝绳离开天轮处，钢丝绳安全系数不得小于5.0，但此安全系数不适用于竖井提升。

竖井提升中，钢丝绳离开天轮处的安全系数为

$$n \geqslant \frac{25000}{4000+H} \tag{6-1}$$

式中，H 为钢丝绳从矿井阁间到天轮的最大长度。同时，在钢丝绳与提升容器的结合处，当载荷精确时，应满足

$$\left(Q_z+Q\right)\times g\times 7.5\leqslant F_0 \tag{6-2}$$

在载荷不精确的情况下，应满足

$$\left(Q_z+Q\right)\times g\times 8.5\leqslant F_0 \tag{6-3}$$

式中，Q_z 为提升容器自重，t；Q 为提升容器的有效载荷，t；g 为重力加速度，m/s^2；F_0 为钢丝绳的最小破断拉力，kN。

对于该安全系数的规定，需要注意的是，计算安全系数的依据是钢丝绳的破断拉力，而非钢丝绳的破断拉力总和。当矿井运输装置在其正常行程中的最低处时，在钢丝绳离开天轮处，钢丝绳在安装时具有不小于从式(6-1)得出的破断拉力。

目前我国在超千米深井提升中钢丝绳安全系数的研究尚处于初级阶段。国内已有研究显示，随着提升深度的增加，钢丝绳的安全系数可以有一定程度的减小，但并未指出在深井提升中，钢丝绳的安全系数应以何种方式或者何种系数减小，以及钢丝绳安全系数减小后的注意事项[53,54]。

6.3.2.2 钢丝绳的缠绕层数

1) 国内钢丝绳的缠绕层数

我国《煤矿安全规程》第 419 条规定，在各种提升装置的滚筒上缠绕的钢丝绳层数严禁超过下列规定：竖井中，升降人员或升降人员及物料的钢丝绳缠绕层数为 1 层；专为升降物料的钢丝绳缠绕层数为 2 层；移动式或辅助性的专为升降物料的(包括矸石山和向天桥上提升等)以及凿井时期专为升降物料的，准许多层缠绕。

国内缠绕式提升机多安装螺旋绳槽塑衬，螺旋绳槽在钢丝绳单层缠绕时的效果优于平行折线绳槽，但在 2 层及以上缠绕时会出现过渡点不确定的情况，在实际使用中往往会出现钢丝绳“骑绳”“咬绳”甚至“跳绳”等非正常状况。

2) 国外钢丝绳的缠绕层数

对于钢丝绳的缠绕层数，加拿大 *Ontario Occupational Health and Safety Act* 第 217 条规定：在卷筒上有螺旋绳槽或没有绳槽时，钢丝绳的缠绕层数不得超过 3 层；在卷筒上有半螺距平行折线绳槽时，钢丝绳的缠绕层数不得超过 4 层；卷筒上摩擦缠绕圈数不得小于 3 圈。在采用平行折线绳槽时可以进行 4 层缠绕。根据对南非配备了平行折线绳槽的缠绕式提升机的考察，在实际应用中，钢丝绳层间过渡和圈间过渡平稳可靠，且过渡时没有异常声响。

目前，国内提升机生产厂家以及用户在提升机的过渡块方面也进行了一些研究，少数国产的缠绕式提升机装备了平行折线绳槽，但就整体而言，在平行折线绳槽的设计参

数方面研究较少，其配备的过渡块过渡效果并不理想，从而影响了平行折线绳槽在我国的推广应用。

6.3.2.3　钢丝绳的公称抗拉强度

1) 国内钢丝绳的公称抗拉强度

目前，国内提升系统采用的钢丝绳的公称抗拉强度多为 1770MPa，GB8918-2006《重要用途钢丝绳》已将钢丝绳的抗拉强度分为 1570MPa、1670MPa、1770MPa、1870MPa、1960MPa 共 5 个级别。在提升系统中，如果选择更大的钢丝绳公称抗拉强度可有效增加系统的极限提升高度与载荷。从目前国内矿井的实际使用效果来看，在使用抗拉强度较高的钢丝绳时，会缩短钢丝绳的寿命。因此，国内矿井提升多采用抗拉强度为 1770MPa 及以下强度的钢丝绳。只有在某些老矿井，在井筒延深或矿井增产的情况下才考虑采用抗拉强度较高的钢丝绳。

2) 国外钢丝绳的公称抗拉强度

目前，国外单次提升高度最大的提升机——南非南深金矿采用的多绳缠绕式提升机，选用直径为 49mm 的钢丝绳，其破断拉力达到 1878kN。西玛格近期为加拿大基德河煤矿提供的 5.5m 双筒单绳缠绕式提升机(图 6-5)，提升高度达到 1818m，配备 54mm 钢丝绳，其破断拉力达到 2260kN。从钢丝绳标准推算，以上两种钢丝绳的公称抗拉强度均超过 1960MPa。在采用 6.5 的安全系数时，公称抗拉强度为 1960MPa 的钢丝绳与公称抗拉强度为 1570MPa 的钢丝绳相比，前者的最大提升高度比后者大 25%，而在提升高度为 2000m 时，1960MPa 的钢丝绳绳端载荷要比 1570MPa 的钢丝绳大 96%。因此，超千米深井提升有必要选择更大公称抗拉强度的钢丝绳。

图 6-5　加拿大基德河煤矿双筒单绳缠绕式提升机

6.3.2.4　提升容器的容器系数

容器系数 S 被定义为容器的自重 Q_z(包括附加设备，如绳附加装置和引导辊等) 与有效载荷 Q 之比，即

$$S=\frac{Q_z}{Q} \tag{6-4}$$

如果钢丝绳的终端载荷不变，那么低的容器系数则意味着提升机能提起更大的有效载荷。如果提升机的有效载荷固定，那么一个低的容器系数则意味着提升机的终端载荷小。在这种情况下，不平衡载荷保持不变，但是钢丝绳的规格可减小。对于容器系数与提升能力的关系而言，容器系数降低 0.1，提升能力提高约 10%。

目前，国内常用提升容器的容器系数为 1 左右。有资料显示，目前国内在使用大容量全铝结构箕斗方面已经取得了一些成功经验，采用 LG15 型铝合金制造的箕斗，可以将容器系数降低到 0.5 左右；采用钛合金制造箕斗可以将容器系数降低到 0.6 左右。但是这些容器的总体成本很高，在深井提升中应用也较少。

目前，单次提升高度最大的南非南深金矿采用的多绳缠绕式提升机，单次提升高度已达 3000m，其单根钢丝绳的破断拉力为 1878kN，质量为 10.18kg/m，有效载荷 31t。据此推算，其容器质量为 14t，容器系数为 0.45。

6.3.3 适应深井提升的传统提升技术的变革和非传统提升技术

6.3.3.1 多绳缠绕式提升系统

Rober Blair (罗伯 · 布雷尔) 在 1957 年提出了多绳缠绕式提升机的设想，其结构与单绳双滚筒缠绕式提升系统类似，是一种双筒缠绕式提升机，主要由提升机、天轮、提升钢丝绳和提升容器等组成。1958 年，南非开始采用多绳缠绕式提升机，并普遍应用于 2000m 左右提升高度的矿井。多绳缠绕式提升机是一种双筒缠绕式提升机，其每个卷筒中间有 1 个挡绳板，使得每个卷筒上可同时缠绕 2 根钢丝绳，钢丝绳采用多层缠绕，通过天轮装置后两根钢丝绳与同一个提升容器连接，如图 6-6 所示。由于是无尾绳提升，避免了深井提升中由于尾绳的变化使得提升钢丝绳张力变化过大而对其使用寿命带来的影响[55]。

布雷尔提升系统(图 6-7)与国内多绳摩擦式提升系统相比，具有以下优势：

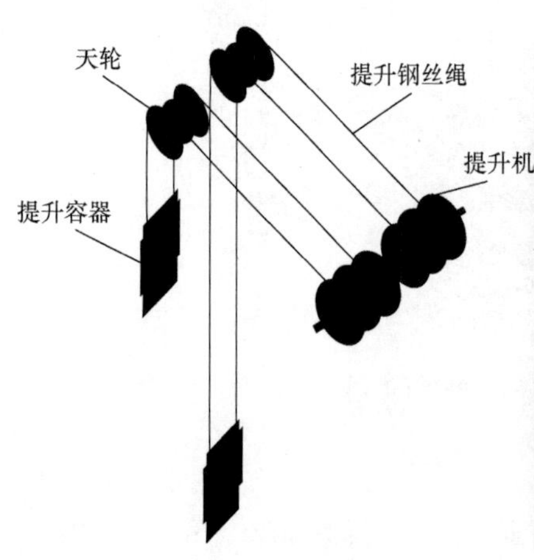

图 6-6 布雷尔提升系统

图 6-7 南非布雷尔提升系统实物图

(1) 适用于更大的深井提升。布雷尔提升系统解决了多绳摩擦提升在深井提升中存在的钢绳问题；改变了过去的经济提升深度不能超过1700 m的理论，从而改变了深井的开拓方式。

(2) 可以作双容器的多水平提升，并可用于井筒掘进。在同样条件下，井筒断面较小，节省掘进费用。在地面安装，井架较安全。

(3) 允许的安全系数较小，因此钢丝绳直径及卷筒直径均可较小。没有尾绳，容器底部允许悬挂设备及长材料等。在同样条件下，容器系数可以较小。

(4) 由于允许的提升深度大，一般均采用一段提升系统，避免多段提升系统，从而省去复杂的转运系统及硐室工程，节约投资及维修费和基建时间。

多绳缠绕式提升机提升技术在国外已有一定的应用，但主要应用于南非，目前在我国还没有应用。

6.3.3.2　水力提升系统

传统的箕斗罐笼提升方式都是机械提升方式。目前水力提升系统正在德国的普鲁萨格金属公司和瑞典基律纳铁矿试验和应用。水力提升系统将巷道内高浓度浆体水平运输技术与传统的低浓度浆体垂直提升技术结合起来，在井下采掘工作面附近将矿石粉碎并调成高浓度浆体，水平泵送到竖井，然后用高压泵将高浓度矿浆连续稀释，再由竖井垂直管道输送到地表，矿石脱水后送往选矿厂。管道的输送能力很大[56]，一条直径为100 mm的管道，年输送矿石的能力可达50万t。当矿山排水装置与水力提升系统合二为一时，与将固体输送到地表的其他提升方式相比，可大幅度降低排水、通风和废石运输费用[57,58]。

水力提升系统与传统提升系统相比，具有以下优势：

(1) 输送矿浆作业连续，生产率高，且有较大灵活性，易于调整生产能力，基建周期短；

(2) 比机械运输提升系统的基建费、设备投资费和维修费低，生产费用也可大大减少；

(3) 生产系统简单，便于管理，有利于实现生产自动化和连续采矿。

水力提升不需要开凿新的竖井就可增加提升能力，提升矿石的费用，水力提升也比机械提升低廉。资料表明，大中型地下矿山，尤其是大型深井矿山水力提升的总费用仅仅相当于传统的机械提升费用，但节省了坑内排水系统的费用。金属矿山进入深部开采阶段，深井提升的系统更加要求突破采矿和选矿作业的传统分类。在组合式的水力提升系统中，矿山排水、通风和废石处理费用可大大地减少。

6.3.3.3　直线驱动竖井提升系统

当前，金属矿山广泛使用竖井垂直提升。相较于传统垂直运输系统，由直线电机驱动的运输系统具有空间利用率高、速度快、效率高以及提升高度无限制等优势，示意图见图6-8。永磁直线同步电机(PMLSM)，由于其较高推力密度与优良的驱动控制性能，成为最适合应用于垂直运输系统中的直线电机。一种双边型的PMLSM垂直运输，其永磁体与背铁分布于罐笼上，而电枢单元固定于运输系统的井道中。当直线电机初级单元通电时，罐笼受到垂直方向的作用力，沿着直线导轨运动。该系统采用分段供电的方式，即将初级分为多个单元依次排布，当罐笼经过时，对罐笼两侧的初级单元进行通电，待罐笼离开后切断供电。这种供电方式节约了能源，使得运输系统总功率不会因为电机增多而变大[59]。

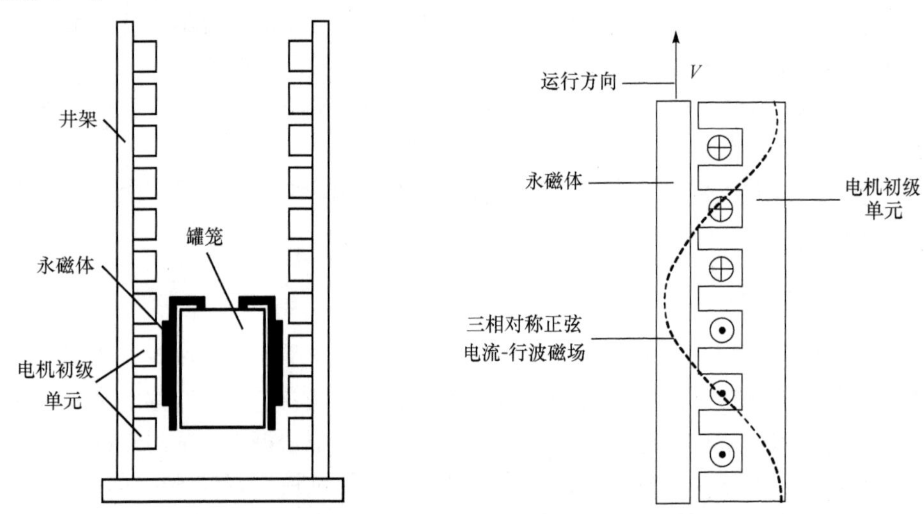

图 6-8　双边型永磁直线同步电机垂直提升系统

1) 国内外研究现状

早在 1845 年，Wheatstone 首先提出了直线电机的概念，并制作了第一台直线电机，但是由于当时的电子技术与机械加工技术还十分落后，其应用的领域还十分有限。在随后的 100 年中，随着新材料与电力电子技术的发展，直线电机作为一种新型的驱动装置，开始应用于各类生产运输设备中，如导弹发射装置、零件加工设备、传送装置以及磁悬浮列车等。

1982 年，国外学者第一次开始尝试将直线电机应用于垂直提升系统中。在 1990 年，日本东京丰岛万世大楼使用了第一台由直线感应电机驱动的电梯[60]。此后包括日本、韩国、美国、德国、南非在内的多个国家的研究学者和公司纷纷投入到直线电机垂直提升系统的研究开发中。

1999 年，南非威特沃特斯兰德大学的 R. J. Cruise 等针对矿井提升研制了一种采用 PMLSM 的深井提升机(图 6-9)，采用固定初级动次级的结构。该系统在 3500m 以上的距离，在效率、安全性、重量与推力比等方面较传统提升模式具有优越性。

2010 年 5 月，美国 Magnemotion 公司报道宣布其第一台永磁直线同步电机驱动的军用大功率提升系统研制成功[61,61]，这标志着直线电机垂直提升系统正式由研发阶段进入了应用阶段。

国内只有河南理工大学等很少的学校从 1995 年起做过实验室的模型(样机)试验研究。2008 年河南理工大学研制的 PMLSM 垂直提升系统样机，提升载荷为 3t，提升高度为 20m(5 层)，提升速度为 2.0m/s[63,64]。

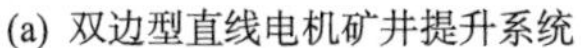

(a) 双边型直线电机矿井提升系统　　(b) 圆筒型直线电机提升系统

图 6-9　PMLSM 的深井提升机

2) 优势

相比较于旋转电机垂直提升系统，直线电机垂直提升系统的优势如下[65]。

(1) 系统效率高。

与传统旋转电机相比，直线电机可以直接产生直线运动方向上的推力，这使得在直线电机垂直提升系统中可以省去如锅轮锅杆、齿轮减速箱等机械传动机构。事实上，机械传动机构的效率是十分低的，在传统垂直提升系统中，机械传动效率往往低于 0.5。因此，直线电机垂直提升系统效率将高于传统垂直提升系统。

(2) 提升速度快。

由于传统提升系统中钢丝绳强度的限制，提升速度不能过快，而在直线电机垂直提升系统中则没有这个限制。直线电机速度公式为 $v=2\tau f$(式中 τ 为电机极矩，f 为运行频率)，当运行频率提高时，电机的运行速度呈线性变化。高速提升大大提高了提升效率，同时缩短了提升周期。

(3) 提升高度无限制。

目前国外布雷尔提升系统达到 3000m,再往下延伸,必须采用分段提升的方法实现。这使得提升系统的结构变得复杂，竖井道数量也相应增加。而直线电机提升系统中则没有高度的限制，可以根据实际的需求进行调整。

(4) 提升自由度高。

由于直线电机垂直提升系统由电机直接提供直线运动方向上的驱动力，故其运动方向完全由直线电机的安装位置决定。该提升系统进行垂直提升的过程中，若具有导向装置，还可以进行倾斜甚至水平方向的运动，这大大提高了运输系统的自由度。

(5) 空间利用率高。

在传统高层垂直提升系统中，超过 30%的空间将用于竖井轨道、悬挂系统以及机房的放置。而在直线电机垂直提升系统中，由于没有机房与绳索，其空间利用率得到提高，大大减少了垂直提升系统对地下空间的需求。

(6) 可实现多罐笼提升系统。

不论使用何种提升方式，垂直提升系统的速度均有一个上限值，为了进一步提高运输效率，多罐笼结构成为一种可行的方案。但传统提升系统中存在尾绳，很难在同一井道中实现多个罐笼同时运行。然而，在直线电机无绳提升系统中则不存在这一问题，使得多罐笼提升系统成为可能。

3) 面临的关键问题

虽然直线电机垂直提升系统较传统提升系统具有诸多的优点，但仍然存在很多问题待解决。其中最重要的问题有以下三个。

(1) 直线电机推力波动。

旋转电机中，其转矩脉动主要来源于齿槽效应与定转子谐波磁场的相互作用，然而，直线电机可以看作旋转电机沿径向切断并展开后形成的，其推力波动中不但存在与旋转电机相似的分量，还存在由铁芯开断引起的推力波动，称为端部效应。该端部效应使得直线电机推力波动远大于旋转电机，甚至达到输出推力的10%以上，这使得直线电机垂直运输系统输出推力并不平稳。如何通过控制或电机结构设计有效降低直线电机垂直运输系统推力波动成为研究热点之一。

(2) 分段驱动控制策略。

与传统垂直提升系统单台旋转电机驱动系统不同，直线电机垂直提升系统直接将电机安装于罐笼与井道上，这使得控制系统需要同时驱动多台电机。为了节约能源，目前直线电机垂直提升系统往往采用分段控制技术，罐笼上安装有磁钢，而直线电机初级被分为多个单元，安装于井道上，在运行时，只需要对罐笼两侧的初级单元进行通电，就可实现罐笼的垂直运动。但这种控制策略仍然存在很多问题，如分段切换时间选择，切换冲击电流控制，推力波动抑制，切换信号采集等。

(3) 系统机械结构设计。

由直线电机与旋转电机结构可见，旋转电机由于轴承的存在，其结构较为稳定，机械气隙容易得到保证。然而在直线电机运输系统中，其运动依赖于直线导轨，机械气隙的精度也由直线导轨精度决定。直线导轨的稳定性不如轴承，这也是直线电机的机械气隙往往要大于旋转电机的原因。在长距离垂直提升系统中，很难保证直线导轨的机械安装精度，这会对电机性能造成极大的影响。此外，直线电机中特有的法向吸引力，简称法向力，也大大增加了机械安装难度。因此，如何设计直线电机垂直运输系统的机械结构，也是该系统应用中的一大难题。

4) 发展趋势

目前金属矿山进入深部开采，使用直线电机代替旋转电机驱动垂直提升系统，实现无绳垂直提升系统，解决了提升高度这一难题。永磁直线同步电动机是新模式提升系统的核心，永磁电机是新型节能电机，在该系统中使用直线电机直接为罐笼提供垂直运动所需的牵引力，整个系统中不再有尾绳。尽管目前对直线电机垂直运输系统的研究尚处于初级阶段，或者说工业试验前期阶段，但该技术将成为深部提升领域研究的热点，具有重大的理论研究价值与现实意义。

6.3.4　我国金属矿山深井提升技术的研究方向

针对我国金属矿深部提升现状，并且积极参考国外深部提升的经验，我国未来金属矿深部提升系统重点研究方向如下：

(1) 在井深 1000m 左右深井提升机选型时以多绳摩擦式提升机为主。对于摩擦式提升机，加强复杂环境和异常工况下提升系统的冲击动力学研究以及摩擦钢丝绳的选型及状态维护研究，进而对提升中钢丝绳的张力变化进行更好的控制，使摩擦式提升机在 1500 m 左右的深井提升中得到更多的应用。

(2) 当井深达 2000m 以上时，应采用多绳缠绕式(布雷尔系统)提升机。目前，提升机械受到国内安全规程以及现有技术条件的制约，在 2000m 左右的超千米深井中将只能采用多绳摩擦式提升机进行两段提升。未来重点在钢丝绳的安全系数、选型及状态监控、平稳缠绕过渡以及提升容器的容器系数等安全规程方面展开详细研究，使我国设计与制造 2000m 左右超千米深井提升机械成为可能。

(3) 针对未来我国超深井提升面临的挑战，积极探索磁悬浮新技术(双边型永磁直线电机提升系统)和水力提升技术。双边型永磁直线电机提升系统用磁场来控制提升系统的运行，连接多个罐笼，在减小提升摩擦力的同时，还可以一次运送更多的矿工和材料，大大缩减提运时间。水力提升系统突破传统采矿和选矿分类作业，同时矿山排水、通风和废石处理费用可大大地减少。

(4) 研究大容量箕斗、钢丝绳等深部提升机械的新材料，降低钢丝绳的安全系数，增加公称抗拉强度的钢丝绳及滚筒的缠绕层数，降低提升箕斗的容器系数，进而增加提升效率。

参考文献

[1] 约芬 C Л, 王维德. 地下矿山连续采矿的发展前景[J]. 国外金属矿山, 1992, (9)：37-40.
[2] 卡斯蒂尔 K, 于耀国. 地下矿山朝着连续采矿发展[J]. 国外金属矿山, 1995, (7)：26-34.
[3] 姚金蕊. 深部磷矿非爆连续开采理论与工艺研究[D]. 中南大学博士学位论文, 2013.
[4] 刘泉声, 黄兴, 时凯, 等. 煤矿超千米深部全断面岩石巷道掘进机的提出及关键岩石力学问题[J]. 煤炭学报, 2012, 37(12)：2006-2013.
[5] 刘泉声, 黄兴, 时凯, 等. 超千米深部全断面岩石掘进机卡机机理[J]. 煤炭学报, 2013, 38(1)：78-84.
[6] 赵全福, 吴迪徽. 我国发展水力采煤的回顾与展望[J]. 水力采煤与管道运输, 1996, (4)：14-18.
[7] 刘萍, 黄扬烛. 水射流技术的现状及发展前景[J]. 煤矿机械, 2009, 30(9)：10-12.
[8] 王瑞和, 倪红坚. 高压水射流破岩机理研究[J]. 中国石油大学学报(自然科学版), 2002, 26(4)：118-122.
[9] 张熊栋. 高压水射流破岩技术的特点[J]. 国外金属矿采矿, 1980, (11)：12-25.
[10] 王新新. 高压水射流破煤作用及水力冲孔防突技术研究[D]. 安徽理工大学硕士学位论文, 2012.
[11] 梁运培. 高压水射流钻孔破煤机理研究[D]. 山东科技大学博士学位论文, 2007.
[12] Sinha P, Gour A, Sinha P, et al. Laser drilling research and application：An update[C]//SPE/IADC Indian Drilling Technology Conference & Exhibition. Society of Petroleum Engineers, 2006.
[13] 窦宏恩. 21 世纪的激光钻井技术[J]. 石油科技论坛, 2004, (2)：59-62.
[14] Hallada M R, Walter R F, Seiffert S L. High-power laser rock cutting and drilling in mining operations：

Initial feasibility tests[J]. Proceedings of SPIE-The International Society for Optical Engineering, 2000, 4065：614-620.

[15] Graves R M, Obrien D G. Star Wars Laser technology applied to drilling and completing gas wells[C]. Proceedings of the 1998 SPE Technical Conference and Exhibition. Part Omega, New Orleans, LA, USA, 1998, Delta：761-770.

[16] Graves R, Anibal A, Gahan B, et al. Comparison of Specific Energy Between Drilling With High Power Lasers and Other Drilling Methods[C]//Society of Petroleum Engineers, 2002.

[17] Kosyrev F K, Rodin A V. Laser destruction and treatment of rocks[J]. Proceedings of SPIE-The International Society for Optical Engineering, 2002.

[18] 柯珂. 激光破岩温度应力数学模型的建立与实验研究[J]. 科学技术与工程, 2012, 12(29)：7532-7537.

[19] 易先中, 祁海鹰, 余万军, 等. 高能激光破岩的传热学特性研究[J]. 光学与光电子技术, 2005, 3(1)：11-13.

[20] 吉源强. 激光破岩井壁稳定性预测[D]. 长江大学硕士学位论文, 2014.

[21] 刘柏禄, 潘建忠, 谢世勇. 岩石破碎方法的研究现状及展望[J]. 中国钨业, 2011, 26(1)：15-19.

[22] 马驰. 地下金属矿诱导致裂理论与工程实践[D]. 中南大学硕士学位论文, 2013.

[23] 邵鹏, 许世银, 李志康. 国外掘进爆破新技术[A]∥全国矿山建设学术会议论文选集(下册)[C]. 中国煤炭学会煤矿建设与岩土工程专业委员会、全国高等学校矿山建设专业学术会, 2004.

[24] Hamelin M, Kitzinger F, Pronko S, et al. Hard rock fragmentation with pulse power[C]. 9th International Pulse Power Conference. Albuquerque, New Mexico, 1993：11-14.

[25] Hamelin M, Asikainen L, Kitzinger F. Blasting with electrictity：Paving the way into the 21st century mining[C]. International Congress on Mine Design, Kingston, Ontario, Canada, 23-26, August, 1993：805-812.

[26] Hamelin M, Menard M, Vandamme L, et al. Components development for plasma blasting technology[C]//Pulsed Power Conference. Digest of Technical Papers. Tenth IEEE International. IEEE, 1995：1176-1181.

[27] Kitzinger F, Nantel J. Plasma blasting method：US, US5106164[P]. 1992.

[28] 怀特韦 P, 丁凤斌, 朱绍华. 加拿大的采矿新技术[J]. 矿业工程, 1991, (12)：37-41.

[29] 李文成, 杜雪鹏. 微波辅助破岩新技术在非煤矿的应用[J]. 铜业工程, 2010, (4)：1-4.

[30] 沈东君. 试析采矿工程中爆破技术的发展与运用[J]. 黑龙江科技信息, 2013, (20)：6-6.

[31] 陈世和, 麻胜荣, 邹文洁. 等离子技术在矿山中的应用[J]. 铀矿冶, 2006, 25(4)：173-176.

[32] 丁德强. 矿山地下采空区膏体充填理论与技术研究[D]. 中南大学硕士学位论文, 2007.

[33] 吴爱祥, 王洪江. 金属矿膏体充填理论与技术[M]. 北京：科学出版社, 2015.

[34] 杨泽, 侯克鹏, 乔登攀. 我国充填技术的应用现状与发展趋势[J]. 矿业快报, 2008, 24(4)：1-5.

[35] 夏长念, 孙学森. 充填采矿法及充填技术的应用现状及发展趋势[J]. 中国矿山工程, 2014, 43(1)：61-64.

[36] 玛旦江, 王贻明, 吴爱祥, 等. 破碎难采矿体的下向膏体充填法[J]. 金属矿山, 2014, 43(3)：21-25.

[37] Helms W. The development of backfill techniques in German metal mines during the past ecade［C］// MINEFILL 93. Johan-nesburg：SAIMM, 1993：323-331.

[38] 刘同有, 蔡嗣经. 国内外膏体充填技术的应用与研究现状[J]. 中国矿业, 1998, 7(5)：1-4.

[39] 陈长杰, 蔡嗣经. 金川二矿膏体泵送充填系统可靠性研究[J]. 金属矿山, 2002, (1)：7-9.

[40] 何哲祥, 鲍侠杰, 董泽振. 铜绿山铜矿不脱泥尾矿充填试验研究[J]. 金属矿山, 2005, (1)：15-18.

[41] 王劼, 杨超, 张军, 等. 膏体充填管道输送阻力损失计算方法[J]. 金属矿山, 2010, (12)：33-36.

[42] 郭科伟. 充填膏体制备及泵送自动监控系统[D]. 河北工程大学硕士学位论文, 2013.
[43] 张建公, 郭科伟, 张步勤, 等. 充填膏体制备及泵送监控系统设计及应用[J]. 煤炭科学技术, 2013, 41(9)：166-168.
[44] 王洪江, 吴爱祥, 肖卫国, 等. 粗粒级膏体充填的技术进展及存在的问题[J]. 金属矿山, 2009, (11)：1-5.
[45] 刘浪. 矿山充填膏体配比优化与流动特性研究[D]. 中南大学博士学位论文, 2013.
[46] 何发龙. 膏体充填采矿关键安全问题研究[D]. 中南大学硕士学位论文, 2013.
[47] 陈兴, 黄智群. 多绳摩擦轮无平衡锤深井提升系统设计[J]. 现代矿业, 2015, 31(9)：178-181.
[48] 李浩宇, 施士虎. 深井多绳摩擦提升系统探讨[J]. 中国矿山工程, 2016, 45(1)：71-74.
[49] 聂虹. 矿井提升机的发展与现状[J]. 矿山机械, 2015, 43(7)：13-17.
[50] 徐风岐. 浅谈我国矿井提升机的未来发展[J]. 矿山机械, 2009, 37(11)：61-63.
[51] 韩志型, 王坚. 南非深井提升系统[J]. 世界采矿快报, 1996, (24)：6-9.
[52] 刘劲军, 邹声勇, 张步斌. 我国大型千米深井提升机械的发展趋势[J]. 矿山机械, 2012, 40(7)：1-6.
[53] 张太春. 深井多绳提升钢丝绳的安全系数[J]. 矿山机械, 2003, 31(11)：50-51.
[54] 屈冬婷. 单绳提升机用钢丝绳的提升高度与提升载荷探讨[J]. 有色设备, 2009, 23(5)：17-21.
[55] 戴紫孔. 深井提升技术初探[J]. 中国矿山工程, 2012, 41(3)：59-62.
[56] 塞尔格隆 A, 肖通遥. 水力提升是地下矿延深的一种经济方案[J]. 国外金属矿山, 1990(3)：32-34.
[57] 高林, 韩克峰. 矿山地下开采矿石水力提升技术[J]. 山东冶金, 1996, (4)：1-3.
[58] Sellgren A, Jedbborn A, Hansson K, 等. 地下矿山延深开采时的一种经济可行方案-水力提升[J]. 国外非金属矿与宝石, 1990, (2)：7-9.
[59] 黄立人. 垂直运输系统永磁直线同步电机优化设计[D]. 浙江大学硕士学位论文, 2015.
[60] 王爱乐, 王跃龙, 卜庆华. 国外直线电机驱动新产品的发展[J]. 科技情报开发与经济, 2003, 13(8)：76-77.
[61] Albertz D. Entwicklung numerischer Verfahren zur Berechnung und Auslegung elektro-magnetischer Schienenbremssysteme[D]. RWTH Aachen, 1999.
[62] Wieler J G, Thornton R D. Linear synchronous motor elevators become a reality[J]. Elevator World, 2012, 60(5)：140.
[63] 刘俊强. 永磁直线同步电动机垂直提升系统控制装置研究[D]. 河南理工大学硕士学位论文, 2009.
[64] 刘红钊. 永磁直线同步电动机垂直运输系统整体建模及控制策略的研究[D]. 河南理工大学硕士学位论文, 2007.
[65] 汪旭东, 袁世鹰, 焦留成, 等. 永磁直线同步电动机垂直运输系统的研究现状[J]. 微电机, 2000, 33(5)：35-38.

第7章　适应深部开采的选矿新工艺与采选一体化技术

我国大部分金属矿山将面临露天开采转地下开采、地下浅部开采转为深部开采的趋势。尽管选矿工艺受矿石本身性质的影响比较大，而受矿石开采深度的影响不大，但是从采选结合的角度考虑，随着开采深度的增大，将部分选矿工艺转移到井下，将极大地降低矿石提升的能耗和成本，有利于深部矿山开采的节能降耗和提质增效[1,2]。

除深井提升问题之外，井下选矿还面临井下硐室开拓、井下破碎磨矿、井下建选厂的可行性以及在线监测、自动控制和智能选矿等现实问题[3]。因此，要实现深部采矿与选矿有机结合，未来需要研发的关键技术可以总结为以下几方面：

1) 井下预选技术

深部采矿的问题之一是提升成本高，所以如果能在井下进行预选，抛去大部分废石，则可以明显降低矿石提升量，进而降低成本。

2) 矿浆垂直管道输送技术

目前长距离的尾矿和精矿管道输送已经有广泛的工业应用。因此，针对深部采矿提升成本高的现状，很多研究者提出了井下破碎磨矿，然后把矿浆通过垂直管道输送到地面的工艺，但该工艺在国内尚没有实现工业应用。

3) 井下破碎磨矿设备

配合矿浆管道输送必须在地下进行破碎和磨矿，因此需要把破碎和磨矿设备放在井下。目前在国内尚没有矿山在地下进行磨矿，但在国外已经有个别矿山把半自磨机设置在地下进行磨矿的工业应用案例。

4) 地下选厂设计、建设和控制技术

在井下建设选矿厂，直接向地面输送精矿，包括干式精矿提升或矿浆直接输送，对降低矿石提升成本、减少废石返回量起到关键作用。目前国内深部开采的矿山选矿主工艺流程仍然在地上完成，但大部分矿山已经把粗碎转移至井下完成[4]。但在地下建选矿厂需要开拓大的硐室来放置选矿设备。对于深部开采，在开拓过程中要面临高应力、高井温、高井深的“三高”问题，这就导致地下硐室、巷道等空间开拓困难。因此，在井下建选厂存在一定难度。该问题的解决思路：一是对现有的地下开拓技术进行改进；二是改变现有的选矿设备结构，使其占地面积更小、高度更低，能够适应地下硐室的空间要求[5-8]。

此外，在井下建选矿厂还要考虑以下因素：

(1) 选矿厂规模、原矿类型、选别方法等因素与工程造价和运营成本的关系。

(2) 在地下建设不同规模的选矿厂所需硐室的规模、数量、连接方式及岩石的稳定性、支护方式、开拓成本等。

(3) 大型设备的起吊方式、设备对硐室高度的要求，以及不同工段对硐室高差和数量的要求。

(4) 地下选厂的通风、除尘、噪音、振动、温度、湿度、防火和防水等问题都与地上选厂不同，需要详细的研究与设计。

5) 选矿自动化和选矿机器人技术

针对地下选矿厂环境条件较差的情况，必须加强选矿过程控制的自动化程度，真正实现无人选矿厂。因此，与之相关的在线监测技术、自动控制技术以及机器人控制技术是未来研究的关键。

采用地下采矿与选矿相结合的新工艺，将选厂建在井下，可减少废石与尾矿的提升。废石与尾矿可在井下进行原地充填，有利于提高经济效益和实现对生态环境无影响的无废采选工艺。尽管国内矿山还没有完全采用地下选矿，但从世界范围看，国外有色金属矿山已有尝试建设地下选矿厂或进行相关研究、设计的案例。例如，俄罗斯、加拿大、秘鲁、智利及南非等国有先后在地下采空区建选矿厂的试验和设计。俄罗斯最大的磷矿基地之一的阿帕基特在拆除地面选厂的同时，准备建设大型的地下选矿厂；乌克兰克里沃罗格地区已建成年处理 20 万 t 的地下工业试验选矿厂，地下选矿厂的建筑容积为 6.16 万 m^3，产出品位为 57%的粗铁精矿，运到地面精选；南非 Gwynfynydd 金矿尝试使用地下选金的选矿方法[9]，该方法包括一台破碎机、一台高压辊磨机、两台尼尔森选矿机，设计生产能力达到 27t/h。

7.1　适应深部开采的选矿新工艺

7.1.1　基于超导磁选的有色金属高效预富集工艺

对于深部开采的有色金属矿山，与铁矿相比，品位要低得多，因此选矿比很高。如果能在地下进行预富集作业，则可以节省大量的提升能耗和费用。有色金属矿选矿大多采用浮选的方法，工艺流程非常复杂，包括多段的粗选、精选和扫选。对于如此复杂的工艺流程只能在地上选厂才能够完成。因此，必须研究相对简化的工艺流程，才能在地下对矿石进行预富集。

随着材料、制冷和磁选技术的发展，目前超导磁选技术能产生 4～8T 的磁感应强度，是普通强磁选设备的 2～4 倍。因此，对于一些原来无法用强磁选将其回收的有色金属硫化矿，可以用超导磁选的方法在很高的背景场强下实现预富集。超导高梯度磁选技术与传统的高梯度强磁选技术相比具有独特的经济、技术和性能优势。从矿山企业的产品质量、资源综合利用以及节能降耗等角度长远考虑，利用超导磁选对深部开采的有色金属资源进行预富集，更能顺应矿石的基本性质，为有色金属矿产资源的高效综合利用提供新的清洁高效分选技术和工艺。

7.1.2 原位浸出工艺

7.1.2.1 原位浸出工艺概况

原位浸出法又称为地下浸出法。原位溶浸是指在采矿现场原地溶解萃取矿物的一种工艺[10]。原位浸出已成为集采、选、冶于一体的技术。原位浸出在矿体中直接实施，在矿体上设计好的位置预先破碎、钻孔，开凿集液通道，将浸矿溶液灌注入孔中，浸出液经集液通道抽至地表进行处理回收。可用该方法浸出的金属和矿物包括硫、盐、钾碱、天然碱、磷酸盐、苏打石，以及铀、铜和金等。该工艺主要用于处理开采难度大且品位较低的矿石，最显著的特点是省略采矿作业，通过浸矿液直接回收金属，可以大大减少采矿作业和提升的工作量。与传统的“开采-选矿-冶炼”工艺相比，生产成本可以节约30%以上，甚至达到50%。对深部矿产的开采具有重要应用价值[11]。

原位浸出工艺包括地下就地破碎浸出和地下原地钻孔浸出两种。地下就地破碎浸出是指利用爆破法就地将地下矿体中的矿石破碎并且使其达到预定的合理大小，从而使废弃矿石原地产生微细裂隙发育、级配合理、块度均匀以及渗透性能良好的矿堆，然后通过布洒溶浸液，以此来有选择地浸出矿石中的可利用金属[12,13]。此外，在这个过程中一般要将浸出的溶液收集后传输地面做进一步的加工回收金属，而溶浸后产生的尾矿要在矿区进行就地封存处置。由于溶浸矿山与常规矿山相比，更有利于实现矿山机械化与自动化以及矿区环境的保护，并且其基础建设具有投资较少、建设周期短、生产成本低等方面的特点，因此，该种技术方法很有应用前景[14]。

原地钻孔浸出采矿方法是通过钻孔工程往矿层注入溶浸液的方法，对天然赋存状态下未经任何位移的矿石进行处理，从而使之与非均质矿石中的有用成分接触，发生化学反应。在这个反应过程中，其生成的可溶性化合物能够在扩散以及对流的作用下离开化学反应区并向一定方向运动，产生沿矿层渗透的液流并且汇集成含有一定浓度有用成分的浸出液，此后将这些浸出液通过抽液钻孔将其抽至地面进行加工处理，就可以浸出有价金属[14]。

原位浸出法一般适用于那些采用传统方法开采不经济，即品位较低的矿床或者储量较小的矿床[15]。该方法对土地损害比较小，没有废石料处理现场，没有大型的露天开采矿坑，也没有大型矿石加工设施。相对传统的采矿和选矿方法来说，原位浸出法能源消耗更小，而且由于节约了传统选矿过程中产生的尾矿水，从而降低了水的消耗量。原位浸出法消除了传统采矿和矿石加工的巨大露天矿坑、尾矿和废弃矿石的堆积，有效控制了酸性岩石的排放，更多注意保护蓄水层。原位浸出不会对水层构成潜在影响。该方法几乎没有粉尘污染物排放，项目结束后可以方便对土地进行复垦。

综上所述，原地浸出技术不需要对矿石进行开采、破碎处理、研磨加工和运输，也不需要对矿料进行选矿，提高了金属生产的经济性，降低了投资和生产成本。但应用原位浸出技术的矿山必须拥有以下适宜的水文地质、化学和冶金条件：①矿体必须完全低于地下水位；②矿化物必须具有可溶解性；③岩石必须是高度碎裂，具备良好的渗透性，并且形成矿体大部分发生在断裂带。

7.1.2.2　原位浸出工艺在国内的发展和应用现状

原位浸出工艺近几十年来在我国发展很快，特别是在铀、铜等有色金属矿床上已经实现了试验研究阶段向工业规模生产阶段的转化，并取得了较好的生产指标[16,17]。

1) 铀矿

目前，世界各国地浸采铀主要有两种工艺方法，一种是酸法浸出工艺，一种是碱法浸出工艺。俄罗斯等欧洲国家基本上采用了酸法浸出工艺，美国等国家主要采用碱法浸出工艺；我国先期建设的地浸矿山主要采用酸法浸出，硫酸(H_2SO_4)为主要浸出剂。酸法浸出采铀技术最早是在1984年在云南381铀矿床“得到了成功应用”，1991年在该矿床建成了我国第一座小规模地浸采铀试验矿山。1993年，酸法原位浸出技术在伊犁盆地库捷尔泰铀矿床的半工业性试验取得了成功，1998 年工业性试验工程顺利通过国家验收，2000年伊犁盆地库捷尔泰铀矿床酸法地浸采铀工业性工程建成并投产，这是我国自主建设的第一座酸法地浸采铀矿山。2010年伊犁盆地乌库尔奇铀矿床酸法地浸矿山建成并投产，伊犁盆地铀矿床酸法地浸采铀技术的成功应用，标志着我国酸法地浸采铀实现了工业化大规模生产[18]。

近年来，硫酸浸出工艺受到试剂消耗量大、浸出选择性差、设施材料要求高等因素影响，其工业应用在一定程度上受到了限制，而 CO_2+O_2 的弱碱性浸出工艺得到了较好的应用和发展。2000年以来，吐哈、松辽和鄂尔多斯等盆地的砂岩型铀矿床先后进行了以 CO_2+O_2 浸出为主的弱碱性地浸采铀试验。2009年在松辽盆地钱家店铀矿床建成了我国第一座碱法地浸生产矿山[19,20]。生产实践证明，由于碱性溶浸液与矿床发生阳离子交换过程中会导致矿床膨胀，矿石孔隙被堵塞，使矿层渗透性恶化，且碱浸试剂价格较高，故应用受到限制。

2) 铜矿

原位浸出法在铜矿主要是作为一种辅助回采技术，溶浸液主要采用酸性的硫酸铁溶液[21,22]。

我国武山铜矿从1993年开始进行原位钻孔溶浸试验研究，在柱浸工艺条件和溶浸剂优选等方面都取得了一定成果。随着矿山的发展，武山铜矿的开采深度不断提高，部分钻孔深度已经达到–700m，未来的发展过程中会逐步将原位钻孔溶浸技术应用于更深部的矿体[23]。

中条山铜矿峪矿是目前我国唯一采用地下就地破碎溶浸技术的铜矿山。1997～2000年北京矿冶研究总院、中条山有色金属公司和长沙矿山研究院合作，进行了国家“九五”重点科技项目“难采难选低品位铜矿地下溶浸试验研究”的攻关，形成了“孔网布液，静态渗透，注浆封底，综合收液”的成套地下浸出提铜技术，首次实现了原地破碎浸出采矿技术在我国有色矿山的应用。整个系统可分为地下溶浸制液系统和萃取电积提铜系统两部分。地下浸出制液系统负责提供合格的含铜浸出液，萃取电积提铜系统负责提取成品电解铜。2000年8月该项目通过国家“九五”项目鉴定和验收。这是我国第一次实现数万吨级的地下破碎就地浸出[24]。

3) 稀土矿

我国在“八五”期间设立了“离子型稀土原地浸矿新工艺研究”重点科技攻关项目，南方离子吸附型稀土矿原位浸出采矿法也取得了明显的研究成果，并在“十五”期间获得了一定程度的使用。

奄福塘矿区是寻乌河岭特大型稀土矿床的一部分，储量丰富。这部分资源由于品位低、地质条件复杂，用常规采矿方法难以经济有效地回收，而采用原位浸出技术可以充分回收该类资源。目前该矿山的开采深度为–422～–250m。应用原位浸出技术离子相稀土综合回收率大于 75%。

7.1.2.3 原位浸出工艺在国外的发展和应用现状

国外原位浸出始于 20 世纪 70 年代中期，目前主要用于工业规模开采铀矿和铜矿。

1) 铀矿

世界上大约 20%的铀来自于原位浸出(经济合作与发展组织(OECD)，2005)，其中酸法溶浸的铀矿回收率为 70%～90%，碱法溶浸的铀矿回收率为 60%～70%[25]。

美国大约 85%的铀来自原地浸出，早在 1975 年，美国就在得克萨斯州境内建成了第一座大规模商业性原位浸出铀矿山 Clay West，该矿山年产铀 381.6t。到 1991 年，商业化的原位溶浸采矿的铀矿山有 24 个。2001 年以来，美国在生产的铀矿山全为原位溶浸矿山。受世界铀市场的影响，目前仅剩下怀俄明州的 Smith Ranch、Highland 和内布拉斯加州的 Crow Butte，设计年生产规模分别为 770t、770t、380t，全为加拿大 Cameco 公司所有[26-28]。美国早期对酸法和碱法两种原位溶浸采铀技术均进行过试验，但考虑到地下水污染及其复原，酸法不如碱法经济有效，因此，美国地浸铀矿山均采用碱法浸出。

澳大利亚早在 20 世纪 70 年代就找到了可地浸的砂岩铀矿，并进行了原地浸出铀的采矿试生产。澳大利亚的可地浸砂岩型铀矿呈簇状，集中产于澳东南部的弗罗姆湖湾地区，这里已得到勘查证实的可地浸砂岩型铀矿至少有 Honeymoon、Beverley、Goudles Dam 等，其中 Honeymoon 的铀资源总量为 5800t，该矿位于弗罗姆湖湾东南的亚拉姆巴古河道中，即新南威尔士州的布罗肯希尔西北约 80km 处[29,30]。矿体位于地下 100～120m 深处的古河道底部的孔隙性砂岩中。

2) 铜矿

原位浸出法在铜矿开采中，主要是作为一种辅助回采技术。采用原位浸出采矿法，工业规模开采铜矿的回收率在 20%～70%。

国外采用原位浸出法辅助开采铜矿或进行工业试验的有美国亚利桑那州的 Mineral Park 和 Casa Grande 工业试验项目，以及赞比亚的 Mopani 项目[31]。

3) 金矿

金矿的溶浸液主要是氰化物，是一种剧毒化学药剂，目前已成功应用于堆浸法开采金矿，但考虑到溶浸液对环境潜在的严重威胁，目前仍没有使用原位浸出法开采金矿的案例。

部分学者正在针对几种环境危害性较小的溶浸液进行金矿原位浸出开采可行性研究，一种是碘离子溶液，一种是硫代硫酸根-铜-氨水溶液，但都还仅限于试验，并没有进行现场原地浸出工业生产[32,33]。

7.1.2.4　原位浸出工艺深部应用的关键技术

对于深部金属资源，以矿块为单元的就地破碎浸出和原地钻孔浸出两种工艺能否成功，主要取决于精确钻孔、极小补偿空间下的块度控制和溶浸液的渗透控制等基础性关键性技术，包括以下几方面。

(1) 极小自由空间爆破与致裂技术，包括组合加载破岩理论与技术；钻孔下岩性的实时监控；钻孔直径大小、数量(即补偿空间)对采场致裂、矿岩块度的影响；采场钻孔合理布置及孔内致裂理论、技术与方法等。

(2) 研究溶浸采矿技术的物理化学原理，扩大应用该项技术回收的矿物种类；在进一步加强细菌培育理论和技术的同时，注重对细菌培养与再生设备的研制，提高细菌应用水平。

(3) 溶浸液流动规律与固-气-液多场的耦合作用，包括矿物可溶性及合理浸出块度与浸出时间的关系；溶浸机理与置换技术；浸出液在自然结构体及人工致裂结构体中的水力流动规律与流速；溶浸液的合理布控及流动。

(4) 原地爆破溶浸采矿的合理采准布置及环境监控，包括水文地质构造及含隔水层的分布与特征；采场划分与矿块回采顺序；采准巷道合理布置；溶液汇集池的定位；采准巷道的支护技术与地压管理；注入溶浸液流动范围的监控与回收液的循环及再生。

7.2　与深部开采有关的选矿新技术

7.2.1　井下破碎磨矿

根据国内外发展趋势，越来越多的矿山都开始将破碎工序设置在井下，这是因为：

(1) 采用井下破碎，可减少采场二次破碎工作量，提高劳动生产率和回采强度。

(2) 采用井下破碎，大大改善了提升作业的劳动条件，并提高了工作的安全性。

(3) 矿石经过井下破碎后，其松散系数降低，可提高箕斗的有效载重量。同时，运输矿石块度小，对箕斗的冲击力小，减轻了对箕斗的破坏和磨损，从而减少了修理时间和设备的事故，有利于提高提升能力和实现提升设备的自动化。

但是，采用井下破碎也有一些缺点，主要是：

(1) 必须开凿大断面的破碎机硐室(一般破碎机硐室工程量达 1500～3000m^3)，增加了基建工程量、基建投资和施工时间。

(2) 破碎机硐室的通风防尘困难，需要采取专门的通风防尘措施。同时设备安装、检修也不方便。

(3) 井下采、装、运设备均需与破碎机的大小配套，才能充分发挥破碎机的作用。

因此，采用井下破碎的经济合理性是：回采合格块度增大后，二次破碎 1t 矿石节省的费用之和大于或等于井下破碎 1t 矿石的费用。随着越来越多的矿山将矿石粗碎的工序从选厂移到井下进行，原有的选厂破碎设备越来越满足不了井下破碎的要求，研制和使用占地面积小、能量消耗低、破碎能力强、生产效率高的破碎设备成为矿石井下破碎设备的发展方向[34-36]。

磨矿是将经过破碎的矿石再进一步磨细的工艺过程。磨矿粒度的粗细，主要取决于矿物在矿石中的嵌布粒度和选矿工艺要求。目前最常用的磨矿设备是球磨机、棒磨机、自磨机和半自磨机。对深部开采的矿山来说，随着矿石提升高度的增大，矿石运输费用和能耗相应增大。而如果能在地下将矿石粗碎、粗选并磨细，则可以避免运输大量的废石，同时输送矿浆的成本将远低于传统的矿石提升设备。因此，尽管地下磨矿尚未广泛地工业化应用，但也已经有很多矿山开始尝试工业试验、初步设计或小规模应用地下磨矿系统[37]。

半自磨工艺的优点是给矿粒度大，工艺环节少，工艺简单，可减少设备台数和生产岗位工人数量，降低建设投资，同时减少破碎作业对环境的污染。半自磨工艺在国外一直得到广泛的应用，近年来，国内的昆钢大红山铁矿、太钢袁家村铁矿、攀钢白马铁矿、鞍钢鞍千矿业等均采用了半自磨工艺。因此，为尽可能地简化破碎流程、减少产尘作业及硐室数量，结合工程选矿厂布置在地下的特点，地下选厂采用粗碎、半自磨工艺更加合适[38]。

7.2.2 井下预选

对于深部开采的矿山来说，如果能够在矿石进入磨矿作业前采用预选方法除去混入矿石中的废石，可以极大地节约矿石的提升成本，达到节能降耗、提质增效的目的[39,40]。

7.2.2.1 铁矿

针对国内很多铁矿露天转地下的开采现状以及井下矿岩赋存复杂难采的特点，在矿山夹层矿多、围岩大块多、贫化严重、生产和充填能力不足的前提条件下，有研究者对井下和露天转地下模式的矿山提出了采用“井下破碎-干选-充填联合系统工艺”的新方法[41]。

该工艺的核心技术是进行井下破碎大块、干选混合矿减少贫化以及利用干选后的岩石回填采空区，通过这三步达到“三提一降”(提高采矿生产能力，提高矿石回收率，提高充填能力，降低采矿综合成本)的目的。

“井下破碎-干选-充填联合系统工艺”的流程示意图如图 7-1 所示。

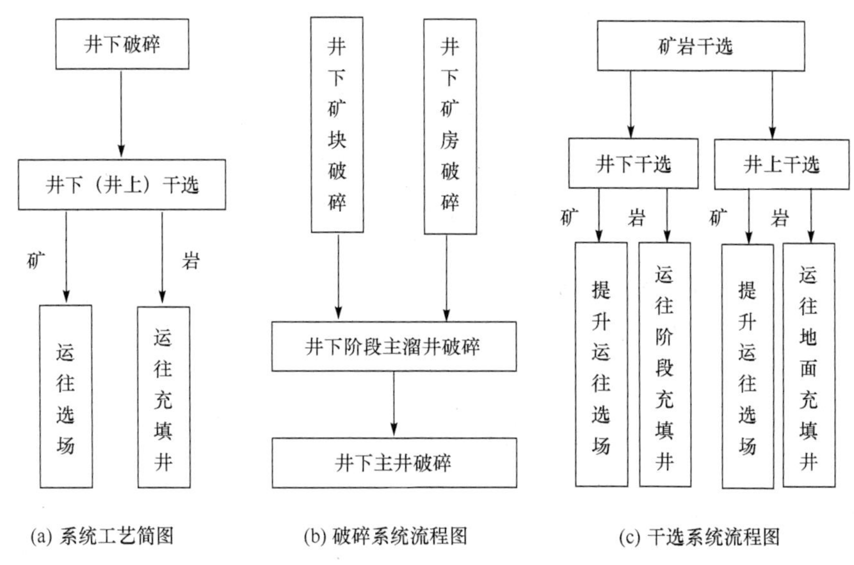

图 7-1　“井下破碎-干选-充填联合系统工艺”的流程示意图

(1) 井下干选系统一般有以下三种方案[41]。

方案一：干选系统建在井下主井矿仓上部

这种方案比较适合地面空间不够，环境要求严格，而且中段较多上向开采充填的矿山，条件好的可将废石直接升至充填矿房上一个中段便于充填；也可升至地表，在地表充填井附近储存下放运输至采空区充填。

方案二：干选系统建在地面主井矿仓下部

这种方案适合地面比较宽阔，运输条件较好的矿山，干选后的矿石废石直接分开运输，减少井下作业难度，利于生产调节。

方案三：干选系统也可建在阶段主溜井上部

这种方案分解了主井矿仓干选压力，但投资较大。

(2) 针对废石充填有以下三种方案。

方案一：充填废石在井下储存或直接充填采空区

这种方案适合矿井较深矿山或多阶段采矿的矿山，在井下破碎干选后的废石储存在井下废石仓，提升或运至各水平进行下一阶段矿房采空区充填。这种方案需要井下有充足的待充矿房。

方案二：废石在井下干选后提升到井口再输送到充填井

这种方案需要井下建设废石仓，双箕斗提升，直接将废石提升至地表，皮带或汽车运输至废石充填井处，根据井下需要下放运输到采空区。这种方案可以根据充填需要调节。

方案三：废石在井口干选后直接输送到充填井

这种方案和方案二类似。废石充填完后，还远远不能满足空间需要，这就需要再通过全尾砂或胶结尾砂充填来补充找平，废石回填采空区既利于充填砂浆脱水，又提高了充填能力，降低了充填成本。

7.2.2.2 有色金属矿

从 2000 年起，加拿大英属哥伦比亚大学(UBC)的 NBK 矿业学院受加拿大镍矿公司 INCO 的委托，在“地下预选”和“采矿-磨矿一体化”方面做了大量的研究和技术开发工作；先后提出了“地下粗粒预选”“水力输运”“模块化充填”等新技术，用系统的新技术把概念化的地下采选系统转化为工业应用实例[42]；通过地下预选技术，极大地提升了运输到地面的原矿品位，并且使废石得到了最大化利用。

UBC 对 INCO 公司所属 Sudbury 多金属铜镍硫化矿进行了地下粗粒抛废预选的研究。在模拟和试验的基础上提出了“地下采矿-预选一体化集成工艺”的地下预选方案。

应用该预选方案，大部分有色金属矿山的预选抛废率可达到 20%～55%，而有价金属的回收率仍能保持在 90%～95%，说明了该预选工艺流程对于有色金属矿山是可行的。

7.2.3 矿浆输送

对于深部开采的矿山来说，将矿石在井下破碎、研磨成矿浆，用管道输送(水力提升)的方法送至地表选矿厂，是一项具有发展潜力的技术。

管道水力输送与其他运输方案相比，具有基建投资低、对地形适应性强、不占或少占土地、连续作业受外界条件干扰小以及自动化程度高、技术可靠等一系列优点[43]。

7.2.3.1 长距离矿浆管道水力输送系统

目前管道输送在选矿厂长距离运送精矿和尾矿方面已经得到了广泛的工业应用[44-47]，国内外已建设运行的长距离矿浆管道工程详见表 7-1 和表 7-2。

表 7-1 国外长距离铁精矿浆体管道输送工程一览表

国家	地点	运距/km	管径/mm	输送浓度 C_w/%	运输能力/(万 t/d)
澳大利亚	萨维奇和	85	244	50～60	230
巴西	萨马科	396	508/457	60～70	1200
南非	博拉帕拉	265	406	50	440
墨西哥	佩纳克罗拉大	48	219	55～65	180
墨西哥	拉斯图加斯	27	273	55～65	150
墨西哥	拉赫库里斯	309	350	60～68	450
阿根廷	斯拉克兰德	32	219	55～65	210
印度	库德雷穆克	50	510～560	60～70	1000
朝鲜	茂山清津	98	275	50	200
俄罗斯	列别金斯克	26.5	323	55	240

表 7-2　我国已建设运行的长距离矿浆管道工程一览表

项目名称	运距/km	运输能力/(万 t/d)	管径/mm	投产年份	备注
陕西神渭输煤管道	730	1 000	610		6 级泵站，1 个消能站
贵州瓮福磷精矿(一期)	46.7	210	228.6	1995	1 级泵站
贵州瓮福磷精矿(二期)	46	350	355.6	2013	1 级泵站，1 个消能站
贵州开阳磷精矿管道	17	230	219.1	2006	1 级泵站
昆钢大红山铁精矿(一期)	171	230	244.5	2007	3 级泵站
昆钢大红山铁精矿(二期)	171	350	244.5	2010	5 级泵站
昆钢大红山铁精矿(三期)	140	200	340	2014	3 级泵站，1 级消能站
昆钢东川包子铺铁精矿	11	50	168.3	2011	1 级泵站，跌坎消能
包钢白云鄂博铁精矿	145	350	356	2009	1 级泵站，1 个消能站
攀钢新白马铁精矿	97	300	273.1	2012	1 级泵站，1 个消能站
太钢尖山铁精矿(一期)	102	200	229.7	1997	1 级泵站
太钢尖山铁精矿(二期)	102	260	229.7	2005	1 级泵站
太钢袁家村铁精矿	18	740	406.4	2013	1 级泵站，1 个消能站
太钢袁家村尾矿	6.4	1600	660	2013	1 级泵站
鞍钢调军台铁精矿	22	302	225	1997	1 级泵站
中信泰富(澳洲)铁精矿	30	3300	813	2014	1 级泵站
中冶瑞木红土镍矿	135	380	630	2011	1 级泵站，1 个消能站

7.2.3.2　*矿浆垂直管道水力输送系统*

以上的管道运输都是埋藏在地表的管道，且运输的水力坡度都比较小。而对深部采矿来说，需要的是垂直方向长距离的矿浆水力运输系统。该系统是一种以矿浆制备和管道输送技术为核心的井下综合性矿石运输提升系统。这种垂直水力输送系统的优点是输送矿浆作业连续、生产率高、有较大灵活性、易于调整生产能力、基建周期短、比机械运输提升系统的基建费和设备投资费低、生产费用也可大大减少、生产系统简单便于管理，而且有利于实现生产自动化和连续采矿[48,49]。

加拿大 Ming 矿山是位于 Newloundland 地区的一个地下铜-金矿，属于 Rambler 金属与矿业公司，采出的矿石由地下提升至地面选矿厂生产含金铜精矿。随着开采模式的转变，该矿山要扩大生产，日采矿石从原有的 630t/d 计划增加到 3750t/d。随着采出矿石量的增大，就需要对现有的开采、提升、运输设备和选矿设备进行重新规划设计。加拿大英属哥伦比亚大学 NBK 矿业学院提出了地下“重介质预选(DMS)-高压辊磨-水力输送”的设计方案。破碎后的矿石首先进行重介质预选，预选的精矿送到高压辊磨破碎至适宜管道运输的粒度，然后配成矿浆通过管道输送系统送至地面。其中水力输送设备可以用离心泵，但需要多级提升；或者也可以用高压容积泵，减少提升级数。每级提升泵处还要设置料斗作为矿浆回流装置，以便在断电或故障时处理多余的矿浆。在地面处设有脱水旋流器，矿浆中大部分水和细颗粒经旋流器溢流返回地下，而浓缩后的旋流器沉砂进入选厂进行分选。工业试验结果表明，重介质预选的抛废率可以达到 30%～40%，铜回收率可以达到 95%，原矿铜品位从 1.4%提高到 2%[50]。

7.2.4 井下选矿厂

根据深埋矿产资源的特点，地下采选一体化系统摒弃传统开采的方法和思路，提出将选矿厂直接建到地下深部，从而实现矿石短距离提升、地下选矿、精矿管道输送、尾砂就近地下充填等一体化的开发方法。地面无选矿厂和尾矿库，省去征地以及尾矿库的建设与维护管理，对环境、景观和生态无影响，省去了矿石无益提升、尾矿排放等环节，其经济、社会效益巨大[51,52]。

7.2.4.1 选矿厂建在井下的优点

选矿厂建在地下可以降低深部矿山的采选总体成本，建设绿色、环保、智能的矿山。

(1) 降低矿山生产成本，节省能耗。

选矿厂建设在地下，地下开采的矿石可直接给入选矿系统，减少运输环节、减少矿石的无益提升，选矿厂尾矿浓缩后直接充填至采场采空区，避免了尾矿的无益提升，起到了降本降耗的目的。

(2) 节约土地，减少环境污染。

选矿厂建设在地下，除必要的办公设施和机修设施须放置在地表外，选矿主体工艺和生产配套设施均放置在地下，节省了选矿厂的地表占地，省去了征地和地表选矿厂的建设与维护管理，减少了对生态和环境的影响[38]。

(3) 为深部资源开发利用提供了有效途径。

随着地球深部矿产资源的勘探开发水平的不断提高，矿产资源开采深度将不断加深，若采用传统地下采矿、地表选矿的方法，势必增加联合成本。采用地下建设选矿厂，可大幅度降低生产成本，获得更大的经济效益[38]。

7.2.4.2 地下选矿厂建设的主要特点

(1) 节省能耗。

选矿厂建设在地下，只须把精矿提升至地表进行后续加工，尾矿就近回填至采空区，节能效果显著。

(2) 节省占地。

除必要的办公设施和机修设施外，地面无选矿厂和尾矿库设施，省去征地及占地。

(3) 绿色环保。

地面无选矿厂和尾矿库设施，减少了环境的污染。

(4) 智能、连续、无人化生产。

地下采矿、矿井提升、地表选矿的传统生产模式，采矿和选矿可作为两个独立的生产部门存在，作业之间相互干扰较少，自动控制系统也都各成体系。地下建设选矿厂与传统模式不同，采矿、选矿衔接更为紧密，采选必须作为一个整体给予考虑。因此，高水平的自动控制系统是至关重要的，通过设备控制、过程控制、生产执行和经营管理，实现地表控制中心对地下生产的统一调度、统一管理、统一监控，真正实现采选全流程的智能化、自动化和无人化生产[38]。

(5) 基建工程量大，施工复杂。

地下建设选矿厂与地表建设选矿厂相比，省去了矿石主井提升系统、地表选矿厂建筑物，但增加了斜坡道开拓系统、管道井及选矿厂硐室工程量。另外，选矿厂硐室跨度及高度相对较大，施工及支护难度增加[38]。

7.2.4.3 地下选矿厂的设计和发展

早在 20 世纪 80 年代，美国、苏联、秘鲁、瑞典、加拿大、意大利等国就有关于局部或全部建设地下选矿厂的研究[53]。

完整的井下选矿循环目前仅在有色冶金矿山进行了工业化尝试。例如，在秘鲁的马德利加尔铜锌矿从粗碎到浮选的整个选矿循环都是在地下巷道中进行，所得到的精矿也在地下进行过滤浓缩，然后把精矿装入矿车运到地表。

由于金矿埋藏深度越来越深，南非深部采矿的矿山面临提升费用日益增高的问题。过去五年中南非矿山协会研究和试验了一种比较简单的地下选金的选矿工艺。该工艺包括一台小型磨矿机、一排浮选机以及分级用的水力旋流器，设计生产能力可以达到 27t/h。选厂占地仅为普通选厂机械设备所需占地的 50%左右。按照该研究小组的计算，该方法可以将 98%以上的金富集于 30%和 40%的原矿中(按体积计)，因此这种地下建选矿厂的做法减少了必须运到地面的废石量[54]。

南非 Gwynfynydd 金矿是一个小型矿山，该金矿的选厂主体流程建在地下，采用两段破碎，一段是颚式破碎机，另一段是旋回破碎机；破碎后的矿石经棒磨机磨矿后送入两台尼尔森选矿机进行重选，重选金矿再在摇床上进行精选，摇床得到的金精矿送去冶炼厂进行熔炼[55]。

国内鞍钢集团张家湾铁矿矿石储量 1.2 亿 t，矿体走向延长 2450m，平均厚度为 35m，矿体平均倾角为 85°。原矿全铁平均品位 33%，全部为磁铁矿石，易磨易选。矿体内和上下盘硬岩层内皆适宜布置井巷及大型硐室工程。设计人员认为这样的矿山更适合采用地下选矿的采选联合工程。2015 年 8 月，中冶京诚(秦皇岛)工程技术有限公司完成了张家湾铁矿地下采选一体化工程的初步设计，目前仍在进一步完善中[56]。

由于选矿厂设置在地下，为简化选矿流程、减少粉尘、减少硐室数量，结合鞍山地区磁铁矿的选矿工艺特点，张家湾铁矿选矿采用“粗碎-大块干选-半自磨+立磨的阶段磨矿-阶段弱磁选”的选别工艺流程。

7.2.5 选矿厂自动化及选矿操作机器人

选矿自动化是指在选矿生产中，采用仪表、自动装置、电子计算机等技术和设备，对选矿生产设备状态和选矿生产流程状况实行监测、模拟、控制，并对生产进行管理的技术。它包括选矿测试技术、选矿过程控制、选矿过程数学模型和选矿过程模拟以及选矿生产的计算机管理。选矿自动化综合应用了传感器技术、电子技术、自动控制理论、通信技术及电子计算机科学等多方面的成就，选矿自动化的发展与这些学科密切相关[57-60]。

对于深部开采的矿山来说，如果部分或全部选矿工艺设在地下，则必须提高整个选矿系统的自动化程度和远程控制能力，以减少在地下工作的工人人数和劳动强度。目前已经有很多选厂开发并应用了先进的在线监测和自动控制系统，如果继续优化和发展，则可在不久的将来应用于深部开采的地下选矿厂[61,62]。

7.2.5.1 碎磨过程在线监测与自动化控制

南非的两个金矿选矿厂的碎磨流程中安装了高级控制系统，这个系统是以 OCS 软件为基础，联合模糊逻辑和在线动态现象模型的灵活专家系统作为整个碎磨过程的高级软件传感器。其优点是更好地控制颗粒的大小，使得金矿回收率最大化[63]。

为了使产品指标最佳化，在磨浮过程中也可采用“智能最佳控制”(IOSC)方法，即通过在线控制调节控制回路中的设置点来处理边界条件改变的情况。这个智能最佳控制方法结合案例推理(case-based reasoning，CBR)预调控制和神经网络(NN)模糊软件调节，使之成为有效的控制模型，尽管这几个软件每个控制单元都很完善，但是将它们的创新性结合在一起能够产生更加理想的效果。

无人值守的巴润选矿破碎系统可以通过分析皮带机的常见故障类型，确定皮带综合保护的检测方法及连锁保护，实现了对皮带机故障的实时检测和综合判断，降低了故障扩大化的可能性[64]。此外，下料小车自动布料系统中，创新性引入激光测距仪对布料小车进行定位与控制，可以避免小车的冲突，实现无人值守。

有研究机构提出了由过程管理、智能优化和过程控制三层结构组成的综合自动化系统[65]。通过运行效果表明该系统不仅可以稳定整个磨矿过程，而且提高了磨矿效率。典型的综合自动化系统分为过程控制、过程优化、生产调度、企业管理和经济决策五层结构；柴天佑院士在上述五层结构的基础上提出了基于企业资源计划(ERP)／制造执行系统(MES)／过程控制系统(PCS)三层结构组成的综合自动化系统，极大地推动了矿山企业综合自动化系统的发展。

美国的 DeltaVDCS 系统是目前最先进的磨浮过程自动控制系统。磨浮生产过程参数检测配备有从芬兰 Outokumpu 公司引进的库里厄 30 型载流 X 射线荧光分析仪、PSI-200 型在线粒度分析仪以及三原电子皮带秤、TN 系列 γ 射线浓度计、科隆电磁流量计、阿牛巴流量计、pH 计、1151LLT 压力变送器、VEGA 泵池液位计、电机及磨机温度检测、多种型号的气动调节阀等 100 余套仪表。应用这些仪表已实现的磨矿浮选控制回路有：恒定给矿控制、比例给水、泵池液位控制、溢流浓度、旋流器压力控制、浮选风量控制、浮选液位控制以及药剂、石灰添加控制等。这些在线监测和控制系统可以用于深部开采过程中地下选矿工艺的远程监控[66,67]。

7.2.5.2　浮选泡沫在线监测与自动化控制

浮选泡沫图像分析仪能实现浮选泡沫的参数化和实时监测，方便现场调节[68-70]。DF-IA-I 型浮选泡沫图像分析仪已经在乌努格吐山铜钼矿选厂得到现场应用[71]。实践表明，该仪表运行稳定、结果可靠，对稳定浮选生产有一定的指导作用，并可以为优化控制和专家系统提供量化的数据支撑。

为了强化系统的反应和纠错能力，还可利用 PCA 系统采用多变量数据来模拟在线诊断操作数据和错误检测之间的关系，并利用 PLS 模型预测目标的变量来达到控制的目的[72]。

7.2.5.3　选矿自动化发展现状及存在的问题

选矿与其他行业比较，自动化的普及程度与装备水平相对较低，除了流程生产对仪表的依赖程度不同外，制约选矿自动化发展的几个主要环节或因素在于：

(1) 设计开发不合理。一些设计开发不切实际，仪表选型或具体措施不当，对仪表可能出现的问题没有充分估计。投入运行后问题太多，整体困难，项目资金已经付出，这往往是存在“烂摊子”的主要原因。一些控制系统应用后需要大量的维护工作，维护成本较高。

(2) 选矿过程的参数自动检测仪表没有突破性的进展。一些关键过程参数的检测仪表仍然存在安装复杂、可靠性低、运行寿命短、测量精度低等问题。

(3) 对自动化系统的长期使用和维护方面缺乏必要的重视，没有长久的系统维护计划，缺乏相关专业的技术人员进行自动化系统的维护，无法自行解决系统可能出现的故障。

但必须指出的是，在深部开采的矿山进行井下破碎、磨矿、预选等操作必须要配备精准的在线监测系统和自动控制系统，从而尽量减少现场的工作人员。因此，井下选厂的自动控制是未来发展的主要方向。此外，能否开发选矿机器人，代替人在地下潮湿闷热的环境下工作，例如，由机器人进行磨机钢球补加工作，由机器人进行浮选液位调控或者由机器人监测并解决选矿厂跑冒滴漏问题等，从而真正实现无人选矿，也是未来发展的一个新方向[73]。

7.3　未来的发展趋势与战略规划

目前，井下选矿尚有很多关键技术有待开发和应用，这个领域未来的发展趋势和战略规划重点表现在以下几个方面。

7.3.1 井下破碎磨矿工艺与设备

为了配合矿浆管道输送必须在地下进行破碎和磨矿，虽然破碎磨矿在各类普通矿山已经有广泛且成熟的工业应用，但对未来深部开采的矿山能否建设井下破碎系统还未进行深入研究。为此，针对井下破碎磨矿，须重点进行以下研究：

(1) 深部开采矿山对破碎设备的要求。

(2) 深部开采矿山专用破碎和磨矿设备的开发。

(3) 深部开采矿山地下环境条件对设备的影响，包括温度、湿度、通风、除尘、噪音、振动等条件。

7.3.2 井下预选技术

深部采矿的问题之一是提升成本高，所以如果能在井下进行预选，抛去大部分废石，则可以明显减少矿石提升量，降低成本。井下预选技术包括磁铁矿井下预选、硫化矿井下预选以及其他有色金属井下预选技术等。主要针对井下预选应该研究和开发的技术如下：

(1) 现有预选技术对井下环境的适应性。

(2) 能够适应地下空间及工作环境的专用设备。

(3) 弱磁性矿物的干式强磁预选技术在井下的应用。

(4) 有色金属矿石预选方法进展及在井下的应用。

7.3.3 矿浆管道垂直输送技术

目前尾矿和精矿管道输送已经有较多应用，针对深部采矿提升成本高的现状，在地下破碎磨矿，然后以矿浆的形式输送到地面进行选矿，矿浆输送可能比提升固体矿石成本低。针对矿浆输送需要研究和开发的技术如下：

(1) 管道垂直输送技术，如矿浆垂直输送对矿石粒度、矿浆浓度和黏度等的要求。

(2) 矿浆垂直输送设备。

(3) 矿浆输送与矿石提升技术经济的比较，采用不同深度和不同输送量进行技术经济对比，确定各自的优缺点。

(4) 矿浆垂直输送管道，包括管道材质、管径、安装及维护技术等。

7.3.4 地下选厂设计、建设和运行技术

针对深部采矿提升成本高的问题，能否配合深部采矿，把选矿厂也建在地下，选矿后只输送精矿，包括干式精矿提升或矿浆直接输送，应进行研究和开发的技术如下：

(1) 选矿厂建在地下，特别是配合深部采矿所建选矿厂规模、原矿类型、选别方法等因素与工程造价和运营成本的关系。

(2) 在地下建设不同规模的选矿厂所需的硐室规模、数量、连接方式和岩石的稳定性、支护方式、成本的关系。

(3) 大型设备的起吊运输方式、设备对硐室高度的要求，以及不同的工段对硐室高

差和数量的要求。

(4) 深部地下选矿厂布置方式，如集中布置、分散布置、分层布置等的优缺点及与周围环境的关系。

(5) 地下选矿厂建设和安装技术。

(6) 地下选矿和地面选矿经济技术的比较。

(7) 地下选矿厂对地下环境的影响，如高温、气味、粉尘、噪音等对地下环境的影响和治理技术等。

7.3.5　选矿自动化和选矿机器人技术

地下选矿厂环境条件较差，因此必须加强选矿过程控制的自动化过程，能否建立无人选矿厂，或用机器人代替人进行选矿过程的操作，技术人员进行遥控或辅助控制，应进行研究和开发的技术如下：

(1) 在深部开采的井下实现智能选矿。

(2) 深井选矿厂控制技术及控制方式，如远程控制和操作技术研究，把选矿厂建在地下，而控制部分建在地面的可行性及经济性等。

(3) 选矿操作机器人技术，如开发针对地下选矿厂专用的操作和维修机器人。

(4) 深井选矿厂建设、安装技术，以及维修方式。

(5) 选矿厂建设位置技术经济的比较。

7.3.6　采选结合技术

针对采选结合，应进行研究和开发的技术如下：

(1) 原位浸出技术及适应性研究。

(2) 深部矿山原位浸出的技术难点及解决方法。

(3) 尾矿排放与充填采矿方法的衔接技术。

参 考 文 献

[1] Nehring M, Topal E, Little J. A new mathematical programming model for production schedule optimization in underground mining operations[J]. Journal of the South African Institute of Mining and Metallurgy, 2010, 110(8)：437-446.

[2] Gönen A. Longhole Stoping at the Asikoy Underground Copper Mine in Turkey[M]. Mining Methods：INTECH Open Access Publisher, 2012.

[3] Blachowski J, Ellefmo S. Numerical modelling of rock mass deformation in sublevel caving mining system[J]. Acta Geodyn. Geomater, 2012, 9(9)：379-388.

[4] 张振权, 饶绮麟, 陈伟. PEWA90120 外动颚低矮破碎机及其在井下破碎系统中的应用[J]. 国外金属矿选矿, 2005, 42(08)：15-17.

[5] 王晖, 王海宁. 安徽某铜矿井下破碎站粉尘污染治理[J]. 资源环境与工程, 2006, 20(04)：418-420, 29-32.

[6] 张方成, 吴海涛. 安庆铜矿坑内破碎系统的技术改造[J]. 采矿技术, 2013, 13(2)：15-16.

[7] 魏建海. 大红山铁矿地下破碎站设计中若干问题的处理[J]. 有色金属设计, 2009, 36(3)：29-32.

[8] 宁振明, 徐永坤, 刘秀峰. 地下矿山粗破系统设备优化可行性探讨[C]//晋琼粤川鲁冀辽七省金属(冶金)学会第二十一届矿业学术交流会. 中国山西太原：山西省金属学会, 2014：446-447.
[9] 卢寿慈. 几个值得注意的选矿技术发展趋向[C]//1997 中国钢铁年会论文集(上). 北京：中国金属学会, 1997：196-199.
[10] 马春华, 黄治能. 溶浸采矿技术研究应用现状综述[J]. 采矿技术, 2013, 13(03)：42-45.
[11] 李敏. 生物冶金技术研究综述[J]. 山西冶金, 2014, 37(01)：9-10.
[12] 全爱国, 欧阳建功. 我国原地破碎浸出开采及其发展前景[A]. 中国黄金学会等, 1999.
[13] 李凌波. 原地爆破浸出采铀中浸出和水冶工艺的研究[D]. 湖南大学硕士学位论文, 2005.
[14] 吴爱祥, 王洪江, 杨保华, 等. 溶浸采矿技术的进展与展望[J]. 采矿技术, 2006, 6(03)：39-48.
[15] 王军. 低品位复杂硫化铜矿生物浸出的研究与应用[D]. 中南大学博士学位论文, 2011.
[16] Davidson D H , 杨文轩. 有色金属矿的就地浸出[J]. 矿产保护与利用, 1981, (03)：53-57.
[17] 施勋偕, 余斌. 原地溶浸采矿技术国内外研究概况与发展趋势[J]. 有色矿冶, 1999, (05)：1-5.
[18] 赵贺永, 谭凯旋, 刘绘珍. 地下溶浸采矿技术与我国铀矿山的可持续发展[J]. 矿业快报, 2005, 24(12)：1-3.
[19] 苏学斌, 杜志明. 我国地浸采铀工艺技术发展现状与展望[J]. 中国矿业, 2012, 21(09)：79-83.
[20] 张飞凤, 苏学斌, 邢拥国, 等. 地浸采铀新工艺综述[J]. 中国矿业, 2012, 21(08)：8-11.
[21] 吉兆宁. 地下溶浸采矿技术在我国铜矿山的应用[J]. 有色金属(矿山部分), 2002, 54(03)：11-13.
[22] 吉兆宁, 黄光柱. 地下溶浸采矿技术与我国铜矿山的可持续发展[J]. 有色金属, 2002, 54(04)：99-101.
[23] 任宏. 江西武山铜矿斑岩体含矿性研究[J]. 科技传播, 2013, (09)：143-144.
[24] 许庆林. 山西中条山铜矿峪铜矿矿床地质特征及成因研究[D]. 吉林大学硕士学位论文, 2010.
[25] Zammit C M, Brugger J, Southam G, et al. In situ recovery of uranium-the microbial influence[J]. Hydrometallurgy, 2014, 150：236-244.
[26] Gallegos T J, Campbell K M, Zielinski R A, et al. Persistent U(IV) and U(VI)following in-situ recovery (ISR)mining of asandstone uranium deposit, Wyoming, USA[J]. Applied Geochemistry, 2015, 63：222-234.
[27] 徐乐昌, 王德林, 孙先荣, 等. 美国 Smith Ranch 铀矿地浸工艺与设施介绍[J]. 铀矿冶, 2005, 24(2)：69-72.
[28] 钟平汝, Larry M G. 美国 Highland 铀矿碱法地浸采铀工艺(待续)[J]. 铀矿冶, 2004, 23(2)：69-72.
[29] 谈成龙. 澳大利亚弗罗姆湖湾地区地浸方法开发的砂岩型铀矿[J]. 国外铀金地质, 2000, 17(2)：97-102.
[30] 徐慧. 澳大利亚铀矿系统工程[J]. 资源环境与工程, 2014, (6)：1017-1017.
[31] Sinclair L, Thompson J. In situ leaching of copper: Challenges and future prospects[J] . Hydrometallurgy, 2015, 157：306-324.
[32] Heath J A, Jeffrey M I, Zhang H G, et al. Anaerobic thiosulfate leaching：Development of in situ gold Leaching systems[J]. Minerals Engineering, 2008, 21(6)：424-433.
[33] Martens E, Zhang H G, Prommer H. In-situ recovery of gold：Column leaching experiments and reactive transport modeling[J]. Hydrometallurgy, 2012, 125-126：16-23.
[34] 巩玉华, 陈士军, 李常华. 井下充填矸石破碎、供给系统的设计及应用[J]. 山东煤炭科技, 2012, (6)：51-52.
[35] 段东明. 井下充填破碎系统的工艺设计及设备选型[J]. 中国西部科技, 2010, 9(33)：37-39.
[36] 秦军. 铁矿井下破碎系统设计[J]. 矿业工程, 2012, 10(01)：66-68.
[37] Klein B, Hall R, Scoble M, et al. Total systems approach to design for underground mine-mill

integration[J]. CIM Bulletin, 2003, 96(1067)：65-71.
[38] 陆欢欢, 董一宁, 宋宁波. 辽宁某铁矿地下选矿工艺设计[J]. 现代矿业, 2015, 31(9)：54-58.
[39] Murphy B, van Zyl J, Domingo G. Underground preconcentration by ore sorting and coarse gravity separation[C]. 2012.
[40] Morin M, Bamber A, Scoble M. Systems analysis and simulation of narrow-vein mining method with underground preconcentration[C]//Proceedings Second International Symposium on Narrow-Vein Deposits. University of British Columbia, 2004：1-14.
[41] 褚学超, 刘相文. 井下破碎-干选-充填联合系统工艺应用探讨[C]//山东金属学会. 鲁冀晋琼粤川辽七省金属(冶金)学会第十九届矿山学术交流会论文集(采矿技术卷). 中国山东济南：山东金属学会, 2012：216-218.
[42] Cox J J, Ciuculescu T, Goode J R, et al. Technical report on the Thor lake project, northwest territories[R]. Canada, 2011：43-101.
[43] 吴湘福. 矿浆管道输送技术的发展与展望[J]. 金属矿山, 2000, (06)：1-7.
[44] 何成. 长距离矿浆管道输送过程检测与控制关键技术的研究[D]. 湖南大学, 2014.
[45] Vutukuri V S, Singh R N. Recent developments in pumping systems in underground metalliferous mining[J]. Mine Water and the Environment, 1993, 12(1)：71-94.
[46] 徐艳兵. 高压长距离管道输送技术在太钢尖山铁矿的应用现状[C]//鲁冀晋琼粤川六省金属学会第十四届矿山学术交流会论文集. 中国山东青岛：山东省金属学会, 2007：267-269.
[47] Wilson K C, Addie G R, Sellgren A, et al. Slurry transport using centrifugal pumps[M]. Springer Science & Business Media, 2006.
[48] 唐达生, 阳宁, 金星. 深海粗颗粒矿石垂直管道水力提升技术[J]. 矿冶工程, 2013, 33(5)：1-8.
[49] Sellgren A. Mine water: A resource for transportation of ores from underground mines[C]//Proceedings, 1985：1027-1037.
[50] Sellgren A, Jedbbom A, Hansson K. 地下矿山延深开采时的一种经济可行方案-水力提升[J]. 国外非金属矿与宝石, 1990, (2)：7-10.
[51] 邵安林. 矿产资源开发地下采选一体化系统[M]. 北京：冶金工业出版社, 2012.
[52] 苑占永, 孙豁然, 李少辉, 等. 地下采选一体化系统采充平衡临界品位研究[J]. 金属矿山, 2011, (3)：27-30.
[53] 孙豁然, 毛凤海, 柳小波, 等. 矿产资源地下采选一体化系统研究[J]. 金属矿山, 2010, (4)：16-19.
[54] 冯兴隆, 贾明涛, 王李管, 等. 地下金属矿山开采技术发展趋势[J]. 中国钼业, 2008, (2)：9-13.
[55] 王维德. 南非金矿开采机械化和现代化[J]. 矿业工程, 1982, (2)：57-60.
[56] 唐廷宇, 陈福民. 张家湾铁矿地下采选联合开采新思路[J]. 矿业工程, 2015, (05)：11-12.
[57] 柴义晓, 许维丹. 选矿自动化技术探讨[J]. 工矿自动化, 2011, 37(10)：73-76.
[58] 孙晓程. 浅谈选矿自动化的发展[J]. 山东工业技术, 2014, (24)：49.
[59] 孙云东, 杨金艳. 国内选矿自动化技术应用及进展[J]. 黄金, 2010, 31(04)：35-38.
[60] 周俊武, 徐宁. 选矿自动化新进展[J]. 有色金属(选矿部分), 2011, (S1)：47-54.
[61] 徐明冬. ACT 先进控制在大山选矿厂的应用[J]. 矿冶, 2003, 12(03)：76-78.
[62] 张绵慧, 薛向军. 选矿自动化控制系统与流程设计[J]. 硅谷, 2012, (12): 71-72.
[63] Bouché C, Brandt C, Broussaud A, et al. Advanced control of gold ore grinding plants in South Africa[J], Minerals Engineering, 2005, 18(8): 866-876.
[64] 张国兴, 王俊芳. 无人值守在巴润选矿破碎系统的应用[J]. 包钢科技, 2014, 40(6): 67-69.
[65] 杨志刚, 张杰, 李艳姣. 磨矿过程综合自动化系统[J]. 河北联合大学学报: 自然科学版, 2014, 36(1): 66-70.

[66] Zhou P, Chai T, Wang H. Intelligent optimal-setting control for grinding circuits of mineral processing process[J]. Automation Science and Engineering, IEEE Transactions on, 2009, 6(4): 730-743.

[67] Chen X, Li Q, Fei S. Supervisory expert control for ball mill grinding circuits[J]. Expert Systems with Applications, 2008, 34(3): 1877-1885.

[68] Shean B. J, Cilliers J. J. A review of froth flotation control[J]. International Journal of Mineral Processing, 2011, 100(3-4): 57-71.

[69] Bartolacci G, Pelletier P, Tessier J, et al. Application of numerical image analysis to process diagnosis and physical parameter measurement in mineral processes Part I：Flotation control based on froth textural characteristics[J]. Minerals Engineering, 2006, 19(6-8): 734-747.

[70] Aldrich C, Marais C, Shean B J, et al. Online monitoring and control of froth flotation systems with machine vision：A review[J]. International Journal of Mineral Processing, 2010, 96(1-4): 1-13.

[71] 梁栋华, 于飞, 赵建军, 等. BFIPS-Ⅰ型浮选泡沫图像处理系统的应用与研究[J]. 有色金属(选矿部分), 2011, (1): 43-45.

[72] Bergh L G, Yianatos J B. The long way toward multivariate predictive control of flotation processes[J]. Journal of Process Control, 2011, 21(2): 226-234.

[73] Jämsä S L. Current status and future trends in the automation of mineral and metal processing[J]. Control Engineering Practice, 2001, 9(9): 1021-1035.

第8章　深井遥控自动化智能采矿

在矿床开采中，以开采环境数字化、采掘装备智能化、生产过程遥控化、信息传输网络化和经营管理信息化为特质，以实现安全、高效、经济、环保为目标的采矿工艺过程，称为智能采矿[1]。智能采矿以计算机与网络技术为平台，以采矿设备自动化与智能化为基础，将矿山资源、井巷系统等对象的空间和属性信息实现数字化存储、传输、表述和分析处理，并应用于各个生产环节及管理决策之中，以达到生产方案最优化、开采过程智能化、管理高效化和决策科学化的目的[2,3]。

自动化智能采矿系统采用先进的传感及监测技术、采矿设备遥控与智能化技术、井下无轨导航与控制技术、高速数字通信网络技术等，以智能设备取代人完成各种采矿作业，最终实现无人采矿[4]。遥控自动化智能采矿能从根本上解决深井高温环境和高应力诱导的各种灾害事故对以人为主体的采矿安全的威胁，而且使采矿效率、矿石回收率等得到最大的提高，同时能够依靠安全技术的保障，确保复杂、难采矿产资源的开采利用。

我国金属矿山逐步由浅层开采转向深部开采，由于资源赋存条件、开采工艺、生产流程、生产装备的差异，以及资源的不确定性和动态性、工作场所的离散性、生产力要素的移动性、生产环境的高危险性等特点，形成了诸多难题，矿山企业生产效率低下，事故频发。为提高我国金属矿山开采技术实力，开展地下金属矿山智能开采技术研究尤为重要。

8.1　遥控自动化智能采矿技术的发展现状

8.1.1　国外金属矿遥控自动化智能采矿发展概况

采矿贯穿人类社会发展的整个历史过程，采矿技术的发展轨迹为手工采矿、机械化采矿、自动化机械化采矿、遥控智能化采矿、无人采矿。随着微电子技术和卫星通信技术的飞速发展，采矿设备自动化和智能化的进程明显加快，程式化控制和集中控制的无人驾驶采矿设备，已进入工业应用阶段，为无人采矿的变革，提供了重要技术条件。据不完全统计，已开展地下矿山遥控智能化采矿试验和技术应用的包括瑞典、加拿大、芬兰、澳大利亚、美国、南非、智利等10多个国家[5-18]。

现代信息技术的发展与应用使得矿山的自动化智能开采成为可能。从20世纪90年代开始，瑞典、加拿大、芬兰等国家为取得在采矿工业中的竞争优势，先后制订了“智能化矿山”和“无人矿山”的发展规划[1]。

瑞典遥控自动化智能采矿发展很早，1987 年制订了“Grounttecknik 2000”战略计划，着力于提高矿山自动化水平。LKAB 公司的基律纳铁矿自动化程度非常高，提升运输在 20 世纪末完全实现自动化，目前采场凿岩、装运和提升都已实现智能化和自动化作业，凿岩台车和铲运机都已实现无人驾驶，人员逐步向维护和地表发展[5]。近年来，瑞典的山特维克、阿特拉斯科普柯等国际知名采矿装备公司均大力开展智能采矿装备及相关技术研究，研制的大量采矿设备具有很好的自动化与智能化功能，同时开发了多款智能矿山技术与系统，如 AotoMine 系统、OptiMine 系统和 MineLan 系统。遥控自动化智能采矿的市场需求和发展前景，促使此类国际采矿装备公司逐步由单一设备供应商向技术解决方案供应商转变[9-12]。

加拿大 1993 年实施了采矿自动化项目(MAP)五年规划，预算 2000 万美元，由加拿大国际镍有限公司、鹰桥镍矿有限公司、加拿大自动化与机器人技术中心等单位共同开展相关研究。国际镍公司将遥控自动化智能采矿定义为“利用目前最先进的技术，包括地下通信、定位、工艺设计、监视和控制系统，去操纵采矿设备与采矿系统”。遥控自动化智能采矿工艺包括自动凿岩、自动装药与爆破、自动装岩、自动转运、自动卸岩和自动支护等，其技术基础是高速地下通信系统和高精度地下定位、定向系统(精度要求毫米级别)。MAP 研究规划使加拿大在采矿遥控自动化技术方面处于国际领先地位，既保持采矿工业的竞争优势，又形成了新的支柱技术产业[13,14]。

国际镍公司在加拿大安大略省的萨德伯里盆地的几家地下镍矿，实现了从地面对地下矿山进行控制，甚至可以从 400km 以外的多伦多对地下镍矿的采、掘、运等活动进行远距离控制。遥控采矿的核心部件是国际镍公司开发的一个能在地下获取定位数据的名为“Horta”的装置。将该装置安装在地下观测车上，当观测车在地下或矿体内部巷道中漫游时，可利用激光陀螺仪和激光扫描仪在水平和垂直面上扫描矿山巷道的断面，进而构建巷道的三维结构图，加拿大已经在数字矿山和遥控采矿方面取得了巨大的成就。

加拿大还制订一项拟在 2050 年实现的远景规划，即在加拿大北部边远地区建设一个无人化矿山，从萨德伯里通过卫星操控矿山的所有自动化智能设备，实现机械破碎和自动采矿。为此，加拿大国际镍公司基于有线电视和无线电发射技术研制出一种地下通信系统，将宽带网络与矿山各中段的无线电单元相结合，能够传输多频道的视频信号，操作每台作业设备。目前该系统在斯托比(Stobie)矿成功试用，使固定设备实现了自动化运行，通过工人地面遥控，铲运机、凿岩台车和井下汽车实现无人驾驶，整个井下基本不需要安排工作人员。

芬兰 1991 年提出了智能矿山技术研究计划(IM)，由芬兰技术开发中心(TEKES)牵头，奥托昆普采矿服务公司、坦罗克凿岩机公司和装运机公司、诺尔梅特奥利翁公司、洛克莫公司以及赫尔辛基工业大学岩石研究所共同完成。该计划包括 28 个研究项目，预算 1200 万美元，通过对资源和生产的实时管理、设备自动化和生产维护自动化三个领域的研究，初步建立智能矿山技术体系，显著提高了露天矿和地下矿的生产效率和经济效益。在此基础上，芬兰进一步提出了智能矿山实施研发技术计划(IMI)，开发出先进智能化机械装备与系统，并在奥托昆普公司凯米地下矿进行了应用试验，显著提高了矿山的劳动生产率，降低了生产成本，工作条件得到极大改善[15]。

澳大利亚 CSIRO(联邦科学与工业研究组织)在 2001 年的项目“勘探和采矿数据四维可视化”中,用 VRML(虚拟现实建模语言)和 JAVA(计算机编程语言)建成了一个交互的、四维可视化平台。该平台主要目的是集成钻孔、三维地震、地质、测量、地震、重力、地球物理等真三维数据，低价、高效、快速和便捷地显示在通信网络上，为用户提供一个交互、易理解的、与平台无关的矿山虚拟环境，并实现了三维数据的解析、验证和认知。澳大利亚 Micromine 公司针对采矿应用，开发出基于 Web 的在线远程采矿控制系统 PITRAM，实现缩减采矿成本 10%[16,17]。

美国采矿技术发达，采矿装备大型化、自动化、智能化程度高，设备单机载计算机实时监控已有了广泛的应用。其地下金属矿采矿装备成龙配套，机械化程度高，从凿岩装药到装运，井下全部实现了机械化配套作业，各道工序无人员手工体力操作，无繁重体力劳动。为了适应机械化成龙配套，其装备大型化、微型化、系列化、标准化、通用化程度高，各种类型的液压钻车、液压凿岩机、柴油或电动及遥控铲运机已成为极普通的基本装备。井下装备无轨化、液压化、自动化程度高，成功地引入了无人驾驶、机器人作业等新技术，性能成熟，可靠性高。美国宾夕法尼亚 Rajant 公司开发出恶劣环境下的高弹性、宽带移动目标无线网状网络，实现了移动目标的可靠、快速接入[18-20]。

8.1.2　我国金属矿遥控自动化智能采矿发展概况

研究方面,国外矿业发达国家从 20 世纪 90 年代开始研究遥控自动化智能采矿技术,我国在这方面的研究起步较晚[21-23]。目前国内已开展了以信息化为基础，以采矿装备智能化运行以及采矿生产过程自动控制为目标的地下金属矿智能开采技术与装备研究，在突破地下金属矿智能开采的关键技术，提高我国矿业企业和开采装备制造企业的市场竞争能力方面取得重要进展，为促进我国从矿业大国走向矿业强国提供技术支撑。例如，“数字化采矿关键技术与软件开发”“地下无人采矿设备高精度定位技术和智能化无人操纵铲运机的模型技术研究”“井下(无人工作面)采矿遥控关键技术与装备的开发”“千米深井地压与高温灾害监控技术与装备”等项目，为遥控自动化智能采矿的发展奠定了良好基础。“十二五”期间国家又部署了“863”研究项目“地下金属矿智能开采技术”，针对地下金属矿山的特殊性，以信息采集、井下高频宽带实时通信网络、井下定位技术、调度与控制系统等为技术手段，以井下铲运凿岩爆破装备为控制对象，通过多层次、在线实时调度与控制，优化矿山生产过程，形成具备行业性和通用性的地下金属矿山智能开采平台。

应用方面，我国大型矿业集团已基本上制订了适合自身企业的矿山遥控自动化智能开采的相关规划，积极地提高矿山的生产效率和生产的安全性。目前推动遥控自动化智能采矿技术的大中型金属矿山的发展水平多数处于基础建设阶段和单项应用阶段，少数大中型矿山发展到综合集成应用和协同创新阶段，个别典型示范矿山的遥控自动化智能采矿水平在全国矿业乃至工业企业中处于领先地位。但总体上，我国金属矿山开采的遥控自动化智能水平低于其他工业行业，落后于矿业发达国家。

随着矿山六大系统等信息化建设的推进，部分矿山已建成了井下光纤主干通信网络，视频监测、环境监测、自动化控制已在部分大中型矿山应用，以进口设备为主的遥控铲运机得到大量应用，一些先进的人员与设备定位系统和井下地压灾害监控系统得到应用，先进的矿业软件如国外的 DataMine、Surpac 和国内的 Dimine、3Dmine 等也得到了推广应用。

首钢矿业公司杏山铁矿是我国遥控自动化智能采矿的代表性矿山，北京科技大学蔡美峰院士牵头的研究团队，将新型资源开发工艺与现代数字化、自动化技术相结合，实现了杏山铁矿采矿模式高效转型的重大突破。目前杏山铁矿开采已实现破碎、提升、皮带运输、排水、通风、供电系统的全过程自动化控制，实现了皮带无人看护、卸料车遥控作业、井下运输电机车地面遥控无人驾驶、中深孔凿岩台车遥控自动化作业等，向无人采矿的目标迈出了重要一步。

纵观国内外矿山开采技术发展，目前遥控自动化智能采矿总体处于初级阶段，即基于传统采矿模式和采矿工艺的遥控自动化智能采矿，要发展到更高级阶段，必须进行基于智能传感监测系统、智能采矿设备、高速通信网络的采矿模式和技术工艺变更。

8.2 遥控深井自动化智能采矿的关键技术

遥控自动化智能采矿以自动化、智能采矿装备为核心，以高速、大容量、双向综合数字通信网络为载体，以智能设计与生产管理软件系统为平台，通过对矿山生产过程进行实时、动态、智能监测与控制，实现矿山开采的安全、高效和经济效益最大化[24-26]。

信息化、自动化、智能化是现代工程科技的三大核心技术。信息化是自动化的前提，自动化是智能化的前提，数字化则是信息化的前提。只有实现矿山生产和管理的高度自动化和智能化，才能最大限度地提高采矿效率，保证开采安全。金属矿山地下遥控自动化智能采矿的关键技术主要包括以下六个方面：虚拟现实与可视化技术、先进传感及检测监控技术、采掘设备遥控及智能化技术、井下无轨导航与控制技术、高速数字通信网络技术、适应遥控自动化智能采矿的开采模式及技术工艺变更。

8.2.1 虚拟现实与可视化技术

虚拟现实与可视化技术，包括三维地学模拟与可视化、开采环境数字化与可视化，以及矿山虚拟现实系统。

三维地学模拟是虚拟现实与可视化的技术核心，利用钻孔资料、地震资料、开挖设计数据及各类物探资料建立矿山真三维地学模型，对地层环境、矿山实体、开采活动、采动影响进行实时准确的三维可视化再现、模拟与分析。三维地学模拟与可视化，涉及关键技术包括：多源地学数据模型和多源地学数据集成技术，多源、异构、海量地学数据资料一体化建模技术[27]。

虚拟现实与可视化，利用三维可视化建模技术对矿床资源、开采环境进行三维建模，动态模拟矿山开采过程。开采环境虚拟再现主要涉及地理空间信息(GIS)、虚拟现实(VR)、物联网(IOT)等计算机可视化技术，硬件方面涉及射频识别、红外感应、精准定位、激光扫描等信息传感技术。高阶段可通过虚拟现实技术建立地下矿山虚拟现实系统，将矿山地下工程结构与虚拟现实技术融合，通过虚拟现实功能发布地下工程结构信息、浏览其相应的地下工程结构空间信息，及其在相应的空间信息基础上的应用。

8.2.2　先进传感及检测监控技术

遥控自动化智能采矿过程中，井下环境要素采集、地形感知和三维空间识别、定位及目标跟踪技术是智能采矿设备的运行与控制的前提条件，需要开发先进的传感及检测监控技术，一是先进的矿用传感器，二是传感系统的信息处理和识别技术。

传感器是传感技术的硬件基础，其功能与品质决定了传感系统获取自然信息的信息量和信息质量。目前传感器研发技术成熟，产品丰富，包括温度传感器、应变式电阻传感器、电感式传感器、电容式传感器、压电传感器、光电与光纤传感器、集成化与数字化传感器、超声波传感器、激光与红外传感器、气体传感器、视觉传感器、磁场传感器以及生物传感器等。

为适应金属矿井下智能采矿设备运行与控制需求，实现地应力、矿压、岩层移动、微震动、通风、粉尘、地下水的智能检测监控，矿用先进传感技术研发要注重以下关键技术[28,29]：

(1) 适应多源信息监测的传感器数据集成和融合技术，研发多功能、多传感参数的复合传感器，集成传感器和信息处理模块，融合传感识别单元和数据处理单元。

(2) 特殊环境(高温、高压、水下、腐蚀、辐射等环境)下的传感器和传感技术，提高传感监测的可靠性和灵敏度，硬件系统应具备抗干扰能力强、监测范围广、防潮、防湿、防尘、防爆等功能要求，软件系统要与矿山工程与地质体稳定性评价、分析和预测及实时安全预警等相适应。

(3) 传感器智能化，研发传感信号的处理和识别技术、方法和装置，以及自校准、自诊断、自学习、自决策、自适应和自组织等人工智能技术，建立潜在设备故障和采动灾害实时诊断传感技术系统。

8.2.3　采掘设备遥控及智能化技术

采掘设备遥控及智能化，包括地下凿岩台车、铲运机、卡车等在采场的置位、定位和自动化遥控作业技术，以及设备工况的智能监测和故障诊断与预防技术等。遥控智能化采掘设备的研发技术成熟，国外厂商有成套产品，国内中小型自动化采掘设备发展迅速，但大型自动化和智能化采掘设备研发与国外同类型产品仍有差距。

采掘设备硬件研发方面，重点研发内容包括液压控制与节能技术，混合动力匹配与控制技术，高温高湿环境下大型地下采掘设备传动系统冷却技术。液压控制与节能技术研究，利用合流技术、先导伺服技术、电液控制技术、变量技术、流场控制技术、仿真技术等，对大流量、高压力、动载荷、多执行元件的液压系统和牵引系统的功率分流形成的叠加进行优化，降低无用功率的消耗，提高有用功率的利用率。混合动力匹配与控制技术研究，重点解决两个动力系统性能的互补性优化匹配，减少动力冲击；采用动力高效性和合理分配，进行“单双动力控制”“液压系统驱动匹配与控制”和“制动协调控制”，实现系统自适应动力分配；制订电池和电源管理策略，建立柴油发动机或不同电池组合的高峰放电和特殊牵引特性的控制模型。高温高湿环境传动系统冷却技术研究，调研地下运行环境状态参数，为传动系统热平衡系统虚拟样机环境确定边界条件，完成虚拟样机的各项测试和优化设计，通过台架试验对物理样机进行测试，最后通过样机的巷道运行过程测试完成最终的参数状态确定，确保其在深井开采高温、高湿的巷道环境下发动机、发电机和电动机的冷却及可靠性。

遥控自动化采矿设备的智能化包括高精度运行环境模型、定位、感知、智能决策与控制四大模块。要在厘米级精度实现采掘设备置位、定位和自动化遥控，需要配备车载计算机、千兆网交换机、雷达、数字摄像机、激光测距系统、红外摄像头、立体视觉系统、惯性导航系统、车道保持系统。通过上述装置及技术的应用，重点研发地下采掘设备的自主环境识别、自主定位、路径智能规划、远程遥控铲装、自动卸载、车辆运行状态自动检测及故障诊断、无线网络数据传输等技术[30-39]。

采掘设备遥控及智能化技术，未来重点发展方向是基于先进传感技术的智能决策、智能作业采矿机器人班组。研究智能采矿机器人“班组”技术，突破采矿机器人的个体“人”的概念，从整体采矿设备与全流程作业自动控制、协调、适应、保护、调整、修复甚至再生的角度，设计和研发新一代遥控自动化智能采矿机器人“班组”[40]。

8.2.4 井下无轨导航与控制技术

井下无轨导航与控制关键技术，包括井下装备定位与导航控制技术、井下设备自动控制技术、目标跟踪技术、运动控制技术、远程通信技术、井下三维空间自动识别技术等。

井下无轨设备的导航与控制系统，包括车辆控制器、高精度导航系统、障碍物侦测系统和无线网络传输系统。设备接收无线指令后按照目标路线运行，导航系统、无线指令和导引装置可以精准定位设备位置，实现采掘设备的无人自动化运行。障碍物侦测系统若发现行进路线上有其他车辆或人员，会马上减速或停车，保障设备安全运行。

开发适用于金属矿地下移动设备快速定位与自动导航技术的基础是高速地下通信系统和高精度地下定位、定向系统，开发基于 ZigBee、WiFi、GIS 等技术的精确定位系统，建立与矿山工程环境相匹配的具有数据识别、采集、分析、决策功能的快速定位与自动导航技术，是实现遥控自动化智能采矿的一项关键技术。高精度定位和导航技术，包括传统的陀螺定向和先进的影像匹配定位、电磁引导控制。为适应井下复杂工作环境，巷道路径交叉频繁、采掘机械路线及位移速度不断变化的特点，未来研发的重点是基于路标进行移动设备定位技术，通过摄像机、光学扫描仪、超声波传感器等设备采集环境特征数据，并将其与井下环境模型进行特征匹配，从而实现地下快速精准定位与自动导航[41-45]。

8.2.5　高速数字通信网络技术

金属矿深井开采环境比较恶劣，井下工程结构规模庞大，井下通信设施布设空间有限且普遍存在无线通信屏障，需要研究适用于井下的高速数字通信网络技术。

地下金属矿山遥控自动化智能开采，高速数字通信网络技术要重点解决以下应用问题：建立具有语音通信系统、视频通信系统、人员定位系统、环境监测和设备定位等一体化的井下通信系统；实现井下地面人员间的即时多媒体无线通信，同时传输语音、图像、数据等各种信息；满足全矿井设备进行信息采集、运行监测、功效分析、运行控制；可对矿山井下温度、湿度、应力、灾害危险性等进行实时监测预警；异常发生时，通信系统可用于快速应急救援处置；系统应具有先进、成熟、可靠性高、易于维护、能适应井下恶劣环境等特性。

开展地下遥控自动化智能采矿，可采用的数字通信技术包括 WiFi、3G、4G、MESH 等，井下无线通信系统有小灵通系统、漏泄系统、分布式天线系统、透地系统等。未来可应用以硅光子为代表的光通信技术，将 IP 与光网络融合，通过中短距离高速传输直调直检技术，建立超 100G 光传输网络。5G 移动网络通过提升频谱效率，布设有 3D 源阵列天线，能显著提高网络覆盖能力，降低网络消耗，有利于克服井下开采环境对通信传输信号的削弱作用[46-49]。

8.2.6　适应遥控自动化智能采矿的开采模式及技术工艺变更

目前遥控自动化智能采矿处于初级阶段，基于传统采矿技术工艺的自动化，要发展到更高级的基于智能传感监测系统、智能采矿设备、高速通信网络的采矿模式和技术工艺变更。我国金属矿开采的未来在深部，越来越多的金属矿山进入深部开采，未来遥控自动化智能采矿的开采模式和技术工艺变更，还要适应深部的特殊开采环境[50]。

(1) 推进大中型矿山规模化连续采矿，改变采矿方法标准化思维。遥控自动化智能采矿的开采装备大型化、智能化水平高，能够推进深井开采的高效率和现代化。采矿方法向规模化方向发展，采场结构参数增大，采场结构简化，结构参数增大，阶段高度达到 120～200m，将矿段作为大采场，采准切割合一。矿床开采向一步回采的连续采矿发展，包括单一采矿机的连续开采和基于爆破破岩的一步骤回采连续采矿，以矿段为回采单元，回采过程中落矿、出矿、运矿作业在相邻采场的不同空间平行连续进行，采、装、运设备相互衔接，采矿过程不留永久性矿柱，实现在开采阶段上的连续回采，强采、强出、强充的高强度连续回采，使得围岩暴露时间短，有利于采场地压控制，同时解决了多中段作业存在的生产系统复杂和生产管理混乱问题。出矿工艺向连续化方向发展，出矿运输工艺由间歇式运输，向铲运机和胶带运输机配套的“间断-连续”工艺过渡。

(2) 推进小型矿山资源整合集约化开采，对于多、小、散的矿体，在资源整合的基础上，实行全区统一规划、优化资源配置、简约重组区内矿山与选厂的规模及数目，统一矿区开拓、运输大系统，优化生产辅助系统，建设成集约开采的现代化的“区域矿山”，以便整合资源和资金力量，推进中小矿山的遥控自动化智能开采。

(3) 推进井下工程建设标准化，面向遥控自动化智能采矿需求，井巷工程和采场结构参数针对智能采矿设备实行标准化设计，提高新型采矿方法和智能采掘装备的适用性。推行统一兼容的矿山数据库建设，保障高速通讯网络信息传输、智能传感监测，以及资源与生产管理系统的数据融合度，便于实现遥控自动化智能采矿的集中管控。

8.3 加速我国深井遥控自动化采矿研究和推广的对策措施

8.3.1 我国现阶段遥控自动化智能采矿存在的问题

我国金属矿山在勘察、规划、设计、生产、管理、全过程监控等信息化“软”领域，与发达采矿国家的差距较大[50-54]。矿山企业既没有把信息资源当作矿山的重要战略资源之一加以统筹开发和综合利用，更没有形成系统性能稳定、信息资源充足的矿山信息基础设施。推进遥控自动化智能采矿存在诸多问题[55]：

(1) 矿山企业对推进遥控自动化智能采矿技术发展缺少关注。

我国矿山企业大多分布在地理位置相对偏僻的地区，区域经济水平和信息化水平相对较低，借助信息化数字化手段进行管理的意识不强烈，对自动化总体发展水平的认识也比较滞后。由于信息化对于工业化的带动作用需要一定的周期才能显现，短期内带来的直接效益不明显，部分企业追求急功近利，对数字化、信息化、自动化、智能化建设缺乏足够的积极性。

(2) 矿山企业遥控自动化智能采矿装备水平落后。

国内采矿装备的技术水平相对落后，尤其是其自动化及信息化水平尚不能满足智能开采要求；缺少具有自主知识产权的井下综合通信、定位导航等实现智能开采的支撑技术与软件平台；相关技术研究力量分散，未能形成强大的研发团队。一些高等院校、科研院所开展了很多相关研究并取得一定成果，但偏重理论研究，实用性不强，研究成果缺乏系统性，应用效果不好。

(3) 矿山企业遥控自动化智能采矿建设难度大。

西方发达国家 20 世纪 80 年代就开始实施井下工作面的无人采矿，而我国目前实现全盘机械化掘进、采矿作业的矿山仍在少数。所以，我国金属矿山总体上信息化数字化水平、设备装配水平较低，矿山原有井下通信网络技术较为落后、实际应用能力较差，尤其是无线通信系统的普及率低，井下环境及设备运行条件比较恶劣，许多老矿山要实现机械化、数字化、信息化建设和升级，需要的资金投入和工程实施难度很大。虽然最近 10 年个别矿山取得了很大进展，但整体矿山水平仍比较低。特别是矿山技术力量相对薄弱，既懂管理又懂信息技术的复合型人才缺乏，单靠矿山自己的力量来实现金属矿山自动化比较困难。金属矿山从业人员素质整体水平较其他行业存在差距，实现自动化智能采矿需要对从业人员开展大量的技术培训，也存在较大难度。

(4) 中小型矿山遥控自动化智能采矿发展面临更多困境。

我国金属矿床赋存大矿少，小矿多(约占 80%)，呈现多、小、散的矿群分布特征。小矿小开的粗放开发模式，导致矿山装备技术水平落后，矿业增长主要依靠要素投入；

业务、管理不规范，业务流程可变因素多，人员职能分工不明确；基础建设相对较差，基础数据不准确，不及时；自动化智能化资金投入压力大，投资收益低；这些问题使得中小型矿山遥控自动化智能采矿发展步履维艰。

8.3.2　我国现阶段遥控自动化智能采矿的政策推动

党的十七大提出了“大力推进信息化与工业化融合，促进工业由大变强”的战略部署，十七届五中全会进一步提出了“推动信息化和工业化深度融合”的更高要求。党的十八大报告指出，要坚持“四化同步发展，两化深度融合”，明确了两化深度融合成为我国工业经济转型和发展的重要举措之一[55]。金属矿产资源担负着提高国内资源保障程度、建立金属资源战略保障体系的重任，在国民经济发展中有着十分重要的作用。推进金属矿山企业两化深度融合是未来 20 年行业科技发展的重要议题。两化深度融合的推进能够促进遥控自动化智能采矿技术的发展，同时遥控自动化智能采矿科技的发展也必然能够推进行业两化深度融合。不断提高金属矿遥控自动化智能开采，促进金属矿山企业的现代化建设已经成为全社会的共识，也是金属矿山行业发展的必然趋势。遥控自动化智能开采是一个复杂的系统工程，不仅需要硬件和软件的配合，更需要科学规划及有序实施。

两化深度融合是我国工业经济转型和发展的重要举措，国家着力推进矿产资源开采行业两化深度融合，为我国金属矿自动化智能开采发展指出了方向，提供了动力。遥控自动化智能采矿能够有效提高矿山安全生产水平，克服深部开采中的井下恶劣条件，大幅度提高生产效率。

2015 年工业与信息化部制订了《原材料工业两化深度融合推进计划(2015～2018 年)》，重点部署了冶金行业两化深度融合推进计划(2015～2018 年)之六个重大工程，数字矿山示范工程为其中之一[56]。计划指出，金属数字矿山，以铁矿、铜矿、金矿为代表，建设 3～4 个智能矿业示范工程。加快信息通信技术(ICT)与矿业的融合，将井下无轨车辆、大型采选设备与先进物联网、模式识别、预测维护、机器学习等新一代信息化技术结合，推动矿业关键工艺过程控制数字化。继续推广监测监控、井下人员定位、井下紧急避险、矿井压风自救、供水施救和通信联络等矿山安全避险六大系统。建立混合型智能生产物联网，应用数据协调、数值模拟和二维码识别等技术，搭建具备人员、设备、工艺、物料、能源等要素的自动识别、信息共享、自发协作、集约调度的网络系统，实现采选过程动态可调可控，增强企业对矿石性质变化及外部市场变化的应变能力，满足精细化生产管理的要求。针对矿山分布较为分散与偏僻的特点，建设综合物流信息系统，利用上下游供需信息的高效协同，实现经济库存。依托国内大型矿冶科研院所，建立矿山云系统通信技术标准、数据标准、信息安全标准和服务标准，搭建云服务平台的数据中心、计算中心、业务中心和网络前台。集成黄金、铜、铅锌、镍等典型矿业集团的海量生产数据，开发矿冶生产智能运营决策系统，形成生产装备远程在线维护、工艺过程故障智能诊断、分析仪器自动标定维护等远程工业服务能力，到 2018 年在国内 3～5 家大型矿业集团推广应用。

2015年国家安全监管总局在煤矿、金属非金属矿山、危险化学品和烟花爆竹等重点行业领域开展了“机械化换人、自动化减人”科技强安专项行动，重点是以机械化生产替换人工作业、以自动化控制减少人为操作，大力提高企业安全生产科技保障能力[57]。工作目标指出，通过“机械化换人、自动化减人”示范企业(矿井)建设，建立较为完善的“机械化换人、自动化减人”标准体系，推动煤矿、金属非金属矿山、危险化学品和烟花爆竹等重点行业领域机械化、自动化程度大幅提升，到2018年6月底，实现高危作业场所作业人员减少30%以上，大幅提高企业安全生产水平。

在国家大力推进工业化与信息化深度融合的时代背景下，在矿山安全生产要求“机械化换人，自动化减人”的政策扶持下，我国金属矿山行业必须高度重视自动化智能采矿技术的重要性，开展自动化智能采矿技术攻关与推广应用，需要以下政策引导[58-62]：

(1) 遥控自动化智能采矿发展必须由政府主导。

国家需要制定遥控自动化智能采矿的国家战略，明确我国遥控自动化智能采矿发展模式，在资金上支持企业和科研单位引进发达国家先进自动化采矿技术，支持企业自主开发核心技术。由政府或行业协会协调组成由企业、高校和研究所参加的基础技术开发战略联盟进行合作开发，坚持以行业需求为导向，对国外先进技术先进产品进行引进、分析、消化、吸收、改进。国家应制定人才战略，鼓励相关领域的人才向采矿行业流动，吸引在海外从事自动化采矿的人才归国工作。

(2) 遥控自动化智能采矿发展必须走引进、消化、吸收再创新的道路。

引进消化吸收再创新和原始创新是技术创新的两种基本模式，矿业发达国家从20世纪80年代开始研究遥控自动化智能采矿技术，并逐步形成了数字化矿山技术服务业、遥控自动化采矿设备生产商、自动化采矿技术先进矿山等多方位的遥控自动化智能采矿上下游产业链。我国矿山企业必须充分利用国外先进的技术资源，通过引进购买技术和专利许可，充分消化、吸收和掌握西方先进的核心技术，并发现其中的问题和不足，在此基础上进行改善和再创新，开发出新的适用我国金属矿山遥控自动化智能开采的具有国际竞争力的产品。加强自主技术研制和开发能力，实现以技术引进为起点的“引进、消化、吸收再创新、领先”过程。

(3) 遥控自动化智能采矿发展必须注重科技创新与人才培养。

无论是工业经济时代，还是知识经济时代，对科学技术的掌握及运用程度，决定了一个国家或地区的经济社会发展的程度，而科技创新人才的总体数量和质量，决定了其国际科技竞争力的高低。我国金属矿山行业整体的工业化和自动化水平落后于其他行业，科技创新人才的数量及流动性也落后于其他行业。遥控自动化采矿实现跨越式发展，必须在行业内形成注重科技创新的氛围，加大资金投入，吸引来自计算机、自动化、智能制造等行业的人才投入遥控自动化智能采矿技术研究，引进国外拥有先进核心技术的企业和人才加入我国遥控自动化智能采矿建设，并鼓励高等院校和科研单位大力培养有国际视野的遥控自动化智能采矿人才。

8.3.3　我国现阶段遥控自动化智能采矿的发展路径

于润沧院士指出，遥控自动化智能采矿发展分为三个层次，第一个层次是矿山数字化信息管理系统；第二个阶段是虚拟矿山，把真实矿山的整体及其相关的现象整合起来，以数字的形式呈现，进而实时掌握整个矿山的动态运作和发展；第三个层次是远程遥控和自动化采矿[2]。

古德生院士认为，智能采矿起步于数字矿山的基础平台建设，发展于信息化、智能化的采矿技术创新过程，成就于集约化、规模化的智能采矿，是一个创新、积累、集成的发展过程。智能采矿的产业形态是以智力资源为依托，以知识和技术创新为动力，由工业经济向知识经济过渡，实现智能采矿是一场矿业的技术革命[63]。

“中国工程科技 2035 中长期发展战略研究”调研结果显示，多数专家认为我国遥控自动化智能采矿能够在 2030 年形成整套技术体系，并实现社会推广应用，使得整个矿山实现远程遥控和自动化采矿。我国较现代化的矿山，已实现第一层次的矿山数字化信息管理系统，有些矿山和科研单位合作开展第二层次的虚拟矿山工作，第三层次目前仍处于研发、完善阶段，个别矿山实现了局域自动化和遥控化。

立足国内，放眼国外，解决现实问题，同时为未来做好准备是我国矿业遥控自动化智能开采发展的要求。矿业在我国定位是第二产业，受产业定位等体制因素的影响，我国矿业总体发展较为落后，仍处在智能化发展的初期阶段。工业化是国家生产力发展水平的标志，我国工业经济总体处于工业化中期发展阶段，矿山的工业化水平非常不平衡，时间跨度达 50 年以上。一些矿山的装备水平、自动化水平已经接近或达到矿业发达国家水平，有些矿山则还处在 20 世纪中期水平，相应的管理模式、管理流程差异也非常大。

世界上发达国家和地区基本上是在完成工业化以后才开始进入信息化快速发展阶段，根据我国矿山的技术条件、装备水平和管理模式，采用总体规划、分步骤实施的方式建设数字矿山，提高装备水平和管理现代化水平，是矿山企业实现遥控自动化智能采矿的最佳选择。

当前我国金属矿上向遥控自动化智能采矿转变的工作目标如下：

(1) 采矿机械化、自动化。

大型矿山实现数字化采矿系统：在大型矿山采用井下信息采集与高带宽无线通信、精确定位与智能导航、空区三维激光扫描测量、智能爆破、智能调度与控制等技术，应用自动化的采掘凿岩台车、装药车、铲运机、地下运矿卡车、多功能辅助台车等装备与充填自动化系统，实现凿岩、装药、出矿、运搬、充填等生产工艺的机械化、自动化、连续化，减少作业人员 50%以上。

中小型矿山实现回采机械化：在中小型矿山采用低矮式凿岩台车、装药器、撬毛台车、小型铲运机、液压支柱、小型多功能服务车、小型移动式充填设备，代替手持凿岩、人工装药、人工撬毛、人工出矿、人工倒运废石充填，减少作业人员 50%以上。

(2) 掘进和支护机械化。

大中型矿山实现掘进和支护机械化：在大中型矿山通过采用激光指向与精确定位、井巷三维激光扫描测量、井筒反向施工、喷锚网联合支护等技术，应用掘进台车、天井钻机、装药车、扒渣机、锚索锚杆台车、喷射混凝土台车等装备，实现凿岩、装药、出渣、支护等掘进和支护工艺机械化，减少作业人员40%以上。

小型矿山实现掘进和支护半机械化：在小型矿山应用小型单臂掘进凿岩台车、扒渣机、液压支柱、喷浆机，代替手持凿岩设备、人工出渣、人工支护，减少作业人员30%以上。

(3) 运输系统无人化。

大中型矿山实现无人化运输系统：在大中型矿山采用自动运输设备远程遥控、运输智能化调度与控制、视频无线传输、信集闭监控等技术，应用具有远程遥控或全自动无人驾驶功能的运输设备，结合自动放矿、溜井料位监测、自动化称重计量等配套手段，代替人工驾驶、人工放矿等工艺技术与装备，实现井下运输系统无人操作，减少作业人员50%以上。

小型矿山实现机械化运输系统：在小型矿山采用小型铲运机、无轨或有轨车辆实现机械化运输，代替人工运输，减少作业人员50%以上。

(4) 建立井下大型固定设施无人值守系统。

采用智能传感器监测与自动控制技术，应用集智能电网管理、排水智能监控、变频伺服按需通风控制、提升系统管控、矿井中央集控平台等为一体的矿井无人值守系统，代替人工井下现场值守，实现中央变电所、水泵房、风机站、空压机房、运输系统等场所的无人值守，减少作业人员60%以上。

(5) 建立面向遥控自动化智能采矿的工作机制。

当前不同类型矿山的技术工作模式差异性很大，推动遥控自动化智能采矿发展，必须统一完善新的工作机制。一是工作流程的标准化和规范化，建立常规的技术流程是实现普及应用软件的前提；二是不同阶段的工作结合，将地质勘查、采矿设计、矿山勘探和生产管理以及闭坑的整个过程都建立在统一的数据信息体制下，为实现遥控自动化智能采矿奠定基础。此外，要逐步完成历史资料的数字化，将当前工作模式与软件应用紧密结合，从地勘工作开始就建立好智能化的基本架构。

通过上述举措，短期内提升我国金属矿开采的机械化、自动化水平，通过配备先进的智能化生产装备促进新型采矿方法和管理系统的发展更新，从而带动采矿设备供应商、数字化采矿技术服务商、资源勘探企业等一系列上下游产业链的发展，解决遥控自动化智能采矿的关键技术，加速我国金属矿山遥控自动化智能采矿的发展进程。

参考文献

[1] 古德生, 周科平. 现代金属矿业的发展主题[J]. 金属矿山, 2012, (7)：1-8.

[2] 于润沧. 中国矿业现代化的战略思考[J]. 中国工程科学, 2012, 14(03)：27-36.

[3] 蔡美峰. 金属矿山当前面临的主要问题及对策[J]. 矿业工程, 2003, 1(01)：40-43.

[4] 李仲学, 李翠平, 刘双跃. 金属矿床地下自动开采的前沿技术及其发展途径[J]. 中国工程科学, 2007, 9(11)：16-20.

[5] 文兴. 基律纳铁矿智能采矿技术考察报告[J]. 采矿技术, 2014, (01)：4-6.

[6] Konyukh V L. Mining robotization：Past, present and future[C]. Beijing, China Shers, 2002：645-648.

[7] Dragt B J, Camisani-Calzolari F R, Craig I K. An overview of the automation of Load-Haul-Dump vehicles in an underground mining environment[C]. Prague, Czech republic, IFAC Secretariat, 2005：37-48.

[8] Chlebus T, Stefaniak P. The concept of intelligent system for horizontal transport in a copper ore mine[C]. Salamanca, Spain, Springer Verlag, 2012：267-273.

[9] Burger D J. Integration of the mining plan in a mining automation system using state-of-the-art technology at de Beers Finsch Mine[J]. Journal of The South African Institute of Mining and Metallurgy, 2006, 106(08)：553-559.

[10] Baum W. Ore characterization, process mineralogy and lab automation a roadmap for future mining[J]. Minerals Engineering, 2014, 60(06)：69-73.

[11] Gartner T. Raising the issue of mines：ABB hoists for mines[J]. ABB Review, 2014, 3：42-46.

[12] Sjöström S L, Carlsten K G. Mobile integration - the future of optimized underground mining, resource utilization and logistics[R]. 2015.

[13] Scoble M, Daneshmend L K. Mine of the year 2020：Technology and human resources[J]. CIM Bulletin, 1998, 91(1023)：51-60.

[14] Vagenas N, Scoble M, Baiden G. A review of the first 25 years of mobile machine automation in underground hard rock mines[J]. CIM Bulletin, 1997, 90(1006)：57-62.

[15] Sarkka P S, Liimatainen J A, Pukkila J A J. Intelligent mine implementation-realization of a vision[J]. CIM Bulletin, 2000, 93(1042)：85-88.

[16] Guy L S, Con C, Gil C. 4D visualization of exploration and mine data：“CISRO Virtual Mine”. Australia CSRIO Exploration and Mining Report, 2002.

[17] Pukkila J, Sarkka P. Intelligent mine technology program and its implementation[C]. Brisbane, Australia, Australasian Institute of Mining and Metallurgy, 2000：135-143.

[18] Starr K. Automation service solutions for the 21st century[C]. Nashville, TN, United States, ISA-Instrumentation Systems and Automation Society, 2013.

[19] Woof M J. Advances in underground mining equipment and technology may signal a future of autonomous mining[C]. Tucson, AZ, United States, A. A. Balkema Publishers, 2005：675-681.

[20] Nantel J H. Toward the establishment of a Canadian research centre in mining automation[C]. Universal Park, PA, USA, Pennsylvania State Univ. 1986：70-74.

[21] 周爱民. 国内金属矿山地下采矿技术进展[J]. 中国金属通报, 2010, (27)：17-19.

[22] 易欣. 变革智能采矿[J]. 矿业装备, 2014, (4)：36-37.

[23] 赵文斌, 阎南, 蔡增祥. 我国金属矿山采矿技术现状与发展趋势综述[C]. 内蒙古自治区第六届自然科学学术年会, 中国内蒙古呼和浩特, 2011：367-370.

[24] 王青, 吴惠城, 牛京考. 数字矿山的功能内涵及系统构成[J]. 中国矿业, 2004, 13(1)：7-10.

[25] 胡乃联, 李国清, 陈玉民, 等. 金属地下矿山数字化建议功能体系研究[J]. 金属矿山, 2010, (8)：722-724.

[26] 吴立新, 汪云甲, 丁恩杰, 等. 三论数字矿山-借力物联网保障矿山安全与智能采矿[J]. 煤炭学报, 2012, 37(03)：357-365.

[27] 张夏林, 吴冲龙, 翁正平, 等. 数字矿山软件(QuantyMine)若干关键技术的研发和应用[J]. 地球科学(中国地质大学学报), 2010, 35(02)：302-310.

[28] 孙豁然, 徐帅. 论数字矿山[J]. 金属矿山, 2007, (02)：1-5.

[29] 吴立新, 朱旺喜, 张瑞新. 数字矿山与我国矿山未来发展[J]. 科技导报, 2004, (07)：29-31.

[30] 房智恒, 王李管, 黄维新. 我国金属矿山地下采矿装备的现状及进展[J]. 矿业快报, 2008, (11)：1-4.

[31] 王毅, 邹蔚勤. 现代金属矿山采矿装备的发展[J]. 有色金属工程, 2011, (04)：11-16.

[32] 汪绍元, 王杰, 杨金林. 我国金属矿山采矿装备现状与趋势[J]. 现代矿业, 2010, (03)：16-17.

[33] 张毅力, 汪令辉, 黄寿元. 地下矿无人驾驶电机车运输关键技术方案研究[J]. 金属矿山, 2013, (5)：

117-120.
[34] 刘翔宇. 论采矿设备的自动化[J]. 科技创新导报, 2013, (12)：30.
[35] Schneider S, Melkumyan A, Murphy R J, et al. A geological perception system for autonomous mining[C]. Institute of Electrical and Electronics Engineers Inc, 2012：2986-2991.
[36] Hofmeyr P K, Morrison B N. The benefits of automation for mining metallurgical plant analytical laboratories[C]. Perth, WA, Australia Australasian Institute of Mining and Metallurgy, 2008：481-491.
[37] Green J. Underground mining robot：A CSIR project[C]. College Station, TX, United States, IEEE Computer Society, 2012.
[38] Murphy R R, Kravitz J, Stover S L, et al. Mobile robots in mine rescue and recovery[J]. IEEE Robotics and Automation Magazine, 2009, 16(2)：91-103.
[39] Van D S, Meers L, Donnelly P, et al. Automated bolting and meshing on a continuous miner for roadway development[J]. International Journal of Mining Science and Technology, 2013, 23(1)：55-61.
[40] 王运敏. 冶金矿山采矿技术的发展趋势及科技发展战略[J]. 金属矿山, 2006, (01)：19-25.
[41] 饶绮麟, 高孟雄. 无轨采矿技术与无轨设备的新发展[J]. 矿业装备, 2012, (04)：36-41.
[42] 赵翾. 无人驾驶地下矿用汽车路径跟踪与速度决策研究[D]. 北京科技大学博士学位论文, 2015.
[43] 吴和平, 吴玲, 张毅, 等. 井下无人采矿技术装备导航与控制关键技术[J]. 有色金属(矿山部分), 2007, 59(06)：12-16.
[44] 罗成名. 链式传感网中煤矿井下移动装备位姿感知理论及技术研究[D]. 中国矿业大学博士学位论文, 2014.
[45] 刘翔宇. 机电一体化与采矿工业相关问题分析[J]. 科技创新导报, 2013, (13)：78.
[46] 孙继平. 现代化矿井通信技术与系统[J]. 工矿自动化, 2013, (03)：1-5.
[47] 陈曦. 一种井下多媒体无线通信网络的开发[D]. 西安电子科技大学硕士学位论文, 2011.
[48] 郑学召. 矿井救援无线多媒体通信关键技术研究[D]. 西安科技大学博士学位论文, 2013.
[49] Rathnayaka A J D, Podar V M, Kuruppu S J. Evaluation of wireless home automation technologies for smart mining camps in remote western Australia[C]. Springer Berlin Heidelberg 2012, 12：109-118.
[50] 古德生. 我国矿业的难题与发展(讲座报告). 2016.
[51] 孙建珍. 首钢矿山数字采矿建设及思考[J]. 金属矿山, 2013, (1)：121-125.
[52] 马旭峰, 宋任峰. 鞍钢矿山采矿技术发展现状及前景展望[J]. 金属矿山, 2008, (04)：11-12.
[53] 韩洁. 基于信息化、自动化的数字矿山技术的应用研究[J]. 中国科技信息, 2013, (08)：88-91.
[54] 陈玉民, 李国清, 何吉平, 等. 山东黄金数字矿山建设实践[J]. 中国矿业, 2011, 20(03)：10-14.
[55] 中国冶金矿山企业协会. 中国冶金矿山行业企业信息化和工业化融合发展水平评估报告[R]. 2011.
[56] 工业与信息化部. 原材料工业两化深度融合推进计划(2015-2018 年)[R]. 2016.
[57] 国家安全生产监督管理总局. 国家安全监管总局关于开展“机械化换人、自动化减人”科技强安专项行动的通知[S]. 2015.
[58] 王安. 神东亿吨级现代化生态型矿区建设的实践与思考[J]. 中国经贸导刊, 2007, (12)：26.
[59] 张凤英. “跨越式发展”的特征研究-以中国高铁发展为例[J]. 河南师范大学学报(哲学社会科学版), 2011, 38(02)：106-109.
[60] 郭文强. 我国轿车工业跨越式发展模式研究[D]. 吉林大学博士学位论文, 2008.
[61] 陈姣姣, 解新福. 浅论中国高速铁路建设发展与技术跨越的特点[J]. 发展, 2015, (6)：54-55.
[62] 李中斌. 科技创新人才的培养及其发展策略[J]. 人口与经济, 2011, (05)：24-28.
[63] 古德生. 智能采矿触摸矿业的未来[J]. 矿业装备, 2014, (01)：24-26.

第 9 章　讨论、结论和建议

9.1　国内外金属矿山深部开采现状

1) 国外

目前，全世界开采深度 1000m 以上的地下金属矿山(深井矿山)112 座，按数量排名，处于前 5 位的国家是：加拿大 28 座，南非 27 座，澳大利亚 11 座，美国 7 座，俄罗斯 5 座。在这 112 座深井矿山中，开采深度 1000～1500m 的 58 座，1500～2000m 的 25 座，2000～2500m 的 13 座，超过 3000m(含 3000m)的 16 座。其中，70%以上为金矿和铜矿。开采深度超过 3000m 的 16 座矿山，有 12 座位于南非，全部为金矿(见表 9-1)。

表 9-1　全球开采深度 3000m 以上的地下金属矿山

序号	矿山名称	开采深度/m	矿石类型和储量	所在国家
1	姆波尼格金矿	4350	金(金属储量 426t，金品位 8g/t，年产黄金 12.44t)	南非
2	萨武卡金矿	4000	金(矿石储量 526 万 t，年产黄金 1.52t)	南非
3	陶托那益格鲁金矿	3900	金(控制资源量 229.8t，年产黄金 12.7t)	南非
4	卡里顿维尔金矿	3800	金，副产品铀、银和铱、锇贵重金属(年产金 47.89t，产氧化铀 213t)	南非
5	东兰德专有矿业	3585	金(2008 年产金 2.25t，品位 1.14g/t)	南非
6	南深部金矿	3500	金(探明金属储量 1216t，平均品位 7.06g/t)	南非
7	克卢夫金矿	3500	金(累计矿石储量 3.04 亿 t，品位 9.1g/t)	南非
8	德里霍特恩矿	3400	金(矿石储量 9460 万 t，金品位 7.4g/t)	南非
9	远西兰德库萨萨力图金矿	3276	金(剩余金属储量 305t，品位 5.35g/t)	南非
10	钱皮恩里夫金矿	3260	金(矿石产量 10 万 t/d，矿石品位 7.12g/t)	印度
11	斯坦总统金矿	3200	金(矿石产量 396.1 万 t/d，金品位 6.5g/t)	南非
12	博客斯堡金矿	3150	金(年处理矿石能力 390 万 t)	南非
13	拉罗德金矿	3120	金(探矿石储量 3560 万 t，金品位 2.7g/t)	加拿大

续表

序号	矿山名称	开采深度/m	矿石类型和储量	所在国家
14	安迪纳铜矿	3070	铜(矿石储量 191.62 亿 t，铜品位 1.2%，2 万 t/d)	智利
15	摩押金矿	3054	金矿(矿石储量 1688 万 t，品位 9.69g/t)	南非
16	幸运星期五矿	3000	银、铅(2016 年产银 93.3t)	美国

2) 国内

我国进入深部开采的时间比较晚，2000 年以前，我国只有两座地下金属矿开采深度达到或接近 1000m，即安徽铜陵冬瓜山铜矿和辽宁红透山铜矿。进入 21 世纪以来，金属矿山进入深部开采的发展速度很快。目前，已有 16 座地下金属矿山开采深度达到或超过 1000m(见表 9-2)。其中，河南灵宝崟鑫金矿达到 1600m，云南会泽铅锌矿、六苴铜矿和吉林夹皮沟金矿达到 1500m。在这 16 座矿山中，几乎全部为有色金属矿山和金矿，只有一座铁矿(鞍钢弓长岭铁矿)。

表 9-2　我国采深 1000m 以上地下金属矿山统计表

序号	矿山名称	所在地区	开采深度/m
1	崟鑫金矿	河南省灵宝市朱阳镇	1600
2	会泽铅锌矿	云南省曲靖市会泽县	1500
3	六苴铜矿	云南省大姚县六苴镇	1500
4	夹皮沟金矿	吉林省桦甸市	1500
5	秦岭金矿	河南省灵宝市故县镇	1400
6	红透山铜矿	辽宁省抚顺市红透山镇	1300
7	文峪金矿	河南省灵宝市豫灵镇	1300
8	潼关中金	陕西省潼关县桐峪镇	1200
9	玲珑金矿	山东省烟台招远市玲珑镇	1150
10	冬瓜山铜矿	安徽省铜陵市狮子山区	1100
11	湘西金矿	湖南省怀化市沅陵县	1100
12	阿舍勒铜矿	新疆维吾尔自治区阿勒泰地区	1100
13	三山岛金矿	山东省莱州市	1050
14	金川二矿区	甘肃金昌市	1000
15	山东金洲矿业集团	山东威海乳山市	1000
16	弓长岭铁矿	辽宁省辽阳市弓长岭区	1000

但是，近几年铁矿进入深部开采的建设力度最大。目前在建或计划建设的大型地下金属矿山，绝大多数是铁矿。目前在建的有：辽宁本溪大台沟铁矿，矿石储量53亿t，矿体埋藏在1057～1461m的深度，设计开采规模3000万t/d，基建前期工程已经开始，一条竖井已开挖700m深，由于某些原因，现工程暂停；同处本溪地区的思山岭铁矿，矿石储量25亿t，矿体埋藏在404～1934m的深度，设计一期开采规模1500万t/d，从第8年开始二期新增生产能力1500万t/d，矿山最终生产规模3000万t/d，目前主体基建工程完成大半，几条竖井开挖深度已超过1000m，其中最深一条已达地下1270m；首钢马城铁矿(位于河北滦南)，矿石储量12亿t，矿体埋藏在180～1200m的深度，设计开采规模2200万t/d，目前基建工程全面展开，最深一条竖井已经完工(井深1200m)。拟建的有：五矿集团矿业公司陈台沟铁矿(位于辽宁鞍山)，矿石储量12亿t，矿体埋藏在750～1800m的深度，设计开采规模2000万t/d，计划2017年下半年开始建设；山钢集团莱芜矿业公司济宁铁矿，矿石储量20亿t，矿体埋深1100～2000m，设计开采规模3000万t/d，计划2017年内投入建设。

此外，近期在山东三山岛金矿西岭矿区1600～2600m深度，探明了一个金金属储量550t的大型金矿床，为我国在胶东半岛深部等类似矿集区找到更大规模金矿床指明了方向。随着勘探技术和装备的进步，我国未来在3000～5000m深部找到一批大型金属矿床是完全可能的。

据统计，未来10年内我国将有1/3以上的金属矿山开采深度超过1000m。因此，按照现在深部开采发展的速度，在较短时间内，我国不但有好几个超大型地下金属矿山的开采规模达到世界最高水平，而且深井矿山的数量也会达到世界第一。深部开采是我国金属矿产资源开发面临的最迫切的问题，也是今后保证我国金属矿产资源供给的最主要途径。我们必须从现在开始，把5000m开采深度作为未来深部开采战略研究的目标。

9.2　深部开采条件及其导致的主要工程技术难题

进入深部开采后，地应力增大、矿床地质构造和矿体赋存条件恶化、破碎岩体增多、涌水量加大、井温升高、开采技术条件和环境条件严重恶化，导致开采难度加大、灾害和事故增多、劳动生产率下降、成本急剧增加，给深部金属矿山大规模正常生产和安全、高效开采带来一系列的工程技术问题。需要面对和解决的主要难题有以下几方面。

(1) 深部高地应力场引起岩爆、塌方、冒顶、突水等开采动力灾害，严重威胁深部开采安全。

地应力随深度的增加以线性的速率增加。岩爆是采矿开挖引起的扰动能量在岩体中聚集和突然释放的过程。地应力越大，开采扰动能量越大，岩爆发生概率和震级越大。南非由于大量金矿进入深部开采，是世界上发生岩爆最多的国家，最大岩爆震级达到M_L= 5.1级。1984～1993年，南非金矿3275名矿工在采矿事故中丧生，其根本原因是在2000m以下采矿，未能研究和采用有利于控制岩爆的采矿方法。

我国地下金属矿进入深部开采的时间较晚，20世纪进入深部开采的矿山很少，因此观测到岩爆的矿山很少，时间较晚，规模也不大。到目前为止，我国发生过显著岩爆的地下金属矿山有 8 个(见表 9-3)。红透山铜矿 20 世纪 80 年代开采到 400m 深时即出现过岩爆现象，开采到 700m 深以后岩爆逐渐频繁起来，几乎每年都有岩爆发生，表现形式主要为岩块弹射、坑道片帮、顶板冒落等；1999 年发生了两次较大规模的岩爆，岩爆的破坏力相当于 500～600kg 的炸药；2002 年发生的岩爆造成巷道顶板冒落，采矿设备被砸坏，采矿作业被迫停止。冬瓜山铜矿 1997 年开采接近 1000m 出现岩爆现象，1999 年发生显著岩爆，造成大量锚杆网支护被破坏，部分锚杆钢筋网被剪断后整体抛出。

表 9-3 我国部分金属矿山岩爆发生情况

矿山名称	目前采深/m	岩爆状况
红透山铜矿	1300	发生较强岩爆
会泽铅锌矿	1500	发生较强岩爆
冬瓜山铜矿	1100	发生中等岩爆
灵宝崟鑫金矿	1600	发生中等岩爆
二道沟金矿(夹皮沟金矿)	1500	发生中等岩爆
玲珑金矿	1150	发生中等岩爆
三山岛金矿	1050	发生轻微岩爆
玲南金矿	800	发生轻微岩爆

(2) 深井开采中的高温环境与热害治理。

地下岩层温度随着深度的增加而增加。据统计，常温带以下，深度每增加 100m，岩层温度一般将提高 3.0℃左右。通常情况下，千米以上的深井，岩层温度将超过人体温度，如南非西部矿井，在深部 3000m 处，岩层温度最高可达 80℃。目前，我国开采深度超过 1000m 的地下金属矿山已达 16 个(见表 9-2)，开采深度超过 700m 的地下金属矿山有 100 多处。据各地统计资料，开采深度超过 700m 的矿井的岩层温度大都超过 35℃，有的接近 40℃，最高的达到近 50℃。例如，安徽罗河铁矿，在 700m 的深度，东部测得的岩温值为 38℃，西部为 42℃；广西河池高峰锡矿 700m 深度达到 40℃；山东三山岛金矿 825m 深度达到 38.5℃；安徽庐江泥河铁矿 870m 深度达到 40.9℃。这样的温度值远远超过我国《地下矿山安全规程》规定的“采掘工作面空气温度不得超过 28℃”的标准。高温导致工作面条件严重恶化，给设备的安全运行、生产效率、工人的健康和劳动生产率等带来严重影响。因为高湿的井下作业环境，使井下作业人员注意力、判断力以及协调反应能力下降，进而影响工人工作效率，严重的将导致事故的发生。据统计资料，矿内作业环境气温超标 1℃，工人的劳动生产率将降低 7%～10%。采取经济和有效的措施，解决深井的高温环境和降温问题，使深井开采工作面保持人员和设备所能承受的温度和湿度，才能保证深部地下开采的正常开展。

(3) 深井采矿的提升能力和提升安全问题。

提升是采矿过程中与开挖同等重要的一个环节。随着开采深度增大，提升高度成倍增加，不但使生产效率大幅度下降、生产成本大幅度增加，而且对生产安全构成严重威胁。

我国矿山普遍采用摩擦轮多绳提升机，在深度小于1000m的范围内，采用这种提升技术是最经济和高效的。2000年以前，我国地下矿的开采深度绝大多数在800m之内，很多位于500～600m。在这个深度范围，采用传统的摩擦轮多绳提升机，提升效率、成本、可靠性、安全性都是有保证的。但是，进入深部开采后，随着提升高度的增加，钢丝绳需要不断加长，这种提升技术就会在提升能力、安全性和运行成本方面遇到许多困难。根据各国的统计资料，摩擦轮提升机在井深超过1800m后将不能使用，主要问题在于：在超1800m深井中使用时，由于钢丝绳加长，提升负荷增加，钢丝绳的重量可能超过提升容器装载的重量，从而使提升能力大大降低；钢丝绳加长后，其惯量大大增加，给提升运行的稳定性控制造成困难；而且尾绳长度的变化越来越大(见图9-1)，导致钢丝绳因张力变化过大，较早出现断丝且不均匀，钢丝绳有效金属截面减小，抗拉强度降低，钢丝绳寿命急剧下降，成为制约摩擦轮提升机提升安全与效率的主要因素。

为了克服摩擦轮提升机的不足，英国的布雷尔研发出多绳缠绕式提升机(见图9-2)。多绳缠绕式提升机解决了多绳摩擦提升机在深井提升中存在的尾绳问题：可以作双容器的多水平提升，并可用于井筒掘进使用；没有尾绳，容器底部允许悬挂设备及长材料等。目前该提升设备主要在南非应用，其他国家应用不多，我国尚没有应用。

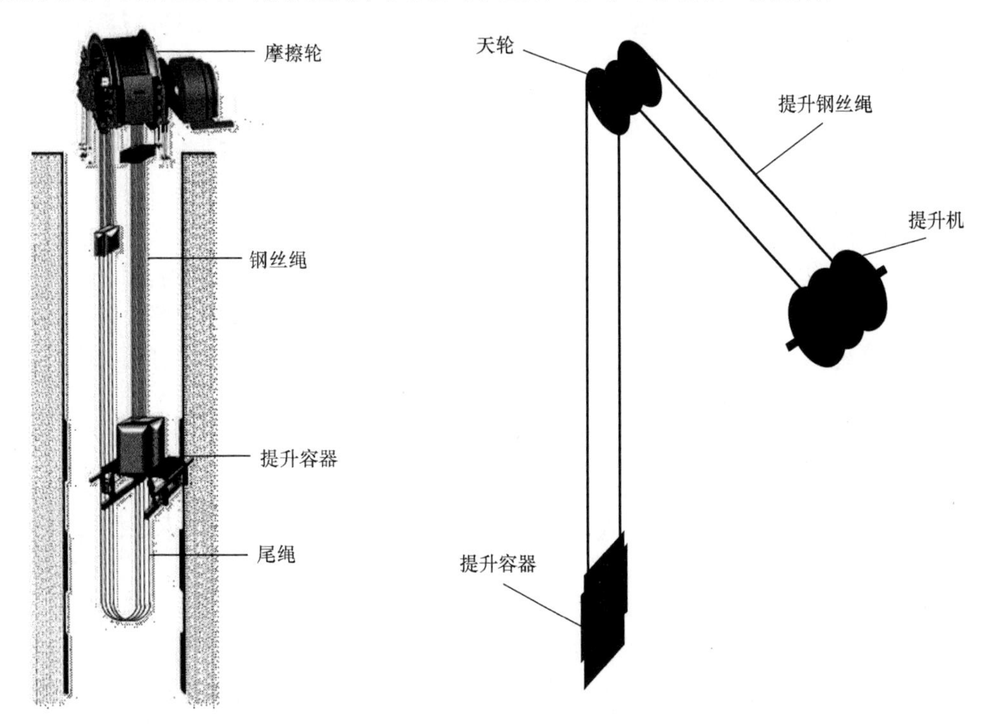

图9-1 摩擦轮多绳提升机示意图　　图9-2 布雷尔多层缠绕式提升机示意图

(4) 为应对深部高应力场、高井温、高井深和复杂地质条件给正常开采带来的一系列困难，提高采矿效率、降低生产成本、保证开采安全，必须对传统的采矿模式和开采方法进行重大的变革。

进入深部开采后，随着地应力增大、地温升高，地质结构和岩体条件将发生重大变化，浅部的硬岩到了深部可能会变成软岩，弹性体可能会变成塑性体或潜塑性体，导致开采技术条件和环境条件严重恶化、开采难度加大，以及采矿开挖、支护、提升和运输成本急剧增加，若不改变传统的采矿模式和开采方法，正常生产将难以为继。

传统采矿模式和工艺变革涉及很多方面，解决上述深井提升的困难，除了需要变革传统的提升方式外，减少提升量也是一个重要的方面。传统的钻爆法(打眼放炮) 采矿方法，在采出矿石的同时，还会采出相邻的废石，并混在一起提升出井，从而加大了提升量。从长远目标出发，采用连续切割设备取代传统爆破采矿工艺进行破岩和采矿是一个重要方向，连续切割设备采矿能准确地开采目标矿石，使废石混入率降到最低，从而大幅度减少提升量，由于采矿空间不需实施爆破而明显提高其稳固性。同时，采用连续切割设备采矿取代传统爆破采矿也是实施遥控智能化采矿、建设无人矿山的必然需要，这涉及传统采矿工艺技术的大规模变革，是采矿方法和工艺的战略性转变。

地下金属矿山有三类采矿方法，即空场法、崩落法、充填法。充填法成本高，除少数重要的有色矿山和金矿采用充填法外，其他矿山，特别是铁矿一般都采用空场法和崩落法进行开采。进入 1500m 以上的深部开采后，面对很高的开采地压，空场法和崩落法均不能保证开采的安全，充填法将是必须采用的开采方法。这也是传统采矿模式的一个重要变革，面对这一变革，我国地下矿山应对各种充填工艺和充填材料进行系统创新研究，形成充填成本低、充填体强度高、充填材料来源广的充填技术，以便为深部开采广泛推广充填采矿方法创造条件。

(5) 为了更好地应对不断恶化的深部开采条件和环境条件，从根本上保证深部开采的安全，提高采矿效率，必须发展高度自动化的遥控智能无人采矿技术。

自动化智能采矿利用先进的信息及通信技术、遥感控制技术、智能采矿设备等，以“机器人”取代人完成各种采矿作业，不但从根本上解决了深井高温环境和深部高应力诱导的各种灾害事故等对以人为主体的采矿安全的威胁，而且使采矿效率、矿石回收率得到最大程度地提高。有了安全的保障，深部各种复杂和恶劣条件下的有用矿石都有办法开采出来。

早在 20 世纪 80 年代初，瑞典、加拿大、芬兰等西方国家即开始遥控自动化开采作业的研究和现场应用。我国在这方面的研究起步至少晚了 20 年，直到“十一五”期间，才有国家级的研究项目出现，例如，“十一五”“863”计划项目“井下(无人工作面)采矿遥控关键技术与装备的开发”、“十二五”“863”计划项目“地下金属矿智能开采技术”。与此同时，以首钢杏山铁矿为代表的几个金属矿山，通过产学研联合攻关，借鉴、引进和采用一批现代高新技术，在全面推进数字化矿山建设的同时，主要通过自主研发和集成创新，矿山生产自动化和遥控智能作业水平也有了长足的进步。目前已基本做到包括凿岩、破碎、提升、皮带运输、排水、通风等采矿作业全过程自动化控制，但全国范围内这方面的进展还很少。目前我国不少矿山尚未实现全盘机械化作业，因此现在我国全面推开搞遥控智能化无人采矿作业的条件还不成熟，必须结合我国国情，研究从整体上迅速提高我国金属矿深部开采自动化遥控智能化作业水平的最适合、最有效的技术路线。

(6) 我国在深部和中深部存在大量的低品位金属矿床，随着开采深度的增加，金属矿品位到深部呈下降的趋势。如果采用传统的采矿方法和工艺对这批矿床进行开采，首先要从深部把矿石开挖并提升出井，然后经破碎、选矿，将矿石中的有价金属元素回收，对于低品位的矿石，复杂的采、选环节，成本太高，经济效益太差。因此，必须研究和开发低成本的采矿方法，如原地破碎溶浸和生物回收的采矿技术等，其不需要开挖和提升矿石，省去破碎、磨矿环节，能够大幅降低成本。原地溶浸和生物回收的采矿技术在我国刚刚起步，适用的金属矿种也很少，需要做大量系统性的开拓研究。为了降低采矿成本，还必须研究减少矿石提升和选矿成本的方法和工艺，如将选矿的主要环节放在井下等。

9.3　解决深部开采难题的关键工程科技战略思想、战略举措与战略建议

本项目通过大量的多形式的调研(包括 50 多个矿山现场调研)，从科学问题和工程技术两个层面，系统总结出我国金属矿深部开采面临的关键难题；广泛吸收相关学科的高新理论、高新技术，通过具有创新性、可行性和实用性相结合的多学科系统研究，从战略性和前瞻性的高度提出了应对和解决这些难题的关键工程科技发展战略，包括战略思想、战略举措与战略建议；形成了金属矿深部开采的创新技术体系。该创新技术体系由如下六个方面组成。

1) 深部开采动力灾害(岩爆)预测与防控

金属矿山深部开采动力灾害包括岩爆、塌方、冒顶、突水等，以岩爆为重点。

岩爆是在地应力的主导下发生的采矿动力灾害，是采矿开挖形成的扰动能量在围岩中聚集、演化和在围岩出现破裂等情况下突然释放的过程。地应力是地层中的天然应力，采矿开挖前地层处于自然平衡状态，采矿开挖引起地应力向开挖空间释放，形成“释放荷载”(见图 9-3)。正是在这种“释放荷载”的作用下，围岩发生变形和应力重分布、形成应力集中，产生扰动能量(作用力乘变形就是能量)。当岩体中聚集的扰动能量达到很高水平，并且在围岩出现破裂等情况下突然释放，就产生冲击破坏，即岩爆，这是对岩爆机理的准确认识。

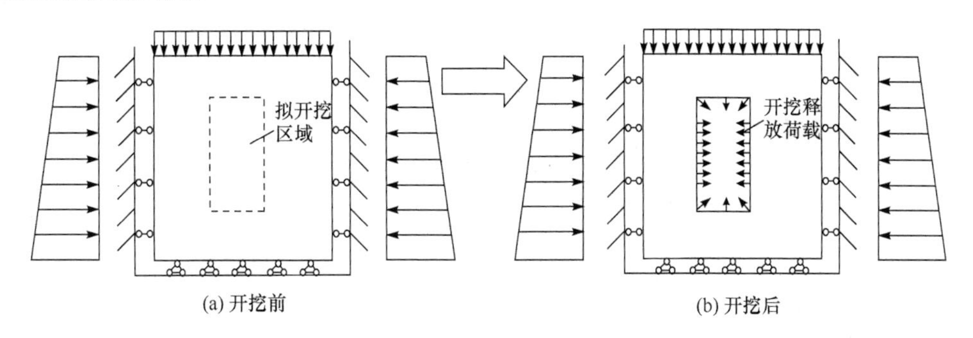

(a) 开挖前　　(b) 开挖后

图 9-3　开挖释放荷载示意图

岩爆研究历史已有大半个世纪，国内外学者提出了各种岩爆的理论和学说，但大多仍停留在探讨和经验阶段，至今没有形成对岩爆机理的准确认识和具有实用性的岩爆预测与防控技术。为了满足金属矿深部开采安全的要求，应在已有工作积累基础上，将岩爆研究重点从判据研究转移到预测与防控研究上来。

基于上述岩爆诱发机理，岩爆发生必须具备两个必要条件：一是采矿岩体必须具有储存高应变能的能力并且在发生破坏时具有较强冲击性；二是采场围岩必须有形成高应力集中和高应变能聚集的应力环境。这也是进行金属矿山岩爆预测的基本准则。岩爆预测研究应与采矿过程紧密结合，根据未来开采计划，采用数值模拟、数理统计等方法，定量计算出未来开采诱发扰动能量的大小、时间和在岩体中的空间分布状况及其随开采过程的变化规律，在此基础上可以结合地震学的知识，对未来开采诱发岩爆的发展趋势及其震级作出预测。

岩爆是一种人工诱发地震，人工地震和天然地震在许多方面具有相同的规律性，它们都是岩层中能量聚集、演化和突然释放的过程。天然地震的能量是由地球构造运动造成的，岩爆的能量是由采矿开挖扰动形成的。借助地震学中地震能量(E)与震级(M)的关系式($\lg E=4.8+1.5M$)，可以根据岩体中聚积扰动能量(E)的大小，对可能诱发的岩爆级别(M)作出预测。同样基于岩爆的诱发机理，岩爆防控应主要从优化采矿方法、开采布局和开采顺序入手，减小和控制开采过程中扰动能量的聚集，从而减轻和控制岩爆的发生可能。同时，采取能吸收能量、防冲击的支护措施，阻止和减弱岩爆的冲击破坏作用。

如上所述，我们在岩爆诱发机理及其预测理论和技术研究方面已经取得重要突破，基于开采扰动能量分析，能够实现对开采诱发岩爆的趋势和震级作出理论上的预测。当前的主要问题是岩爆的实时监测和预报还缺少成熟的技术，准确的岩爆实时预报，特别是岩爆短期和临震预报还做不到。今后必须在超前理论预测的基础上，除采用已有的应力、位移、三维数字图像扫描(3GSM)、声波监测、微震监测等手段外，需要进一步研究新的探测技术和方法，精准监测深部开采过程中岩体能量聚集、演化、岩体破裂、损伤和能量动力释放的过程，为岩爆的实时预测预报提供可靠依据。

2) 深井降温与热害治理

目前国内外矿山常用的深井降温技术，总体上可以分为非人工制冷降温和人工制冷降温技术两大类。

矿井通风系统是非人工制冷降温技术中应用比较多的一种降温方法。通过改进通风方式、提高通风能力，可以起到明显的降温效果。如果在风流送入井下之前将其预冷，通风降温效果会更好，但这样做把除井下工作面和附近巷道外不需要降温的大量空间也降了，导致通风降温成本高、效率低。此外，采矿设备热源隔离、采空区全面充填等方法也都能起到一定的降温效果。但实践表明，非人工制冷降温技术的降温能力小，对于热害较严重的矿井往往不能满足要求。

现代人工制冷技术应用于矿井降温始于 20 世纪 20 年代，迅速发展并广泛应用是在 70 年代之后。人工制冷降温技术可以分为水冷系统和冰冷系统两大类。

水冷系统按冷却机组布置方式可分为三类：地面集中式，在地面集中布置制冷机组，制出冷水输送到井下，通过井下高低压换热器和空冷器，将进风冷却后送工作面降温；地面排热井下集中式，在井下集中布置制冷机组，制出冷水输送到工作面，通过高低压换热器和空冷器进行工作面降温，井下热空气经封闭管路送至地表，通过地面冷却塔进行散热；回风排热井下集中式，在井下布置制冷机组，机组冷冻水经过空冷器与巷道进风完成换热，冷却后的风流由风机鼓风并经风筒输送到工作面降温，井下热空气通过回风散热，效果较差。

冰冷系统是在井上利用制冰机制取粒状冰或泥状冰，通过风力或水力输送至井下的融冰池，然后利用工作面回水进行喷淋融冰，融冰后形成的冷水送至工作面，采取喷雾降温。

南非姆波尼格金矿采深4350m，地下温度65.6℃。其采用的冰冷降温方法与上述不同，效率更高。该矿采用冷水循环管道为井下工作面和附近巷道降温。20世纪90年代初期，该矿建成9座巨大的制冰厂，每座工厂每小时能制造出33t冰浆。冰浆送到地下后被加入水中，水的温度为0℃左右，在管道中循环为工作面周围环境降温，温度可降低至29.5℃，基本满足井下安全生产降温要求。

我国进入深部开采时间较晚，目前采用人工制冷降温的深井矿山只有很少几个。它们的降温设备多数从德国等引进，不但价格昂贵，而且降温效果也不十分理想，很难在我国未来大量地下矿山进入深井开采后，大范围地推广应用；并且现有的降温技术都是被动式降温技术，只治标、不治本。为了降温，付出大量的投入，除了达到降温的效果，没有其他任何附带的效益。

人工制冷和非人工制冷都是被动式降温技术。为了高效解决深井降温问题，必须发展主动式降温技术。建议在以下两个重点方向进行研究：

(1) 深井高温岩层隔热技术。深井高温环境主要是由深井高温岩层热辐射所造成的，研发新型高效的隔热新材料、新技术、新工艺，对岩层高温热源进行隔离，在此基础上再采用人工制冷降温技术等，就会使井下巷道和采矿工作面取得良好降温效果。

(2) 深井地热开发技术。从本质上讲，地热是一种天然能源。我们应该从主动的角度，首先去开发和利用这种地下有用的热量；其结果是地下的环境温度也有效地下降了。对深部采矿工程来说，如果在深部开采过程中，采用有效的热交换技术，将岩层中的地热资源开发出来加以利用，将深井采矿和深部地热开发利用结合起来，将使深井降温的综合成本大幅度降低，这就为采矿深井降温找到了一条具有颠覆性的经济有效的技术途径。

地层深部地热有多种存在形式，其中，3000～10000m深处干热岩赋存的地热最具开采的价值。干热岩是指地层深处没有水或蒸汽的热岩石，其温度范围在150～650℃。据目前保守估计，在3000～10000m深处的地壳中，干热岩所蕴含的能量相当于全球所有石油、天然气和煤炭所蕴藏能量的300倍以上。据国家“863”计划项目“干热岩地热地质资源评价与开发技术研究”对我国陆区干热岩资源潜力的估算，我国干热岩地热能(3000～10000m)资源量相当于860万亿t标准煤。从理论上推断，如果把这么大的能量全部开发利用起来，按照我国目前的能源消耗水平，可维持10多万年的能量消费。

近年来国内外开发的增强型地热系统(enhanced geothermal systems，EGS)，是一种基于石油钻井技术提出的深地地热开采方法，通过钻孔至地下 1000～5000m 深度，利用水力压裂技术在钻孔的底部岩层中制造贯通裂缝，通过冷水或其他介质实施热交换抽取地热。该方法通过深地单井钻孔抽取地热，由于深地单井热交换面积小，并且水压致裂形成的裂隙系统难以控制，地热开发规模小、效率低、成本高，地热开发能力非常有限。

如果将钻孔和水压致裂地热开采方法改变成基于采矿开挖技术的地热开发方法，利用开挖竖井到数千米深部，在竖井深部一定高度范围内多层面布置水平巷道，每个层面的水平巷道可以在 360 度范围内按一定的间隔分布。如需要，在水平巷道里还可以向岩体内部再打钻孔。通过这些巷道和钻孔，采用水或液态二氧化碳等作为热交换介质，可比上述的 EGS 成百上千倍地增加热交换的面积、提高地热开发的能力。这样就可实现干热岩热能的大规模、高效率、低成本开发，就能真正将深部地热开发和深井采矿紧密结合起来，实现深部地热能源开发与矿产资源开采共赢。二者的有机结合和双赢，将是深地能源与矿业开发科技创新的一个突破性进展。

化石能源的时代很快就会过去，水电、太阳能、风能等可再生能源可为人类提供的能源极其有限，难以替代化石能源的空缺，核能的大规模使用也会受到各种限制。因此，开发深部的巨大地热资源，将是解决人类未来长期能源需求的正确方向。

就目前的采矿技术和开采成本而言，在 3000m 以下的深地进行矿产资源的开发，并不是非常经济的做法。但是，深部矿产资源开采向深部地热开发的延伸，就大幅降低了降温在采矿成本中所占的比重，也会显著降低深地采矿的总体成本，增加开采效益，为解决深部采矿的经济性问题开辟了有效途径。

由于浅部矿产资源的逐步减少和枯竭，大量的矿山进入了深部开采。即使现在刚投产的浅部矿山，几十年后也会进入深部开采。所以，深部开采将是全世界未来面临的普遍问题。谁解决了深部开采的经济性问题，谁就将在深部开采方面抢得先机，成为未来的采矿强国。深部采矿和深部地热开发的有机结合，将为我国成为未来的采矿强国作出贡献。

3) 深井提升技术及其变革

目前，国内外地下矿山普遍采用摩擦轮多绳提升机。根据国外的统计资料，1800m 是摩擦轮多绳提升机能够正常安全工作的最大提升高度，超过这个深度，采用这种提升技术将会出现很多的问题。因为随着提升高度的增加，钢丝绳需要不断加长，钢丝绳的重量就是一个很大的负荷，钢丝绳越长，负荷越大。提升高度超过 1800m 后，钢丝绳的重量就会超过提升容器及其装载的矿石的重量，提升高度再增加，提升机提升矿石的能力会越来越小，从而满足不了提升的要求。更严重的是，随着提升高度增加，钢丝绳不断加长，尾绳长度的变化越来越大，导致钢丝绳因张力变化过大，较早出现断丝，抗拉强度降低，寿命急剧下降；同时，钢丝绳加长后，其惯量大大增加，给提升运行的稳定性控制造成困难。以上问题都成为制约摩擦轮深井提升安全的致命因素。

为了克服传统摩擦轮提升机因尾绳的存在所造成的一系列问题，首先要在 2000m 以深采用无尾绳的提升设备，布雷尔多绳缠绕式提升机符合这一要求。我国还没有应用多绳缠绕式提升机的先例。为了解决 2000m 以深的深井提升问题，我国应首先开展多绳缠绕式提升机的研制与应用。布雷尔多绳缠绕式提升机除了前面提到的一系列优点，也存在缺点。首先是提升能力不大，之所以在南非应用，主要是因为南非深部金矿的提升量较小。另外，到很大深度后，同样存在钢丝绳加长、加粗带来的一系列问题。因此，缠绕式提升机在大型地下矿山应用时，单级最大提升高度可能也只有 3000m 左右。更大的提升高度必须多级提升，从而设备和运行成本大大增加，提升效率大大降低。

单级提升高度超过 3000m 或 4000m 后，有绳提升由钢丝绳造成的大负荷、大惯量、大扭矩将是无法解决的问题。为此，必须研发无绳垂直提升技术，如直线电机驱动、磁悬浮驱动提升技术等。

图 9-4 是双边型永磁直线同步电机垂直提升系统的设想示意图。永磁直线同步电机工作原理与旋转正弦波永磁同步电机工作原理相类似。如图所示，当电机初级单元内通入三相对称的电流后，在气隙中产生一个磁场，此气隙磁场在直线方向上呈正弦分布，其峰值位置随时间变化平移，称为行波磁场。行波磁场与永磁体建立的磁场相互作用便产生电磁推力，在这个电磁推力的作用下，实现罐笼直线向上移动。

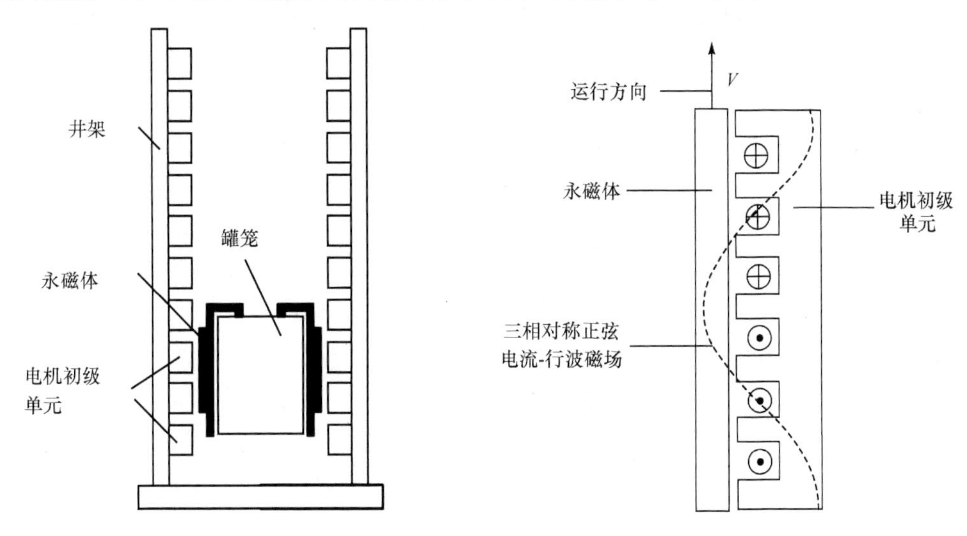

图 9-4　双边型永磁直线同步电机垂直提升系统

传统的箕斗、罐笼等提升方式，都是机械提升方式，除向无线直线电机驱动等无绳垂直提升技术发展外，西方发达国家前些年还在试验采用水力提升方式。这种提升方式在井下对矿石进行粗选、破碎和磨矿，然后用泵扬送到地面选矿场，可大幅降低提升成本，同时可以实现废石不出坑，为井下就地充填提供了方便；同时也为减少环境污染、建立“无废矿山”创造了很好的条件。由于不需要开挖竖井，不但大大减少了井巷工程的投资和维护费用，而且使采矿工程的安全性得到极大提高。目前，水力提升系统正在德国的普鲁萨格金属公司和瑞典基律纳铁矿试验、应用。进入很深部以后，水力提升必须分多段提升才能完成，一段提升是不行的。这也制约了水力提升的效率和提升高度，真正能够实现无高度限制的可能还是无线直线电机驱动垂直提升技术等。

无线直线电机驱动等无绳垂直提升技术，设备小，运动灵活，效率高，无提升高度的限制，是适合超深井提升的技术和设备。目前这方面的技术和装备都处于初步设想阶段，需要今后更深入的创新研究和科学试验过程，才能做出符合实际的设计方案和实用产品。本咨询项目建议我国今后重点开展这类提升技术和装备的研发。

4) 传统采矿模式和开采方法与工艺的变革

为了适应深部开采应力环境条件、地质构造、岩体力学结构与特性的变化，特别是为了满足深部无人采矿作业需求，极大地提高采矿的效率、保证采矿工程的稳定和安全，对用于浅部的传统采矿模式、方法与工艺进行根本的变革是完全必要的，主要包括采矿开挖和支护加固两个方面。

(1) 采矿开挖方面。

从长远目标出发，采用机械掘进、机械凿岩的方法，以连续切割设备取代传统爆破采矿工艺进行开采是一个重要方向。传统爆破采矿工艺的弊端，一是爆破对围岩和环境的破坏，二是把矿石和废石一起爆落采出，大幅增加提升量。采用机械切割采矿的优越性在于：切割空间不需实施爆破而明显提高围岩稳固性；扩大开采境界，不受爆破安全境界的限制；机械切割能准确地开采目标矿石，使矿石贫化率降到最低；不需粗碎，德国维特根(Virtgen) 公司生产的切割机在切削矿石中同时将矿石破碎；可实现切割落矿、装载、运输工艺平行连续进行，为实现连续采矿创造了条件。

除机械连续切割破岩采矿方法以外，有研究价值的新型连续破岩切割采矿方法还有：

①高压水射流破岩技术。高压水射流技术是 20 世纪 70 年代发展起来的一种清洗、切割新技术。从高压喷嘴射出的高速水射流具有很大的动能，在目标靶上可产生巨大的冲击力，用来切割岩石、破碎岩石等。高压水射流破碎和切割过程中，能自动排出废料，只须对使用后的水进行简单物理净化，就能实现对水的循环利用。目前高压水射流破岩用于软岩和中等硬岩已实现，在煤矿有广泛应用，大量应用高压水射流技术研制的采煤机、切割机和清洗机已相继问世。但在破碎坚硬矿岩时，须使用更高的水射流压力，会导致射流发射装置系统的可靠性和寿命降低，破岩比能增大。为了解决硬岩破岩问题，高压水射流须向超高压大功率化方向发展。需要进一步发展和完善水射流部件和设备，如超高压泵、旋转密封、耐磨喷嘴和高压管件等部件，为在金属矿硬岩破岩中应用创造条件。

②激光破岩技术。利用高能激光束产生的热量对岩石局部加热，高能激光作用于岩石表面时，岩石局部迅速受热膨胀，导致局部热应力升高，当热应力高于岩石极限强度时，岩石就会发生热破碎，实现矿岩切割。从 20 世纪 60 年代开始，许多国家开展了激光破岩的研究工作。2000 年，俄罗斯 Lebedev 物理研究所完成了高能激光钻井破岩的室内可行性试验工作，证明国防工业中的兆瓦级激光器能满足 4500m 深井硬岩破岩的能量要求；激光破岩的速度与传统的转盘/牙轮钻头或者转盘/金刚石钻头相比，根据地层岩性的不同，平均提高 10～100 倍。为了进一步发展激光破岩技术，对激光破岩的五大基础科学问题需要进行更深入的研究：激光破岩微观物理过程和岩石热破坏理论；岩石快速

相变的热力学与传热学；强激光的传输变换与微型化原理；激光破岩岩屑运移的多相流动理论；激光破岩的安全与环境保护科学。

③等离子爆破破岩技术，如图 9-5 所示，从岩面打入钻孔后，将同轴电极紧密地装入炮孔中，并在电极前端充满电解质溶液，接通连接同轴电极的电容器组，电子便冲向同轴爆破电极的尖端。电能向电解液释放的速率一般要超过 200MW/μs，最高功率可达 3.5MW。在此条件下，电解质很快地转变成高温高压的等离子气体。高温高压的离子气体迅速膨胀形成强大的冲击波，从而在岩体内产生类似于化学炸药的爆破效果，爆破产生的压力可超过 2GPa，足以破裂坚硬岩石。1993 年，等离子破岩技术在加拿大东魁北克的 Gaspe 矿进行了现场试验，在强度为 140～350MPa 的硬岩工作面爆破中获得成功。

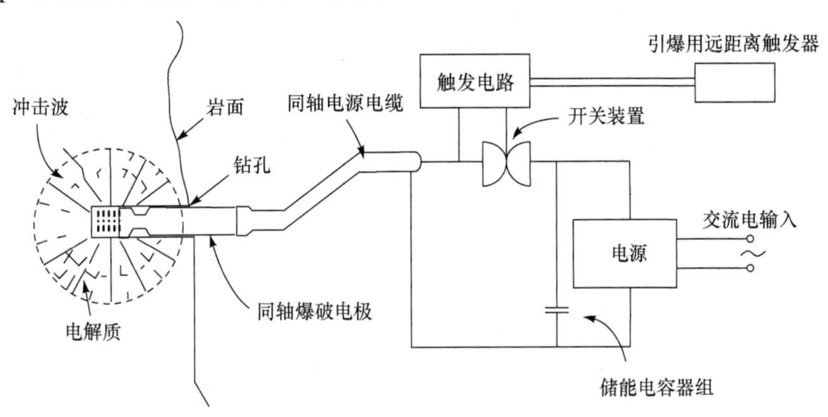

图 9-5　等离子爆破技术示意图

(2) 支护加固方面。

地下金属矿山采矿方法随开挖落矿和支护方式的不同，分为空场法(也称房柱法)、崩落法、充填法三类，主要根据矿石价值和空区维护难度的不同，决定各自的适用范围。金矿和价值高的有色金属矿山大多采用充填法开采，这些矿山的矿体大多赋存在断裂带、破碎带中，围岩稳定性差，确实存在空区维护难度大的问题。铁矿价值低，但矿体体积大、整体性好，围岩稳定性好，所以首选开采效率高、支护成本低的崩落法进行开采，这已成为选择采矿方法的传统观念，也是开采价值和支护成本相平衡的结果。但随着采矿深度不断增加，特别当开采深度超过 1500m 或更深以后，在高地应力的作用下，地压活动会越来越剧烈，为了有效控制地压活动，保证开采安全，充填采矿法将是多数矿山包括铁矿，不得不选择的采矿方法，这也是传统采矿模式的一个重要变革。

但是，开采价值和支护成本相平衡的原则还是要遵守的。为了使铁矿这样的矿山能够采用充填法，必须对充填工艺和充填材料进行重大改革，大力降低充填成本。全尾砂膏体充填，可在低水泥耗量条件下获得高质量的充填体，能有效维护空区、控制岩爆，代表了充填技术的发展方向。德国 PM 公司采用膏体泵送充填工艺，将尾砂浆浓缩到 78%左右浓度，用泵送到井下，在工作面加水泥(3%)充填采场。我国金川公司引进该技术，采用戈壁碎石集料、全尾砂与水泥制备成浓度 81%～83%的膏体，充填体抗压强度达到 40MPa 以上。我国地下矿山应对该充填工艺进行更深入的研究，因地制宜地选择充填材料，在成本、效率、充填支护效果等方面形成更加突出的优势，为深部开采广泛推广应用创造条件。

我国正在新建的思山岭铁矿、大台沟铁矿、马城铁矿等大规模深部地下金属矿山，其开采规模将达到 2000～3000 万 t/d，在我国史无前例，在世界上也是少见的。目前我国只有开采深度 800m 以上、开采规模小于 500 万 t/d 地下金属矿山的开采经验，对于超大开采规模的深井矿山，为了保证开采的安全和开采的效益，开采模式和开采工艺必须进行重大变革，研究膏体胶结充填的大面积连续充填技术和工艺，才能满足 1500～3000 万 t/d 开采规模的要求。

5) 适应深部采矿的选矿新工艺与采选一体化技术

进入深部开采以后，开拓、提升、运输成本的大幅增加和矿石品位的下降，严重影响采矿的经济效益。为了维持矿山的正常生产，尽管选矿工艺受矿石本身性质的影响比较大，受矿石开采深度的影响较小，但是从采选一体化的思路出发，采选结合，从选矿的角度，研究、开发能够降低深部开采成本的选矿新工艺、新技术，将极大地降低矿石提升的能耗和成本，实现采选环节的循环利用，从而有利于深部开采矿山的节能降耗和提质增效。

原位浸出工艺。原位浸出是集采、选、冶一体的技术，在矿体中直接实施，在矿体上设计好的位置预先破碎、钻孔，开凿集液通道，将浸矿溶液通过钻孔或从爆堆深部注入矿山中，浸出的矿物富集液经集液通道抽送至地表进行处理回收。该工艺主要用于处理开采难度大且品位较低的矿石，最显著的特点是省去采矿开挖、提升、运输作业，而通过浸矿液直接回收金属，可以大幅减少采矿作业和提升的工作量。与传统的“开采-选矿-冶炼”工艺相比，原位浸出的生产成本可以节约 30%以上，甚至达到 50%，对深部适合矿产的开采具有重要应用价值。目前的主要问题是能够应用该工艺回收的大宗金属品种太少，只有铀、铜和金三种，需要大力研究更多金属矿种的浸出工艺和回收技术。

选厂建在井下。目前深部开采的矿山选矿主工艺流程仍然在地上完成，选矿厂建在井下，直接向地面输送精矿，包括干式精矿提升或矿浆直接输送，对降低矿石提升成本，减少废石返回量起到关键的作用，同时能够减少废石与尾矿的提升，将其用于井下原地充填，可以提高经济效益并实现对生态环境无影响的无废采选生产。在地下建选矿厂需要开拓大的硐室来放置选矿设备，对深部开采来说，地下硐室、巷道在开拓过程中要面临高应力、高井温、高井深的“三高”难题，一方面要对现有的地下开拓技术进行改进，另一方面要改变现有的选矿设备结构，使其占地面积更小、高度更低，适应地下硐室的空间要求。

6) 深井遥控自动化、智能化无人采矿技术

进入 21 世纪以来，信息、定位、通信和自动化技术的迅速发展和应用，深刻影响和改变着传统采矿业沿袭百年的生产工艺和管理模式，信息化、自动化、智能化已成为采矿技术的发展方向。信息化、自动化、智能化是现代工程科技的三大核心技术，信息化是自动化的前提，而自动化是智能化的前提，数字化则是信息化的前提。基于信息化、自动化、智能化发展起来的遥控智能化无人采矿技术为深部安全高效开采创造了条件。

遥控智能化无人采矿技术是最好的应对不断恶化的深部开采条件和环境条件，最大限度提高劳动生产率和采矿效率、保证开采安全的最根本、最有效、最可靠的方法。

20 世纪，全球采矿技术的发展基本上是矿山机械化的发展促进了采矿工艺的变革。进入 21 世纪以来，则是矿山自动化和信息技术对采矿工艺的变革起主导作用。西方矿业发达国家，如瑞典、加拿大等 20 世纪 80 年代就开始实施小规模井下工作面的遥控无人采矿作业，而目前我国不少矿山尚致力于机械化作业，在我国全面推广自动化遥控智能化采矿作业的条件还不成熟，多数矿山采矿技术基础和经济实力都有很大差距。因此，必须结合我国国情，研究制订提高我国矿山，特别是深井矿山遥控智能化无人采矿作业水平的技术和发展路线。

近几年来，以首钢杏山铁矿为代表的一批矿山，借鉴、引进和采用一批现代化高新技术，主要通过自主研发和集成创新，矿山生产的自动化和遥控智能化作业的水平也有了长足的进步。目前，杏山铁矿已基本做到采矿作业全过程自动化控制，实现了井下运输电机车地面遥控无人驾驶矿、中深孔凿岩台车遥控自动化作业等，向遥控智能化无人采矿远大目标迈出重要的一步。

目前，国内外仍处于建设“无人矿山”的初级阶段。在此阶段，无人采矿的核心技术仍然是传统采矿工艺和生产组织管理的自动化与智能化。新一代高级无人采矿技术必将涉及采矿工艺及生产过程自身的变革，采矿设计和井下设备性能与可靠性等问题都需要进一步探索，井下无人设备维护、事故处理等都需要进一步研究。

从总体上来看，我国的采矿技术在许多方面已接近或达到了国际先进水平。矿山整体差距主要体现在大量矿山的采矿设备比较落后，导致生产效率低、资源损失严重。先进采矿设备早期从苏联进口，改革开放后主要从西欧国家引进，由于价格昂贵，绝大多数矿山都用不起。这是制约我国矿山采矿进步的关键问题。

为了解决这一问题，我国必须加大科技投入，以引进-消化吸收-再创新为基础，立足自主创新，充分利用后发优势，首先在自动化、遥控智能化采矿装备的研制方面取得突破，在较短时间内实现大型自动化采矿设备的国产化，为加速我国自动化、智能化采矿技术的推广应用创造可靠的条件。同时，对以思山岭铁矿、大台沟铁矿为代表的一批新建的大型地下金属矿山，从设计初始就高起点、高水平投入，投产后就能实现自动化、遥控智能化采矿作业。这批矿山建成后，产量会占我国地下金属矿山产量的很大一部分，可以从整体上带动我国矿山自动化、遥控智能化采矿水平上一个台阶。此外，由于我国从事采矿工程科技研究的人数多、分布广、力量强，只要集中力量，就可以在较短时间内，在采矿新模式、新技术、新工艺的研究方面取得突破，为无人采矿从“初级阶段”向“高级阶段”过渡创造条件。因此，相对于目前西方矿业发达国家，我国的采矿工程科技在不远的将来实现“弯道超车”，是大有希望的。